北京市科学技术协会科普创作出版资金资助

微生态

生命健康的基石

主　审　李兰娟

主　编　袁杰力

副主编　李　明　陈杰鹏

　　　　徐　峰

北京大学出版社

PEKING UNIVERSITY PRESS

图书在版编目（CIP）数据

微生态：生命健康的基石/袁杰力主编. —北京：北京大学出版社，2021. 8
ISBN 978-7-301-32235-2

Ⅰ.①微…　Ⅱ.①袁…　Ⅲ.①肠道微生物 – 关系 – 健康　Ⅳ.①Q939 ②R161

中国版本图书馆CIP数据核字（2021）第112641号

书　　　名	微生态——生命健康的基石
	WEISHENGTAI——SHENGMING JIANKANG DE JISHI
著作责任者	袁杰力　主编
责 任 编 辑	黄　炜
标 准 书 号	ISBN 978-7-301-32235-2
出 版 发 行	北京大学出版社
地　　　址	北京市海淀区成府路205 号　100871
网　　　址	http：//www. pup. cn　　新浪微博：@ 北京大学出版社
电 子 信 箱	zpup@ pup. cn
电　　　话	邮购部010-62752015　发行部010-62750672　编辑部010-62764976
印 刷 者	天津中印联印务有限公司
经 销 者	新华书店
	730毫米×980毫米　16开本　16.5印张　242千字
	2021年8月第1版　2024年3月第7次印刷
定　　　价	48. 00元

《微生态——生命健康的基石》
编写组

主　审　李兰娟

主　编　袁杰力

副主编　李　明　陈杰鹏　徐　峰

编写人员名单（以姓氏笔画为序）

习宏燕　王　悦　王兴国　王荣华　邓燕杰　付思武　毕珂凡

吕龙贤　伦永志　刘　畅　刘佳明　李　明　邱薇　张凤民

陈杰鹏　陈佳宁　郑跃杰　郑鹏远　段丽丽　袁杰力　徐　峰

高海女　郭晓奎　凌宗欣　黄志华　梅璐　崔岸　解傲

蔡子微　魏　华

秘　书　段丽丽

序 一

微生态学是一门新兴的医学基础学科，它是微观生态学与医学生理学、病理学、微生物学、分子生物学、宏基因组学、代谢组学、生物信息学等学科交叉的一门独立学科。近年来微生态学的发展受到医学界的极大关注和高度重视。美国继人类微生物组计划（HMP）后启动了国家微生物组计划（NMI），欧洲有人类肠道宏基因组计划（MetaHIT），国际上，人类微生物组联盟（IHMC）已召开了多次国际会议。

在本质上，微生态学是研究人类与不同层次的内外环境之间的微生态平衡、微生态失衡与微生态防治的生命科学分支。正常情况下，肠道微生态处于一个以双歧杆菌为优势菌群的相对稳定的平衡状态。这些益生菌可以抑制致病菌及条件致病菌，对肠道菌群起着扶优去劣、扶正压邪的作用。人体在服用抗生素、饮食结构不合理等不利条件影响下，有益菌失去优势，肠道微生态平衡被打破，有害菌乘机迅速繁殖，在易感条件下会导致人体罹患胃肠道疾病、肝病、自身免疫性疾病、神经系统疾病、代谢性疾病以及肿瘤等多种疾病。因此，恢复肠道微生态平衡对人体具有重要意义，在疾病的治疗过程中显得尤为重要。

我们在H7N9禽流感的防治过程有一个比较好的经验，叫作四抗二平衡。四抗：第一是抗病毒治疗，第二是抗休克治疗，第三是抗低氧血症以及多器官功能衰竭，第四是抗继发感染。还要二平衡：第一是维持水电解质酸碱的平衡，第二是维持微生态的平衡。病毒感染以后，会出现微生态的失衡，导致细菌继发感染。维护患者的微生态平衡能够减少继发感染，降低"炎症因子风暴的风险"。这一套方案方法，在此次新冠疫情的防治中，在救治新型冠状病毒感染的重症病人当中，也是非常行之有效的。益生菌（微生态制剂）被列入国家卫生健康委员会公布的《新型冠状病毒感染的肺炎诊疗方案（试行第四版）》中，针对重型、危重型病例的治疗，在"其他治疗措施"上，提到"可使用肠道微生态调节剂，维持肠道微生态平衡，预防继发细菌感染"。

通常情况下，调节肠道微生态失衡，恢复肠道健康，有服用益生菌、益生元、粪菌移植以及饮食调节等途径，而服用益生菌能直接快速补充肠道有益菌，恢复肠道微生态平衡，保持肠道健康，在临床应用中被广泛推崇。"通过补充外源微生态制剂来恢复肠道微生态平衡"的观念已成为越来越多专家的共识。恢复肠道微生态平衡，保持肠道健康，补充微生态制剂是重要的手段！

中华预防医学会微生态学分会主任委员

李兰娟

2020年9月

序 二

微生态学的发展促进了健康医学的革命。作为医学思想、第三次医学革命的理论基础——微生态学，近年来已有突破性发展。这门新学科已从经院式的模式走出来，现在已为人们所理解和接受，并已成为人们保健和提高健康素质的理论依据。

生命与环境是相对统一体。没有生命就无所谓环境，没有环境也无所谓生命。环境有不同层次之分。人类对外面临大环境（如空气、土地），对内面临小环境（各种正常微生物及其代谢产物）。人类必须适应大、小两个环境才能生存。人类的第一层环境是外界；正常微生物群的第一层环境是宿主细胞，第二层是人体，第三层才是外界。微生态学在本质上是研究人类与不同层次的内外环境之间的微生态平衡、微生态失调与微生态防治的生命科学分支。医学思想从机械医学（治疗医学）革命发展到生物医学（预防医学）革命，现已进入第三次革命，即生态医学（保健医学）革命。微生态学作为生态医学革命的理论基础是医学发展史的必然规律。

人体的健康状况不仅取决于自身的遗传因素，还与人体内的微生物群的作用密切相关。正常微生物群是人体生理性组成部分。人体携带比其自身细胞多10倍的微生物细胞。这些细胞参与人体的一切生理功能，如消化、吸收、代谢、免疫、酶活性及内分泌等功能。在微生态平衡时，正常微生物群对宿主具有不可替代的生理保健作用。人体对外与大环境，对内与小环境都需要平衡。微生态平衡是动态的，是相对的，不平衡虽然也是动态的，但却是绝对的。从不平衡到平衡是人体调节理论的基础。中医学的"四诊""八纲""辨证施治"，就是根据平衡与失衡理论确定的。微生态学的核心是研究微生态平衡、微生态失调及微生态调整。通过益生菌、益生元和益生酶等微生态调节剂防治微生态失衡是保健医学的新手段，必将对推动健康医学领域的新发展起到不可替代的作用。

本书由国内多位微生态领域的知名专家以肠道微生态系为核心，以通俗、生动的语言和实例，通过问答形式为大家阐述了微生态学的一些基本理论和应用，内容深入浅出，易为非专业人员理解和掌握。期望本书的出版能为大众健康添砖加瓦。

袁杰力

2020年9月

目 录

第一章　人体微生态系统 ………………………………………… 1

第一节　微生态学与人体微生态系统 …………………………… 1

1. 什么是生态学? ……………………………………………… 1

2. 什么是微生态学? …………………………………………… 2

3. 微生态学与宏观生态学有哪些区别和关系? …………… 2

4. 微生态学与医学微生物学的关系是怎样的? …………… 2

5. 微生态学与微生物生态学的关系是怎样的? …………… 2

6. 微生态学有哪些用途? ……………………………………… 3

7. 微生态学应用于哪些生理监测? ………………………… 4

8. 微生态学中的正常菌群是什么概念? …………………… 4

9. 早期对正常菌群的认识主要有哪两种观点? …………… 5

10. 婴儿期的肠道菌群有哪些特点? ………………………… 5

11. 成人肠道菌群有哪些特点? ……………………………… 6

12. 老年人肠道菌群有哪些特点？ ………………………………………… 6

13. 什么是原籍菌群和外籍菌群？ ………………………………………… 7

14. 什么是有益性菌群、有害性菌群和双向性菌群？ ……………… 7

15. 人体内有正常病毒吗？ ………………………………………………… 8

16. 人体内有正常真菌吗？ ………………………………………………… 9

17. 为什么说微生态学领域是当今最火热的医学领域？ …………… 9

18. 为什么微生态学在新冠疫情的防治中受到重视？ ……………… 10

第二节　微生态系统的构成 …………………………………………………… 11

1. 什么是人体微生态系统？ ……………………………………………… 11

2. 人体微生态系统分布在全身各处吗？ ……………………………… 11

3. 人体微生态系统包括哪些子系统？ ………………………………… 11

4. 人体微生态系统通常由哪几类微生物组成？ …………………… 11

5. 为什么微生态系统是人体生理系统的重要组成？ ……………… 12

6. 为什么说人体微生态系统相当于一个器官？ …………………… 12

7. 真菌也是微生态系统的构成部分吗？ ……………………………… 12

8. 什么是人体内的病毒组？ ……………………………………………… 13

9. 影响人体微生态系统结构的因素有哪些？ ……………………… 13

10. 人体不同部位的微生态系统的构成相同吗？ …………………… 13

11. 不同年龄人群的微生态系统的结构有区别吗？ ………………… 14

12. 口腔中有哪些微生物？口腔微生物与龋齿有关系吗？ …… 14

13. 胃里面有哪些菌群？胃内菌群与胃炎、胃癌有关系吗？ …… 15

14. 肺部有微生物吗？ ……………………………………………………… 16

15. 为什么说肠道是人体"最大的菌库"？ …………………………… 16

16. 肠道里的细菌是哪里来的？ ………………………………………… 17

17. 肠道微生物有哪些重要的生理作用？ ……………………………… 17

18. 皮肤表面有哪些微生物？皮肤菌群失衡会引起皮肤病吗？ …… 19

19. 女性生殖道菌群有哪些？ ·· 20

20. 男性生殖道微生态系统有哪些微生物？ ································ 21

21. 人体内菌群之间是如何相互作用的？ ·································· 21

22. 描述微群落有哪些指标？ ·· 23

23. 什么是微生态演替？演替峰顶有何特点？ ·························· 24

24. 生理性演替和病理性演替有何区别？ ·································· 25

25. 什么是菌群的宿主转换？宿主转换的结局是什么？ ············· 25

26. 什么是菌群的易位？易位的诱因和后果是什么？ ················ 26

27. 为什么菌血症和败血症都是菌群易位的表现形式？ ············· 26

第三节　肠道微生态与营养 ·· 27

1. 肠道微生态与肥胖有什么关系？ ·· 27

2. 肠道菌群能为人体合成哪些营养素？ ·································· 28

3. 膳食纤维如何支持肠道微生态平衡？ ·································· 28

4. 高蛋白膳食会影响肠道微生态平衡吗？ ······························ 29

5. 肠道菌群如何影响植物化学物质代谢与功能？ ···················· 30

6. 有助于促进肠道微生态平衡的食物有哪些？ ······················· 31

7. 肠道菌群与食物不耐受有关系吗？ ····································· 31

8. 多吃发酵食品是否有益于肠道微生态平衡？ ······················· 32

9. 吃全谷物/粗杂粮对肠道微生态有何益处？ ························· 33

10. 为什么饮食通过肠道菌群对宿主代谢具有重要的调控作用？ ··· 33

11. 饮食如何调控肠道菌群？ ··· 34

12. 为什么说肠道菌群的多样性可能是代谢健康的一个重要因素？ ····· 34

13. 如何利用肠道微生物产生的不同代谢产物？ ······················ 35

14. 怎样进行饮食干预和基于饮食的营养治疗？ ······················ 35

第四节　肠道微生态与免疫 ·· 36

1. 大便影响人体免疫吗？ ··· 36

2. 肠道共生菌群与宿主肠道免疫系统有怎样的构成和相互作用？·········· 36

3. 肠道菌群如何参与肠道免疫系统的形成和功能调控？············· 37

4. 肠道菌群如何帮助建立肠道与肝脏间的免疫相互作用？············ 38

5. 肠道菌群如何建立肠道与其他系统的免疫相互作用？············· 38

6. 肠道菌群在生命早期免疫系统建立中的作用是什么？············· 39

7. 在健康机体中，免疫系统是如何帮助有益菌战胜有害菌的？········· 40

8. 肠道免疫系统和菌群之间的平衡被破坏后如何引起疾病？········· 41

9. 环境对肠道菌群与宿主免疫有怎样的影响？················· 42

第五节　肠道微生态与生物拮抗 ····························· 42

1. 什么叫生物拮抗？···························· 42

2. 肠道菌群生物拮抗作用是怎样被发现的？··············· 42

3. 为什么说肠道微生态是一个共生系统？················ 43

4. 肠道菌群是一个器官吗？······················ 43

5. 肠道菌群为什么是人体的"第二基因组"？·············· 43

6. 什么是生物膜？·························· 44

7. 肠道的细菌黏附在肠黏膜上皮细胞表面吗？·············· 44

8. 生物拮抗的机制有哪些？······················ 44

9. 影响肠道微生态拮抗的因素有哪些？················· 46

第六节　益生菌在微生态系统中发挥的作用 ····················· 46

1. 益生菌在微生态系统中发挥怎样的作用？··············· 46

2. 益生菌与肿瘤存在怎样的联系？··················· 46

3. 益生菌、食物与肠道上皮细胞的相互作用模式是什么？········· 47

4. 过敏原理及益生菌为什么能抗过敏？················· 48

5. 如何巧用益生菌应对抗生素"后遗症"？·············· 49

6. 益生菌的代谢产物有哪些种类和功能？··············· 50

7. 益生菌如何促进儿童生长发育？··················· 51

8. 益生菌活菌和死菌都能发挥功能吗? ……………………… 51

9. 益生菌是如何通过黏附定植来拮抗致病菌的? ………… 52

10. 益生菌能延缓衰老吗? …………………………………… 53

11. 益生菌如何增强机体屏障的保护作用? ………………… 54

12. 益生菌如何改善心血管疾病? …………………………… 55

第七节 人体内的微生态平衡 ………………………………… 56

1. 什么是微生态平衡? ……………………………………… 56

2. 微生态平衡时对人体健康有什么益处? ………………… 57

3. "好菌"和"坏菌"如何区分? ………………………… 57

4. 正常人体内"好菌"和"坏菌"都存在吗? …………… 57

5. 怎么判断自己的微生态是否平衡? ……………………… 58

6. 如何保持人体微生态平衡? ……………………………… 58

7. 钙、铁、锌等微量元素的吸收和微生态平衡有关吗? … 58

8. 节食与手术减肥会影响人体微生态平衡吗? …………… 59

9. 女性生理周期会影响阴道微生态平衡吗? ……………… 59

10. 乳酸菌对维护阴道健康都是有益的吗? ………………… 59

第八节 微生态失衡 …………………………………………… 60

1. 什么是微生态失衡? ……………………………………… 60

2. 菌群失调程度是如何划分的? …………………………… 60

3. 菌群失调会引起哪些疾病? ……………………………… 61

4. 微生态失衡对人体的危害有哪些? ……………………… 62

5. 微生态失衡会影响食物消化和吸收吗? ………………… 62

6. 微生态失衡会影响免疫吗? ……………………………… 62

7. 微生态失衡对排便有怎样的改变? ……………………… 62

8. 微生态失衡与结直肠癌或其他癌症有什么关系? ……… 63

9. 微生态失衡会导致肥胖吗? ……………………………… 64

10. 微生态失衡与过敏有怎样的关系? ……………………………… 65

11. 心血管疾病与微生态失衡有什么关系? …………………………… 66

12. 微生态失衡也会影响人的情绪吗? ………………………………… 66

13. 菌群失调是疾病的诱因还是结果? ………………………………… 67

14. 引起微生态失调的诱发因素有哪些? ……………………………… 67

15. 节食或暴饮暴食是否会影响微生态平衡? ………………………… 68

16. 外科手术、药物会影响微生态平衡吗? …………………………… 69

17. 怎样预防和缓解微生态失调? ……………………………………… 69

18. 什么是腐败性腹泻? ………………………………………………… 70

19. 什么是发酵性腹泻? ………………………………………………… 70

20. 发酵性腹泻和腐败性腹泻如何转化? ……………………………… 70

21. 如何针对性地扶植特定肠道细菌? ………………………………… 70

22. 如何合理使用抗生素? ……………………………………………… 71

第九节　人体微生态评价方法……………………………………………… 72

1. 什么是微生态评价? ………………………………………………… 72

2. 微生态平衡的标准是什么? ………………………………………… 72

3. 如何进行肠道菌群的评价? ………………………………………… 73

4. 为什么临床上采用B/E值法可对肠道微生态进行初步评价? ……… 74

5. 对肠黏膜通透性评价有哪些方法? ………………………………… 74

6. 血清中二胺氧化酶（DAO）含量检测的临床意义是什么? ……… 74

7. 血浆D-乳酸含量检测有何临床意义? ……………………………… 75

8. 对肠道菌群代谢产物评价有哪些方法? …………………………… 75

9. 对肠道免疫状态评价有哪些方法? ………………………………… 75

10. 为什么要对宿主的肠道营养状态进行评价? ……………………… 75

11. 什么是阴道微生态评价? 包括哪些方面? ………………………… 75

12. 如何对皮肤进行微生态评价? ……………………………………… 76

13. 口腔微生态评价要进行哪些检测？ ……………………………… 76

第十节　人体微生态与中医中药 ………………………………………… 77

1. 为什么说微生态学很可能成为打开中医奥秘大门的一把金钥匙？ …… 77

2. 中医学和医学微生态学是如何建构的？ ……………………………… 78

3. 如何认识中国古代生态理论和中医学的科学内涵？ ………………… 79

4. 中医学和医学微生态学的医学观之间有怎样的关系？ ……………… 80

5. 怎样认识中医学和医学微生态学的人体理论？ ……………………… 81

6. 怎样认识中医学和医学微生态学的健康和疾病理论？ ……………… 82

7. 如何认识中医学诊断的特点及微生态学诊断引入中医学的意义？ …… 83

8. 中医学防治与医学微生态学防治有何异同？ ………………………… 84

9. 中药是如何调整人体微生态平衡的？ ………………………………… 85

10. 肠道菌群对中药的代谢如何影响中药的药效？ …………………… 86

11. 为什么说中药微生态制剂的研发大有前途？ ……………………… 86

12. 中医药微生态研究的意义何在？ …………………………………… 87

第二章　微生态失衡与疾病 …………………………………………………… 89

第一节　微生态失衡与口腔疾病 ………………………………………… 89

1. 为什么口腔微生物在健康和疾病中的地位与功能很重要？ ………… 89

2. 什么是口腔正常微生物群？ …………………………………………… 89

3. 影响口腔微生态变化的因素有哪些？ ………………………………… 90

4. 口臭和口腔微生态失衡有关吗？ ……………………………………… 90

5. 口腔微生态失衡是否导致龋病？ ……………………………………… 91

6. 口腔微生态与牙周病也有关系吗？ …………………………………… 91

7. 口腔微生态与黏膜病的关系是怎样的？ ……………………………… 91

8. 口腔微生态失衡与口腔癌有什么关系？ ……………………………… 92

9. 口腔微生态与种植体周围炎有什么关系吗？ ………………………… 92

10. 口腔微生态与消化道系统疾病有什么关系？ ……………………… 92

11. 口腔微生态与神经系统疾病有什么关系？ ················· 92

12. 口腔微生态与内分泌系统疾病有什么关系？ ··············· 93

13. 口腔微生态与免疫系统疾病有什么关系？ ················· 93

14. 口腔微生态与心血管系统疾病有什么关系？ ··············· 93

第二节　胃微生态失衡与疾病 ································· 94

1. 什么是胃微生态系统？ ································· 94

2. 为什么健康人胃部的微生物很少？ ······················ 94

3. 胃内微生物有什么特点？ ······························ 94

4. 胃内微生物群的构成受哪些因素影响？ ··················· 94

5. 为什么胃酸是调节胃内微生物群落的重要因素？ ············ 95

6. 萎缩性胃炎患者的胃内菌群有哪些特征？ ················· 95

7. 胃菌群失衡与胃肿瘤发生有什么关系？ ··················· 95

8. 为什么服用质子泵抑制剂（PPI，抑酸剂）会影响胃内菌群？ ··· 96

9. 幽门螺杆菌会对胃内细菌群落构成什么影响？ ·············· 96

10. 幽门螺杆菌根除治疗对胃肠道微生态有什么样的影响？ ······ 97

11. 益生菌在幽门螺杆菌根除治疗中的作用是什么？ ··········· 97

12. 反复根除幽门螺杆菌是否对肠道菌群产生影响？ ··········· 97

13. 益生菌可以治疗幽门螺杆菌感染吗？ ···················· 98

14. 根除幽门螺杆菌会不会同时杀灭其他有益菌群？ ··········· 99

第三节　微生态失衡与消化系统疾病 ························· 100

1. 肠易激综合征存在肠道微生态失衡吗？ ·················· 100

2. 炎症性肠病和肠道微生态有什么关系？ ·················· 101

3. 调节肠道菌群能起到治疗炎症性肠病的作用吗？ ··········· 101

4. 在结直肠癌发病中有无像幽门螺杆菌那样的特异性致病菌？ ··· 102

5. 如何通过调节肠道微生态防治结直肠癌的发生？ ··········· 102

6. 为什么服用某些益生菌会导致腹泻？ ···················· 103

7. 为什么在因便秘、腹泻就诊时，医生会开一些含益生菌的药物？ ……104

8. 肠道微生态和肝硬化有关系吗？ ……………………………………104

9. 肠道微生态失衡和便秘有什么关系？ ………………………………105

第四节　微生态失衡与感染性疾病 ………………………………………105

1. 人体正常微生物群为什么不会使健康人致病？ ……………………105

2. 微生态失衡与感染有什么关系？ ……………………………………106

3. 腹泻时肠道微生态如何变化？ ………………………………………106

4. 呼吸系统结核分枝杆菌感染和人体微生态有关吗？ ………………107

5. 肝炎病毒感染及发病与人体微生态有关吗？ ………………………107

6. 人类免疫缺陷病毒感染与人体微生态有关吗？ ……………………108

7. 流行性感冒与微生态有关系吗？ ……………………………………109

8. 身体出现感染或者有炎症就要使用抗生素吗？ ……………………109

9. 抗感染过程中抗生素对微生态有影响吗？ …………………………110

10. 既然抗生素可能破坏人体微生态，

　　那么是否要坚决杜绝使用抗生素或减少相应的用量或疗程？ ……111

第五节　微生态失衡与代谢性疾病 ………………………………………111

1. 肥胖和肠道微生态失衡有什么关系？ ………………………………111

2. 补充益生菌可以减肥吗？ ……………………………………………112

3. 正常肠道菌群对血脂代谢有什么影响？ ……………………………113

4. 高脂饮食与高脂血症对肠道微生态又有什么影响？ ………………114

5. 高尿酸血症、痛风和肠道微生态失衡有什么关系？ ………………114

6. 补充益生菌是否可以治疗高尿酸血症和痛风？ ……………………115

7. 肠道微生态失衡和代谢相关脂肪性肝病有什么关系？ ……………116

8. 肠道微生态失衡和糖尿病有什么关系？ ……………………………117

9. 肠道微生态失衡与心血管疾病有什么关系？ ………………………118

第六节　微生态失衡与呼吸系统疾病 ································119

　　1. 什么是呼吸道微生态学？ ·····································119

　　2. 什么是肠-肺轴？ ···119

　　3. 呼吸道微生物群有何特征？ ·································119

　　4. 肠道菌群如何影响呼吸系统免疫和健康？ ···············120

　　5. 疾病状态下呼吸道微生态有何变化？ ·····················120

　　6. 影响呼吸道微生态的因素有哪些？ ·······················121

　　7. 婴幼儿期喘息的反复发作与肠道菌群有何种联系？ ·······121

　　8. $PM_{2.5}$ 暴露会导致呼吸道微生态失衡，引起呼吸系统损伤吗？ ·······122

　　9. 肺癌和微生态失衡有关系吗？ ·····························122

　　10. 肺纤维化和微生态失衡有关系吗？ ·······················122

　　11. 慢性阻塞性肺疾病和微生态失衡有什么关系？ ···········123

　　12. 支气管哮喘和微生态失衡有什么关系？ ···················123

　　13. 中医理论"肺与大肠相表里"与呼吸道微生态有什么关系？ ·······123

第七节　微生态失衡与女性生殖系统疾病 ························124

　　1. 你知道每个女性的阴道都是一个小"江湖"吗？ ···········124

　　2. 传说中的洗洗是否会更健康？ ·····························125

　　3. 医生为什么建议阴道炎患者使用益生菌？ ·················125

　　4. 阴道微生态失衡会导致不孕吗？ ···························126

　　5. 孕期阴道微生态失衡会让你遇到哪些后果？ ···············126

　　6. 绝经后就不再需要关注阴道微生态了吗？ ·················127

　　7. 你知道阴道微生态与宫颈病变的复杂关系吗？ ·············127

　　8. 优秀的益生菌，是否多多益善？ ···························128

　　9. 口服益生菌能改善阴道微生态吗？ ·······················128

第八节　微生态失衡与老年疾病 ································129

　　1. 老年人群肠道菌群有变化吗？ ·····························129

2. 长寿老人肠道菌群是不是更健康? ……………………………129

3. 老年人骨骼肌量减少是否与肠道菌群改变有关? …………130

4. 老年人慢性便秘如何调节? ……………………………………130

5. 老年人免疫力低下是否与肠道菌群有关? ………………………131

6. 老年人皮肤老化是否与皮肤菌群失衡有关? …………………132

7. 老年危重症是否与肠道菌群失衡有关? ………………………132

8. 粪菌移植是否适用于老年人艰难梭菌感染的治疗? ………133

第九节　微生态失衡与儿科疾病 ……………………………………134

1. 孩子的肠道菌群是怎么来的? …………………………………134

2. 母亲怀孕时菌群会有变化吗? 这会影响宝宝的菌群吗? ……134

3. 孕妇的各种疾病对婴儿的肠道微生态有哪些影响? ………135

4. 怀孕期间或哺乳期母亲使用益生菌对孩子有好处吗? ……137

5. 哺乳期吃益生菌有什么好处? …………………………………137

6. 从出生一直到断奶, 孩子的身体菌群变化是怎样的? ……138

7. 顺产和剖宫产婴儿肠道菌群有什么区别? 有办法调节吗? ……138

8. 母乳喂养对孩子肠道微生态有哪些益处? …………………139

9. 母乳中有微生物吗? 对孩子有什么样的影响? ………………140

10. 母亲的分泌型或血型会影响孩子的肠道菌群吗? …………141

11. 婴幼儿肠道菌群有哪些特点? …………………………………142

12. 哪些因素会影响婴幼儿肠道菌群? …………………………142

13. 肠道菌群为什么对婴幼儿特别重要? ………………………143

14. 肠道菌群失衡与哪些儿童疾病有关? ………………………144

15. 肠道菌群与孩子的抵抗力有关吗? …………………………144

16. 肠道菌群与孩子的过敏有关吗? ……………………………145

17. 为什么腹泻的婴幼儿要常规补充益生菌? …………………145

18. 为什么要特别强调在婴儿期少用或不用抗生素? …………146

19. 使用益生菌能够预防儿童呼吸道感染吗? ………………………146

20. 儿童能够长期服用益生菌吗? ………………………147

21. 酸奶能够代替益生菌吗? ………………………147

第十节　微生态失衡与神经系统疾病………………………148

1. 什么是肠道菌群-肠-脑轴? ………………………148

2. 肠道菌群对中枢神经系统有影响吗? ………………………148

3. 肠道菌群对脑发育有影响吗? ………………………148

4. 肠道菌群对血脑屏障和大脑结构有作用吗? ………………………149

5. 肠道菌群是怎么影响大脑的? ………………………149

6. 肠道菌群与自闭症有关系吗? ………………………149

7. 肠道菌群与帕金森病有关系吗? ………………………150

8. 肠道菌群与阿尔茨海默病有关系吗? ………………………150

9. 肠道菌群与多发性硬化症有关联吗? ………………………151

10. 肠道菌群与脑卒中有关联吗? ………………………151

11. 肠道菌群是否对抑郁症有作用? ………………………151

12. 益生菌对脑病如何发挥作用? ………………………151

第十一节　微生态失衡与皮肤相关疾病………………………152

1. 湿疹与皮肤微生态失衡有关吗? ………………………152

2. 痤疮与皮肤微生物有关吗? ………………………153

3. 慢性伤口感染与皮肤定植微生物有关吗? ………………………153

4. 皮肤疾患与肠道微生态失调有关吗? ………………………153

5. 什么是肠道-大脑-皮肤轴? ………………………154

6. 如何利用微生态防治通过肠道-大脑-皮肤轴治疗皮肤疾病? ………………………154

7. 什么是微生态护肤? ………………………154

第十二节　微生态失衡与肿瘤………………………155

1. 肠道菌群和肿瘤的发生、发展有关系吗? ………………………155

2. 什么是基于肠道菌群变化的结直肠癌发生和治疗？ ·················156

3. 肠道菌群在抗肿瘤药物治疗中有什么作用？ ·····················157

4. 为什么放化疗后肠道微生态失衡是治疗肿瘤必须要考虑的问题？ ······157

5. 肠道菌群对肿瘤放疗有影响吗？ ·······························158

6. 肠道菌群在化疗过程中扮演什么角色？ ·························158

7. 如何调节肠道菌群以缓解化疗毒性？ ···························158

8. 肠道菌群失衡与肿瘤耐药有什么关系？ ·························159

9. 肠道菌群对肿瘤免疫治疗的效果有影响吗？ ·····················160

10. 益生菌可提高肿瘤患者的免疫治疗效果吗？ ····················161

11. 高脂饮食会诱发癌症吗？ ···································162

12. 吃素是不是能预防癌症？ ···································163

13. 如何通过饮食途径改善肿瘤患者肠道菌群多样性？ ···············164

第十三节　微生态失衡与病毒性疾病 ·····························164

1. 什么是病毒微生态？ ·······································164

2. 胃肠道菌群失调可引起病毒感染性腹泻吗？ ·····················164

3. 人体胃肠道微生态包括病毒吗？ ·······························165

4. 肠道微生物能抗流感病毒感染吗？ ·····························165

5. 滥用抗生素破坏肠道共生菌群，还会增加病毒感染的风险吗？ ·········165

6. 微生态制剂对病毒感染引起的腹泻有作用吗？ ···················166

7. 微生态制剂对病毒性肝炎的治疗有帮助吗？ ·····················166

8. 短链脂肪酸能调节肠-肺轴吗？ ·······························166

第十四节　微生态失衡与新冠肺炎 ·····························167

1. 新型冠状病毒影响肠道微生态平衡吗？ ·························167

2. 肠道菌群能预测健康人对新冠肺炎易感性及重症可能性吗？ ·········167

3. 肠道菌群与肠-肺轴在预防病毒性呼吸道感染中起什么重要作用？ ···167

4. 微生态调节剂对新冠肺炎有免疫调节作用吗？ ···················168

5. 益生菌能减轻新冠肺炎引起的细胞因子风暴吗？ ……………168

6. 调节肠道菌群能减轻新冠肺炎内毒素血症吗？ ……………169

7. 怎样应用微生态调节剂防治新冠肺炎？ …………………169

第十五节　微生物群移植 ………………………………………170

1. 什么叫微生物群移植？ ……………………………………170

2. 使用微生物群移植对供体有什么要求？ …………………171

3. 供体不一样，疗效是不是会不一样？ ……………………172

4. 哪些人适合微生物群移植？ ………………………………173

5. 微生物群移植所使用的粪菌是怎么得来的？ ……………174

6. 粪菌是怎么移进身体里面的？ ……………………………176

7. 微生物群移植还有哪些作用？ ……………………………176

8. 微生物群移植有不良反应吗？ ……………………………177

9. 微生物群移植可以到哪里做？ ……………………………178

第三章　益生菌是最好的药 ………………………………………180

第一节　益生菌的作用机理 ………………………………………180

1. 益生菌可对人体内有害物质或毒素进行解毒或排毒吗？ …180

2. 人体内正常菌群能在肠道内形成保护层或微生物屏障吗？ …181

3. 益生菌能对人体的菌群失调起调整和修复作用吗？ ………181

4. 在人体内微生物富集的结肠，益生菌代谢时起怎样的作用？ …182

5. 益生菌在体内（肠道内）有哪些营养效果或干预效果？ …182

6. 益生菌如何影响人体免疫系统？ …………………………182

7. 益生菌能起到抗生素的效果吗？ …………………………183

8. 能举例说明世界上著名的临床益生菌菌株的作用机理吗？ …183

第二节　益生菌的菌种选择 ………………………………………184

1. 用于人类健康的益生菌菌种和菌种选择的来源是怎样的？ …184

2. 酸奶中常用和添加的乳酸发酵菌种（菌株）都是益生菌吗？ …185

3. 益生菌菌种和菌株的差别和作用有何不同？ ……………………186

4. 各类含有益生菌菌种和特定菌株的产品彼此有差别吗？ …………186

5. 如何选择适合婴幼儿和儿童的益生菌？ …………………………186

6. 世界著名的商业化超级（优质）益生菌菌种（菌株）的选择
标准是什么？ ……………………………………………………187

7. 益生菌产品使用单个益生菌菌种（菌株）和多个菌种（菌株），
哪种好？ …………………………………………………………187

8. 益生菌产品中益生菌菌种（菌株）的剂量（活菌数）是否越高
越好？ ……………………………………………………………188

第三节 益生菌的适应人群…………………………………………………189

1. 益生菌的适用人群有哪些？ ……………………………………189

2. 乳糖不耐受或牛奶过敏者不能喝牛奶吗？ ……………………189

3. 益生菌使用是否有年龄限制和区别？ …………………………190

4. 肠道益生菌使用的禁忌有哪些？ ………………………………190

5. 益生菌使用的注意事项有哪些？ ………………………………190

6. 益生菌使用有哪些方式？不同方式适用于哪些人群？ ………191

7. 益生菌产品的安全性如何？有哪些副作用？ …………………192

8. 使用益生菌会不会产生依赖性？ ………………………………192

9. 使用益生菌有无剂量或者阈值规定？ …………………………193

10. 何种情况下应立即调整益生菌的使用？ ………………………193

第四节 哪些食物成分对肠内益生菌有利…………………………………193

1. 植物多酚有利于肠道益生菌吗？ ………………………………193

2. 糖类对肠道益生菌有什么作用？ ………………………………194

3. 蛋白质及其分解产物对肠道益生菌有什么作用？ ……………194

4. 膳食纤维是否有助于肠道益生菌的生长？ ……………………194

5. 听说肠道益生菌喜欢有"色"食物，是吗？ …………………195

6. 维生素对肠道益生菌有哪些作用？ ·····································195

7. 高脂高盐食物对肠道菌群有哪些不良影响？ ·····················195

8. 肠道益生菌喜欢大蒜吗？ ···196

9. 补充胡萝卜素对肠道益生菌有帮助吗？ ···························196

10. 脂肪酸对肠道益生菌有哪些影响？ ·································196

11. 抗氧化酶有利于肠道益生菌的生长吗？ ·························197

第五节　益生菌的好伙伴——益生元 ······························197

1. 什么是益生元？ ···197

2. 含有益生元的天然食品有哪些？ ·····································198

3. 益生元有怎样的发展历程？ ··200

4. 食品中添加的常见益生元有哪些？ ··································200

5. 益生元在人体内是如何代谢的？最终变成了什么？ ···········205

6. 每天补充多少益生元比较合适？ ·····································206

7. 益生元补充多了会有副作用吗？ ·····································208

8. 什么是合生元？合生元的作用是什么？ ···························208

9. 什么是后生素？它们的作用是什么？ ·······························209

第六节　人们对益生菌认识的误区 ·································212

1. 益生菌没有副作用，所有人群都可服用，对吗？ ···············212

2. 新生儿不可以服用益生菌制剂，对吗？ ···························212

3. 过量服用益生菌制剂会引起菌群失调，对吗？ ··················213

4. 益生菌制剂的活菌数越高越好，对吗？ ···························213

5. 服用益生菌制剂可不受时间限制，对吗？ ························213

6. 益生菌药品比益生菌保健品和食品高级，对吗？ ···············213

7. 液体益生菌制品是无效的，对吗？ ··································214

8. 喝酸奶和乳酸饮料可以补充益生菌，对吗？ ·····················214

9. 食用泡菜、味噌、豆豉等发酵食品相当于补充益生菌，对吗？ ·········215

10. 经肠溶包衣的益生菌制剂与非包衣的制剂相比，二者功效区别不大，
　　对吗？ ···215

11. 益生菌制剂应长时间服用，对吗？ ·····················215

12. 益生菌制剂可以和抗生素一起使用，对吗？ ···········216

第七节　如何合理选择益生菌产品 ···························216

1. 根据个人自身状况 ···································216

2. 根据产品所采用的益生菌菌株的安全性 ···············216

3. 根据菌株耐受性、保藏条件 ···························217

4. 根据产品出厂时间、保藏时间和标示中益生菌的含量 ···218

5. 根据产品的加工工艺和剂型 ···························218

6. 根据产品的菌种来源和组方构成 ·····················218

7. 根据产品是否含有过敏原 ·····························218

8. 根据产品是否含有过多的人工添加剂 ·················219

9. 根据影响益生菌产品稳定性的因素 ···················219

10. 根据产品是否为益生菌和益生元组合 ···············219

11. 益生菌和药食同源中药结合 ·························220

12. 益生菌、益生元和酵素结合 ·························220

13. 益生菌发酵中药 ···································220

14. 后生素将成为治疗许多疾病的新策略 ···············221

第八节　如何正确服用益生菌产品 ·························221

1. 哪些人群需要服用益生菌产品？ ·····················221

2. 常见益生菌产品的服用方法是怎样的？ ···············222

3. 什么时候服用益生菌最合适？ ·······················222

4. 服用抗生素期间使用益生菌要间隔多长时间？ ·········222

5. 每天需要服用多少活性益生菌？ ·····················222

6. 服用益生菌的种类越多越好吗？ ·····················223

7. 哪种形态的益生菌更稳定？ ································223

8. 开封后的益生菌产品应在多长时间内服用？ ··········223

9. 服用益生菌需要同时补充益生元吗？ ···············223

10. 新生儿怎么服用益生菌？ ·····················223

11. 服用益生菌初期身体的表现有哪些？ ···············224

12. 益生菌进入肠道后经历哪些变化？ ···············224

第九节　益生菌应用范例 ····························225

1. 功能性便秘 ·································225

2. 老年慢性功能性便秘 ··························225

3. 小儿急性腹泻 ·······························226

4. 胃溃疡 ···································226

5. 糜烂性胃炎 ·······························227

6. 肠易激综合征 ·······························227

7. 儿童过敏性哮喘 ·····························228

8. 幼儿湿疹 ·································228

9. 结肠癌患者术后化疗并发症 ····················229

10. 牙周炎伴口臭 ·····························230

11. 细菌性阴道病 ·····························230

参考文献 ······································231

第一章　人体微生态系统

第一节　微生态学与人体微生态系统

1. 什么是生态学？

生态是指一切生物的生存状态，以及它们之间和它与环境之间环环相扣的关系。生态的产生最早也是从研究生物个体开始的，"生态"一词涉及的范畴也越来越广，人们常常用"生态"来定义许多美好的事物，如健康的、美的、和谐的事物等均可冠以"生态"修饰。

生态学（ecology）是德国生物学家恩斯特·海克尔（Ernst Haeckel）于1866年定义的一个概念：生态学是研究生物体与其周围环境相互关系的科学。

不同文化背景的人对"生态学"的定义会有所不同。多元的世界需要多元的文化，正如自然界的"生态"所追求的物种多样性一样，以此来维持生态系统的平衡发展。

2. 什么是微生态学？

微生态学（microecology）是和宏观生态学相对应的一个概念，宏观生态学（即常说的"生态学"）研究生物体与其周围环境（如空气、水、土壤及其他生物）的关系。生物在自然界不但有一个看得见的大（宏观）环境，还存在着一个肉眼看不见的微观环境，那就是微生物及其他相关环境。细菌、真菌、病毒这些微生物都是这个微观环境中的主要成员。对寄生于人、动物、植物这些宿主体内的微生物与其宿主之间相互依赖、相互作用关系的研究就是微生态学的研究范畴。

1977年，由德国的福尔克尔·拉什（Volker Rush）首先提出：微生态学是细胞水平或分子水平的生态学。我国著名微生态学家康白教授明确地指出：微生态学是研究正常微生物群的结构、功能以及与其宿主相互关系的生命科学分支。

3. 微生态学与宏观生态学有哪些区别和关系？

宏观生态学是研究生物圈与地球本身的相互关系的生物科学，也是一个研究生物与环境（有生命和无生命的）的相互关系的学科。从这个意义上讲，微生态学应包括在生态学中，它与宏观生态学具有共同的生态学规律。两者是不同层次的生态学，由于研究对象不同，它们在理论、方法及一些规律方面必然有自己的特性。宏观生态学与微观生态学是相互渗透、相互促进、相互制约的。

4. 微生态学与医学微生物学的关系是怎样的？

医学微生物学是研究微生物的分离、培养、鉴定和致病作用等的科学，侧重于研究微生物的致病作用，它属于生物学范畴；微生态学研究正常微生物群的结构、功能以及与其宿主的相互关系，侧重于研究微生物对宿主的正常作用，或者生理作用，属于生态学范畴。微生物学是微生态学的基础。

5. 微生态学与微生物生态学的关系是怎样的？

微生物生态学是生态学按生物类型分出的生态学分支，微生物生态学的研究内容是微生物与外环境的关系，特别着重于与非生命环境的关系，如土壤微生物生态学、水生微生物生态学。微生态学的研究内容则主要是微生物与宏生物（植物、动物及人类宿主）的关系。微生态学与宏观生态学是不同层次的等位分工。

6. 微生态学有哪些用途？

（1）认识生命的本质。生命不是孤立的，是与其环境的统一体。生命不仅与外环境是统一体，与内环境也是统一体。宏观生态的无生命环境（如大气、水、食物、土壤等）和有生命环境（如动物、植物及微生物等），都会对人类的生存有影响，而微观生态的正常微生物群对宿主也有影响，并且宏观影响必然通过微观影响起作用。一个成年人其体表与体内所携带的正常微生物细胞有10^{14}个之多。这些微生物大部分与细胞密切接触，交换能量、物质，甚至互相传递遗传信息。它们对宿主具有营养、免疫、生物拮抗等作用。微生态学必将与其他现代生命科学融合，揭示生命的奥秘。

（2）认识疾病的本质。一切干扰宿主的不良因素，不论是物理的、化学的、还是生物的都会引起微生态失调；一切疾病，都存在着正常微生物群的紊乱，可能是原因，也可能是结果，甚至互为因果。通过对正常微生物群的定性、定量和定位检查，可以判断微生态平衡与否，正常微生物群发生宿主转移、定位转移，就可以从不致病到致病。

（3）生理学监测。正常微生物群是动物、植物及人类个体重要的生理学组成部分。任何个体反应都可能在正常微生物群的定性、定量及定位方面表现出来。因此，正常微生物群及其代谢产物、与其宿主相互作用的反应都可以作为植物、动物及人类个体生理功能检测指标。而现代化的医疗措施，都或多或少地影响机体的微生态平衡。由此，除了对人体本身的生理性或病理性指标进行检测外，还必须监测各系统正常微生物群的指标。

7. 微生态学应用于哪些生理监测？

（1）抗生素的应用：抗生素直接干扰微生态平衡，大量长期使用后，若不进行监测，不采取生态调整方法，势必治甲病，引起乙病。

（2）外科手术：各种手术特别是胃肠手术，常常引起严重的微生态失调。

（3）放射治疗检测：放射线直接影响微生态平衡。

（4）应用各种药物：各种药物可能直接或间接影响微生态平衡。

（5）疾病检测：一切疾病都存在着正常微生物群的紊乱，可能是原因，可能是结果，或者互为因果。

（6）保健措施：各种保健措施如体育锻炼、气功、生活习惯等对微生态平衡都可能引起良性或恶性影响。

（7）中医药：中医药可能通过微生物群发挥作用，通过这方面的监测，可以揭示中医药的奥秘。

（8）健康长寿：国内外都有对长寿老人菌群的研究，现已发现长寿老人肠道内双歧杆菌较对照组明显增高。

（9）宇航员及极地人员健康监测：由于环境的极端变化，引起宇航人员及极地人员正常微生物群的变化。

8. 微生态学中的正常菌群是什么概念？

正常微生物群既是具体的，又是相对的概念。其定义是：在宿主特定的解剖部位，并随宿主长期进化过程形成的，在一定时期定植于宿主黏膜或皮肤上的微生物群。这些微生物群一般在生理状态下，主要表现为有益于宿主，并为宿主所必需；但在病理情况下，也可能表现为有害于宿主。正常微生物群也称为正常菌群。

之所以认为正常微生物群是具体的，是指宿主在一定生理时期、其特定的解剖部位，其定植的微生物群总是由一定种群组成的，其中一部分是特定的优势种群，另一部分是一般的种群，它们与宿主、环境形成相互依赖、相互制约的统一体，例如，肠道正常菌群一般是指结肠菌群。

9. 早期对正常菌群的认识主要有哪两种观点？

早期人们对正常菌群的初步认识主要有两种观点：（1）路易·巴斯德（1822—1895）的观点：法国的巴斯德从他从事的发酵工业所取得的知识出发，认为正常菌群是有益的。人或动物的食物消化需要通过微生物的发酵起作用。（2）梅契尼科夫（1845—1916）的观点：他认为肠道菌群，特别是大肠杆菌是有害的，它们能分解未消化的食物，产生大量的靛基质、硫化氢、胺类等，从而使机体发生慢性中毒，引起动脉硬化，促进衰老。为此他提倡喝酸牛奶来抑制大肠杆菌等腐败菌的生长。

从现代观点来看，上述两种看法都只强调了一个方面，忽视了另一个方面。有益性及有害性是正常微生物对其宿主作用客观存在的两个方面：当正常菌群与宿主保持微生态平衡时，它对宿主是有益的；当发生微生态失调时，它对宿主是有害的。

10. 婴儿期的肠道菌群有哪些特点？

哺乳动物在其生命的初期，要在母亲的子宫内生存一段时间。人类一生中大约有1%的时间要生活在母亲的子宫中，约为280天。虽然在子宫内处于无菌环境，但从出生的那一刻起，婴儿马上暴露在大气、产道、母亲皮肤、尿布的有菌环境中。细菌首先在新生儿的皮肤、而后在呼吸道和消化道中增殖。新生儿出生24小时内，胎粪几乎是无菌的。然而24小时后，细菌开始在肠道内定植、生长。在新生儿肠道菌群形成过程中，有个突出特点：需氧菌与兼性厌氧菌先出现，数量很大。这些菌都是不受欢迎的细菌，如大肠杆菌、肠球菌、葡萄球菌、梭状芽孢杆菌等。但在两天后就逐渐减少，代之以厌氧菌的出现和逐渐增加，最后那些不受欢迎的细菌才从优势菌群转为劣势菌群。3～4天后，乳杆菌、双歧杆菌开始繁殖增加，数量逐渐占据优势，不久双歧杆菌超过其他菌，占据绝对优势。此时肠道菌群开始稳定。婴儿经历第一次大的微生物群变革是在出生后一周左右。即肠道从无菌到有菌，从最初的需氧菌与兼性厌氧菌占优势转化为专性厌氧菌占优势的状态。这个转变时期是婴儿正常菌群的定植期，形成具有婴儿特点的肠道菌群。

第二次肠道菌群变动是在离乳期。离乳期儿童要经过混合喂养向成人饮食的转变，此时菌群要发生大的变革，双歧杆菌逐渐退出优势地位，随之占据优势地位的菌群是拟杆菌、优杆菌和厌氧链球菌。当离乳期过后，婴儿肠道菌群构成逐渐与成人接近。

11. 成人肠道菌群有哪些特点？

成人肠道菌群数量最多的是拟杆菌、优杆菌、消化球菌和双歧杆菌，双歧杆菌中，开始为婴儿双歧杆菌，后被青春双歧杆菌和长双歧杆菌等菌种所取代。成人的肠道菌群生态在正常情况下相当稳定，只有在患病或用药时才被干扰，发生紊乱。当进入老年期，双歧杆菌数量减少，有害和腐败细菌如大肠杆菌、肠球菌、梭状芽孢杆菌的比例上升。某些人的肠道中，双歧杆菌可能消失。因此，肠内环境或肠道年龄可以通过双歧杆菌在肠内数量减少和各种各样腐败性微生物数量的增加来表示出来。

12. 老年人肠道菌群有哪些特点？

当一个人步入老年期，身体正常菌群也趋于稳定状态，但是一般老年人与长寿老人的菌群是有一定差异的。就肠道菌群而言，其正常菌群还受宿主饮食和生活习性的影响，比如说，以碳水化合物饮食为主的人群与以高脂肪或高蛋白饮食为主的人群相比，一般前者粪便中双歧杆菌数量多于后者。从生活习性来说，调查发现：农村人群肠道中优杆菌和双歧杆菌数量高于城市人群。当然，农村人群与城市人群这种差异除了生活习性外也含有饮食方面的因素。从以上列举可知，正常菌群特点除了受宿主的生理时期、特定解剖部位等主要因素影响外，尚不能忽略饮食和生活习性等方面因素的影响。

肠道菌群与宿主是相互影响的，即肠道菌群变化直接影响宿主，宿主变化又影响肠道菌群。人逐渐衰老，菌群也跟着发生变化，而变化了的菌群又会加重宿主的衰老，从而形成一个恶性循环。通过一定的调节可使其转化为良性循环。

13. 什么是原籍菌群和外籍菌群？

正常菌群可以按照和宿主的紧密关系分为原籍菌群与外籍菌群。原籍菌群亦称为固有菌群或常住菌。原籍菌群一般是指能在厌氧条件下生长，与宿主的黏膜上皮细胞有着极为密切的联系的正常菌群。它在生命的早期就定植于宿主体内的特定部位并保持一定的种群水平。在正常情况下对宿主健康有益，具有免疫、营养及生物拮抗作用。原籍菌群的形成是宿主在进化过程中长期选择和适应的结果。

外籍菌群亦称为过路菌。相对于原籍菌群，它与宿主的关系不紧密，在特定解剖部位中的数量相对较少且不稳定，属于劣势菌群，一旦因某种原因使其占优势就可能导致微生态失衡，引起疾病的发生。人体内的双歧杆菌就是原籍菌群，绿脓杆菌就属于外籍菌群。

14. 什么是有益性菌群、有害性菌群和双向性菌群？

肠道微生态系统是机体最庞大和最重要的生态系统。健康成年人的肠道栖息的细菌数量是人体细胞总数的10倍以上。每克大便中含有上万亿个菌体，其中95%以上是活菌。肠道细菌主要寄居在结肠和远端小肠，而胃、十二指肠、空肠及回肠也寄居着一定数量的细菌。肠道菌群按种可分为1000多个种；按照菌株在宿主体内的生化反应及对宿主的作用效果又可分为三大类：有益性、双向性和有害性。

有益性菌群：与宿主共生的生理性细菌，为专性厌氧菌，它们是肠道的优势菌群，占90%以上，如双歧杆菌、拟杆菌、优杆菌和消化球菌等。

双向性菌群：与宿主共栖的条件致病菌，以兼性厌氧菌为主，为肠道非优势菌群，如肠球菌、肠杆菌等，在肠道微生态平衡时是无害的，在特定条件下具有侵袭性，对人体有害。

有害性菌群：主要指条件致病菌，大多数为人体的过路菌，在体内微生态平衡时，这些菌在数量上占很小的比例，不会致病，如果数量超出了正常水平则会引起疾病，如变形杆菌、假单胞菌、韦荣氏菌、葡萄球菌、假丝酵母菌等。

乳酸菌是指能够分解糖和其他碳水化合物并产生大量乳酸作为末端产物的细菌，这些细菌不能降解蛋白质。乳酸菌主要包括双歧杆菌和乳杆菌。

将肠道细菌分成有益性、双向性和有害性是为了表述方便和便于人们理解。另还有一种分类方法，是只把那些对人体明显有利的细菌才称为有益菌；而那些只在部分条件下有利、大部分情况下都不利的细菌归为有害菌。

15. 人体内有正常病毒吗？

病毒是一种个体微小，结构简单，只含一种核酸（DNA或RNA），必须在活细胞内寄生并以复制方式增殖的非细胞生物。它是一种非细胞生命形态，由一条核酸长链和蛋白质外壳构成。病毒没有自己的代谢系统，没有酶系统。它的复制、转录和转译的能力都是在宿主细胞中进行的。当进入宿主细胞后，它可以利用细胞中的物质和能量完成生命活动，按照自己的核酸所包含的遗传信息产生和自身相同的新一代病毒。离开了宿主细胞，病毒就成了没有任何生命活动，也不能独立自我繁殖的化学物质。

许多病毒可以长期潜伏在宿主细胞内，只在一定条件下才会致病。例如疱疹病毒，这是一个无处不在的病毒，其生态学特征与正常菌群的生态学特征基本一致。可以说不致病是主流，致病是支流；不致病是必然的，致病是偶然的。因其在多种情况下，或在正常情况下不致病，也称为潜伏病毒。这种病毒潜伏的机制是动力学平衡或自稳平衡，它对病毒的种的保存是必需的。

现在已经证明有许多内源性病毒，都是以这种潜伏状态存在的，形成了所谓正常病毒群的概念，疱疹病毒的潜伏阶段，就是正常病毒的阶段。

凡是有细胞的地方，就会有病毒。只要采取了适宜的物理或化学方法都可能使正常细胞诱导出病毒来，特别是内源性病毒。病毒的普遍存在，说明微生物与其宿主细胞必然存在一定的生态学的相互关系。这种关系，我们叫作细胞水平的微生物与其宿主的相互关系。

16. 人体内有正常真菌吗？

真菌，是一类具真核的、产孢子的、无叶绿体的生物，包含霉菌、酵母、块菌以及其他人类所熟知的菌菇类。目前发现的真菌已超过12万种。真菌独立于动物、植物和其他真核生物，自成一界。大多真菌的细胞含有甲壳素，能通过无性繁殖和有性繁殖的方式产生孢子。

人体中有许多真菌如假丝酵母、霉菌等。同细菌一样，人体内的真菌也有正常真菌，在微生态平衡时对宿主发挥正常生理作用，如生物拮抗作用、调节免疫和营养作用等。

17. 为什么说微生态学领域是当今最火热的医学领域？

肠道微生态与人类代谢食物、抵御感染和应答药物等过程关系密切，许多人类疾病都与微生态失衡有关。肠道菌群的破坏可能是21世纪人类社会面临的一项重大挑战，这一问题可能导致多种疾病的流行，对公共健康、医疗和人类营养学产生严重影响。肠道菌群靶点理论提供全新的阐明途径、新产品研发理论及技术路线。我们不能只关注机体本身，还要照顾到在肠道中的共生菌群，因为它们的存在对我们的身体健康是如此重要。

人体菌群的重要性正越来越多地被提及和重视。作为长期被忽略的一个重要"器官"，如何维持其健康，即如何维持健康的菌群状态日益成为人们关注的重点。人们逐渐明确，肠道可能是免疫力的发动机之一，肠道和肠道菌群的配合，可能是人体免疫力产生的源泉之一。生活方式、卫生习惯、饮食、药物等都会影响肠道菌群的种类、数量和功能，这使得人体免疫系统产生不同的响应，或是超敏（过敏）反应，或是免疫缺陷。人体微生态系统已成为多种疾病诊断和治疗的新靶点。

微生态学经过40年的发展，已成为一门研究人体微生态平衡的新兴的生命科学。尤其近20年来，人体微生物的研究更成为国内外科学家们关注的新的热点问题。国际上，欧洲的人类肠道宏基因组计划（MetaHIT）、美国的人类微生物组计划（HMP）的开展以及国际上人类微生物组联盟的成立，加速了肠道微生态与各类疾病关系的研究和合作交流。以人体微生态为靶点的宏基因组检测的科研和临床应用研究也异军突起。

18. 为什么微生态学在新冠疫情的防治中受到重视？

新型冠状病毒是正义单链RNA病毒。该病毒可通过刺突（spike）蛋白与人体血管紧张素转化酶2（ACE2）结合，进而侵入人体细胞，在人体细胞内完成病毒的复制，并进一步诱发人体免疫反应，引发后续呼吸系统症状。ACE2不仅在肺部组织表达，在肠道上皮也有分布，有文献报道ACE2蛋白在肠道里能通过与氨基酸转运蛋白结合的方式，调控肠道对营养物质的吸收，由此，提示我们新型冠状病毒感染可能不仅仅侵犯宿主肺部组织，而且还可能通过与肠道上皮的ACE2结合干扰人体对蛋白营养物质的吸收，引起消化道不适等症状。

肠道是机体最大的代谢器官和免疫器官，肠道菌群对于免疫系统的调节非常重要，特别是预防传染性疾病或免疫功能紊乱。有研究证实，不同的益生菌菌株可以通过不同的机制来有效地抑制甲型流感病毒的感染。

肠道微生态的稳定，即肠道菌群的健康和完整性对于维持肺部的健康有重要作用。肠道菌群能通过肠-肺轴参与调控肺部多种疾病，包括病毒性肺炎、哮喘、肺结核、慢性阻塞性肺疾病等。大量研究报道表明，维持正常的肠-肺轴交流将有利于缓解肺部疾病。如有研究发现，对小鼠施加高膳食纤维饮食，可增加体内肠道微生物代谢的短链脂肪酸水平，从而降低呼吸道合胞病毒感染导致的肺部损伤；而接受抗生素处理的小鼠，由于抗生素破坏了体内的肠道微生态平衡，其体重降低加剧，肺部病毒载量、巨噬细胞以及淋巴细胞数量增加。此外，动物实验的研究表明，口服益生菌及其制剂或可抑制肺部疾病的发生、发展。

李兰娟院士提出"四抗二平衡"救治方案是救治危重症患者的有效策略，通过大剂量服用微生态调节剂，可提升机体自身的免疫力，维持肠道微生态平衡，预防继发性细菌感染。

（袁杰力　大连医科大学）

第二节　微生态系统的构成

1. 什么是人体微生态系统？

正常菌群是微生物与其宿主在共同的历史进化过程中形成的微生态系，即寄居在特定个体体内的非但无害而且有益的微生物群落。微生态系就是在一定结构空间内，正常微生物群以其宿主的组织和细胞及其代谢产物为环境，在长期进化过程中形成的能独立进行物质、能量及基因相互交流的统一的生物系统。这个定义的核心是正常菌群与其生存环境的相对统一。

2. 人体微生态系统分布在全身各处吗？

人体微生态系统主要分布在皮肤表面及人体与外界相通的腔道中，尤其以黏膜器官分布最多，如口腔、泌尿生殖道和肠道等，其中肠道是最主要的微生态系统。近年来的研究显示，一些我们传统认为不存在微生物的部位，其实也有细菌定植，比如肺部、乳腺，甚至胎盘中是否有微生物，也成为近年来科学家们关注的焦点。人体微生态系统对于维持机体的健康具有重要作用。

3. 人体微生态系统包括哪些子系统？

按照正常菌群在微生态系统中所占的空间不同，把人的微生态系统分为以下几类：口腔微生态系统、胃肠道微生态系统、泌尿道微生态系统、生殖道微生态系统、皮肤微生态系统和呼吸道微生态系统。各系统正常菌群总数量都以百万亿计，总质量相当于肝脏的质量，其中肠道内的正常菌群最多，占人体正常菌群总量的78%左右。

4. 人体微生态系统通常由哪几类微生物组成？

人体微生态系统目前已知由细菌、古细菌、真菌和病毒组成。其中，细菌部分的研究最为深入，例如我们耳熟能详的益生菌，很多就是我们体内的常驻成员。古细菌和真菌在整个人体微生态系统中的占比不大，肠道中还存在少量的古细菌。随着卫生条件的提高，肠道内的多细胞真核生物，比如蠕虫已经逐渐消失，但是它们在肠道微生物组的进化过程中曾是重要的组成部分。目前研究较多的病毒为噬菌体，它们是一类寄生于细菌的病毒，不会对人体细胞造成伤害。噬菌体等也是机体微生态系统的重要组成部分，参与维持人体健康。

5. 为什么微生态系统是人体生理系统的重要组成？

正常菌群自新生儿离开母体呱呱落地就开始定植于人体，并伴随终身。经过漫长的生物进化过程，正常菌群与人体处于共生状态，并与人体建立密切的关系，对促进人体生理机能的完善尤其是免疫功能的成熟起非常重要的作用。它们大多与细胞密切接触，进行物质、能量的交换和遗传信息的传递。据估计，微生物的酶大约35%可为宿主利用。正常微生物群对宿主具有营养、免疫、生物拮抗等作用。它们与机体已形成相互依存、互为利益、相互协调又相互制约的统一。这种统一体现了人类微生态的动态平衡，平衡则健康，失衡则致病。

6. 为什么说人体微生态系统相当于一个器官？

人体有消化、循环及呼吸等12个系统，这是当前普遍的认识。实际上人体（或其他生物体）还有一个具有和这12个系统同样重要的系统，即微生态系统。根据这个系统在宿主动物的发生学、免疫学及营养学的悉生生物学研究证明，正常菌群构成的微生态系统是人、动物宿主生理系统不可分割的组成部分和"生理器官"。和其他器官一样，得不到宿主整体环境如营养、血液及神经等生理功能的配合，微生态系统将会损伤、衰败，失去其对宿主的生理作用和对生命的保障作用。

7. 真菌也是微生态系统的构成部分吗？

在人体的微生态系统中，微生物的种类和数量都十分丰富，真菌属于真核微生物，在人体微生态系统中，也是非常重要的组成成分。人体体表和体腔中的真菌组成有较大差异，体表以马拉瑟菌为主；体腔中口腔和肠道的真菌多样性最高，如肠道中，主要为念珠菌和酵母菌。真菌对于人体健康也有着非常重要的影响，与人体免疫系统有着复杂的相互作用。

8. 什么是人体内的病毒组？

提到病毒，可能很多人会"谈毒色变"，实际上，在我们体内的微生态系统中，不但包含病毒，而且种类和数量都十分丰富。肠道微生物群中含有大量的病毒组分，其中噬菌体的数目占据绝对优势，此外也包含少量的真核微生物病毒和内源性逆转录病毒等组分。人体表面及其细胞内所有病毒基因组的总和称为病毒组，它是人体微生物组的一部分，包括感染宿主细胞的病毒基因组和整合在宿主染色体中的病毒基因组，也包括所有噬菌体的基因组及整合在宿主细菌基因组中的遗传元件，这部分特殊的病毒也被统称为噬菌体组。

9. 影响人体微生态系统结构的因素有哪些？

影响微生态系统结构的因素很多，包括人体健康状况、年龄、性别、遗传、分娩方式、饮食、抗生素使用等，但人体微生态系统可以形成抵御外界刺激的防御屏障，并且在饮食、生活方式和周围环境的变化方面具有高度适应性。为适应在人体内定植，微生物自身会发生多种改变。随着人类生活方式的改变，人体微生态系统也进化为更适宜现代生活方式的模式。人类的进化也决定了人体微生态系统结构的进化。

10. 人体不同部位的微生态系统的构成相同吗？

因为人体不同部位的生理状态不同，环境因素对微生物群的定植和分布会产生各种各样的影响，所以人体不同部位的微生态系统的组成也不同。比如，肠道不同部位的微生物群分布有差异：小肠中多存在需氧菌，大肠中则是厌氧菌占优势；相对于小肠来说，大肠内微生物群的多样性程度更高，且细菌种类的波动较小。

11. 不同年龄人群的微生态系统的结构有区别吗？

有区别。随着时间的推移，个体自身的微生态系统成分波动比发育中特定阶段的个体间差异性要小，但是在整个生命周期中发生的发育变化肯定会影响微生物群的组成和功能。反之微生物群也参与宿主发育过程，发挥各项功能。幼儿开始与成人相同的饮食后，其体内微生物群也逐渐接近成人。成人微生态系统成员多样性增加，微生态结构更为稳定。

12. 口腔中有哪些微生物？口腔微生物与龋齿有关系吗？

口腔中有弱碱性唾液、食物残渣及适宜的温度，是微生物生长繁殖的有利场所，因此，口腔所包含的微生物群是人体内最多样化的微生物群之一，包括细菌、真菌、病毒、支原体等，其中细菌种类就高达40多属700多种，并占据主要地位。目前已发现的口腔微生物中30%～40%是不可培育的。其中检出率最高的是链球菌；而在氧浓度低的牙龈沟却多为革兰氏阴性厌氧杆菌。至于栖殖菌量，依部位不同而差别巨大，牙垢中约有10^{10} CFU[①]/g、唾液中约有10^8 CFU/mL。此外还包括金黄色葡萄球菌、肺炎双球菌、化脓性链球菌、绿脓假单胞杆菌等。口腔真菌检出率最高的为假丝酵母属，其中以白色假丝酵母（*Candida albicans*）居多。口腔检出的原虫少且几无明确的致病性。口腔唾液中或可检出HIV、HTLV-I、HSV、HBV、HCV以及CMV等多种病毒，故应预防通过唾液可能传播的疾病。这些微生物或以菌斑生物膜的形式附着于口腔结构的表面，或以浮游生物的形式存在于唾液中。在每个微环境中存在的优势菌种不同，如颊黏膜中的嗜血杆菌、龈下菌斑中的普雷沃菌等，而其他部位多以链球菌为主。最近研究表明，每个个体的口腔微生物群的构成都是独特的，同样处于健康状况下的不同个体间的差异也很大。这种构成的多样性与多种影响因素有关，如时间、年龄、饮食、早期菌群生物暴露、宿主遗传学以及其他社会因素（如受教育程度）等。

---

① CFU：colony forming units，菌落形成单位。

有研究者认为，龋病或其他一些口腔疾病的本质是生态失衡性疾病，提出利用益生菌疗法调节口腔微生态平衡来进行防治。因为一旦口腔微生态平衡被打破，就可能引发口腔致病菌过度滋生，如伴放线放线杆菌、变形链球菌、戈登链球菌等都是最常见的口腔致病菌。口腔生物膜和牙斑牙垢菌群失调可导致口腔内多种感染疾病。牙斑牙垢本身即可致龋齿并具牙周致病性，同时它通过与细菌形成共同凝集的形式，向本不具有附着能力的致病菌提供受体。并且，牙斑牙垢还能为本不在口腔内栖殖的致病菌提供栖殖的环境。

13. 胃里面有哪些菌群？胃内菌群与胃炎、胃癌有关系吗？

胃是消化道微生态系统中一个特别的区域，由于胃酸分泌、致密的黏膜层以及可能存在的胆汁反流等因素使其形成了独特的微生态系。与肠道相比较，胃内的菌群数量较少，每克胃内容物中含有10～1000个细菌。胃内约80%的细菌无法通过培养得到，只有通过基因测序等技术进行分析且难度较大。研究发现，胃黏膜微生物主要包括变形菌门（Proteobacteria）、厚壁菌门（Firmicutes）、放线菌门（Actinobacteria）、拟杆菌门（Bacteroidetes）和梭杆菌门（Fusobacteria）五大门类，且这些占主导地位的细菌门类不受地域、种族的影响。我国香港学者的一项研究发现，胃黏膜上的优势菌属主要包括链球菌属（Streptococcus）、普雷沃菌属（Prevotella）、卟啉单胞菌属（Porphyromonas）、奈瑟菌属（Neisseria）和嗜血杆菌属（Haemophilus），这些菌属约占总量的70.5%。与胃黏膜菌群稍有不同的是，健康人群胃液中的主要菌门按丰度从高到低排序依次为：厚壁菌门、变形菌门、拟杆菌门和放线菌门。而相比之下，消化不良患者胃黏膜和胃液的菌属具有一致性，主要为丙酸杆菌属（Propionibacterium）、乳杆菌属（Lactobacillus）、链球菌属（Streptococcus）和葡萄球菌属（Staphylococcus）。

胃微生态系统的组成、分布和多样性在胃相关疾病的变化与消化不良、胃炎、胃癌及癌前状态均有密切关系。幽门螺杆菌（Helicobacter pylori，

Hp）感染会显著影响胃部微生态，并在胃炎、胃癌等疾病发生、发展中起重要作用。此外，当胃液pH>4、应用药物（如质子泵抑制剂PPI或抗菌药物）或免疫缺陷（特别是人类免疫缺陷病毒感染）时，人体胃液中的菌群多样性会发生轻至中度下降，导致失衡。

14. 肺部有微生物吗？

经典理论认为，肺部几乎是无菌的状态，肺部微生态研究一直处在一个比较滞后的状态。近年来，随着研究手段的发展，相关研究取得了巨大进展。研究结果证实，肺部不但有微生物，而且种类和数量都比较丰富。人体肺部正常定植的微生物主要由五个门构成，分别是厚壁菌门、拟杆菌门、变形菌门、梭杆菌门和放线菌门。这五个门在肺部菌群构成中所占比例也各不相同。其中厚壁菌门占细菌总数的2/5，是健康个体呼吸道的主要优势菌门。健康个体之间呼吸道微生物组非常接近，与一些病理条件下，如社区获得性肺炎、医院获得性肺炎、肺结核等患者的呼吸道具有明显的差异。

15. 为什么说肠道是人体"最大的菌库"？

肠道内存在着非常繁盛的微生态系统，生存着超过百万亿与人体共生或寄生的微生物，如细菌、原生动物、病毒等，这就是肠道微生物组（肠道菌群），它们也是人类的"第二基因组"。肠道微生物是近些年的研究热点，它们是有着庞大数量和类群的细菌，上千种不同的微生物居住于每个健康个体的大肠中，没有它们，我们将不能正常生长、发育。因此肠道微生物组与人体健康息息相关。按质量来算，一个人身上的全部微生物大约有1.5kg，其中鼻腔内约有10g，口腔内约有20g，肺部约有20g，胃肠道约有1kg，皮肤约有200g，生殖道内约有20g。胃肠道中的微生物约占人体微生物总质量的80%以上，从种属水平上分析，肠道微生物群个体差异显著，但在门的水平上一般保守。人体肠道微生物群中丰度最高的是拟杆菌门和厚壁菌门，变形菌门和放线菌门其次。但其组成和丰度受宿主基因型、进化过程、饮食、地域及人为干预等因素的影响，会发生动态变化。因此说，肠道是人体"最大的菌库"。

16. 肠道里的细菌是哪里来的？

人在出生前胃肠道中被认为是无菌的，但从分娩的时刻开始，通过与母亲产道的接触、出生后的进食、与外界环境的接触等，各种微生物开始进入婴儿体内并逐渐定植。首先进入肠道的细菌大多为好氧菌和兼性厌氧菌，它们的定植会消耗肠道中的氧气，造就肠道的厌氧环境，随后定植的以专性厌氧菌为主，尤其是无芽孢厌氧菌。正常成人的食道中具有从咽部和食物而来的微生物。胃中的酸度使在其中的微生物数量小于$10^3 \sim 10^5 CFU/g$，可以有效预防条件致病菌（如霍乱弧菌）感染。如果服用治疗胃溃疡的药物，则可能导致胃中的菌群大量繁殖。而肠道内容物pH变为中性，正常微生物群逐渐增多。相对大肠来说，食物在小肠中的滞留时间较短，加之小肠中含有胆盐以及潘氏细胞分泌的抗菌肽，使得微生物在其中的生存比较困难。但是，微生物在小肠末端的生存条件相对较好。正常成人的十二指肠中微生物数量为$10^3 \sim 10^6 CFU/g$（内容物）；在空肠和回肠中增加到$10^5 \sim 10^8 CFU/g$。在肠道上部的优势菌群（乳杆菌和肠球菌），在空肠和回肠中较少，在粪便中可检测到。在乙状结肠和直肠中，每克内容物大约有$10^{11} CFU$细菌，占粪便量的10%～30%。肠道中的厌氧菌数量是兼性厌氧菌的1000倍。发生腹泻时，细菌的数量会下降，而发生肠梗阻时则会上升。

17. 肠道微生物有哪些重要的生理作用？

人体肠道中的细菌数达10^{14}个，占人体总微生物量的78%。肠道菌超过1000种，分为原籍菌群和外籍菌群，原籍菌群多为肠道正常菌群，除细菌外，人体还存在正常病毒群、正常真菌群、正常螺旋体群等，各有其生理作用。肠道菌群最显著的特征之一是它的稳定性，它对人类抵抗肠道病原菌引起的感染性疾病是极其重要的。维持其稳定性是临床治疗的重点。正常生理状态下，正常的肠道菌群对人体的维生素合成、生长发育、物质代谢以及免疫防御功能都有重要的作用，是维持人体健康的必要因素，也是反映机体内环境稳定的一面镜子。

（1）保护作用：作为肠黏膜表面的一道屏障，肠道菌群具有保护宿主正常的组织学和解剖学结构的作用，对肠黏膜表皮细胞及细胞间的紧密连接的保护尤为重要。

（2）营养作用：宿主所需的维生素、氨基酸、脂质和碳水化合物都可以从正常菌群获得。特别是一些维生素B族、维生素K、泛酸、叶酸等，人体自身不能合成，主要来源就是我们的肠道菌群。

（3）参与代谢：主要体现在内源蛋白质等的代谢需要菌群直接参与，肠道细菌产生 β –葡萄糖醛酸酶、硫化酶等，间接或直接为宿主利用。

（4）促进吸收：正常肠道菌群有促进肠道蠕动功能，能促进机体对营养物质的消化吸收。有研究表明，肠道菌群所产生的短链脂肪酸等物质不但可作为人体细胞的营养，还可刺激肠道的一种嗜铬细胞，使其产生神经递质，促进肠蠕动。

（5）调节免疫：正常菌群从孩子出生伊始就不断地影响人体的免疫系统，对于人体免疫细胞和器官的发育有重要的影响；并在免疫系统成熟后调节机体的免疫应答。微生态失衡可能会引起免疫系统紊乱，与自身免疫病、过敏性疾病等的发生、发展有关。近年来研究发现，在肿瘤的免疫治疗中，不同的肠道菌群结构可能影响免疫治疗的效果。

（6）拮抗作用：菌群屏障作用又叫作定植抗力，是机体免受外来细菌感染的一个可靠保证，分为预防性屏障作用和治疗性屏障作用。前者指的是，屏障菌群首先定植，使屏障作用的对象无法在肠道定植，对抵御外来感染起一种预防和保护作用。后者指的是，虽然屏障作用的目标菌株在肠道中的定植先于屏障菌群，但后来的屏障细菌可以将其从肠道中驱除，起到类似于化学药物的治疗作用。

18. 皮肤表面有哪些微生物？皮肤菌群失衡会引起皮肤病吗？

皮肤是我们和外界接触面积最大的一个器官。皮肤上的细菌以葡萄球菌、表皮葡萄球菌为主，同时还有金黄色葡萄球菌和链球菌等过路菌。细菌存在于皮肤皱褶之中，同时和腺体（如汗腺）有关，毛囊也是微生物生存的理想空间。

那么，人体皮肤菌群是如何演替的呢？在新生儿中，皮肤微生物定植主要取决于分娩方式，顺产婴儿定植的微生物主要和阴道有关，而剖宫产婴儿定植的则主要与接触的皮肤有关。在青春期，皮肤微生物群会重新调整，主要由于激素的增加会刺激油脂分泌部位产生油脂。因此，青春期后的皮肤有利于亲脂微生物的增长，棒状杆菌和丙酸杆菌的优势增加，厚壁菌门细菌（包括金黄色葡萄球菌和链球菌属）的丰度减少。在成年期，尽管皮肤持续暴露于环境中，但微生物成分在一段时间内仍保持惊人的稳定性。这表明共生微生物之间以及微生物与宿主之间存在稳定、互利的相互作用。

在炎症期间，皮肤微生物组的改变是显著的。目前尚不清楚病原体和皮肤炎症如何导致恶性循环，如何重建体内平衡，或病原体如何与现有的共生群体相互作用。例如，金黄色葡萄球菌等病原体通常无症状地定植于皮肤，而表皮葡萄球菌等共生菌有时会促进疾病的发生、发展。

正常的皮肤菌群间存在着竞争和制约关系，皮肤菌群不正常地增加、减少甚至消失，都会导致皮肤微生态被破坏。人体皮肤有维持自身微生态稳定的能力，如果某些因素导致宿主的皮肤、环境和菌群之间的微生态失调，就会造成皮肤的病理损害。

皮肤微生态失衡会导致益生菌减少甚至消失，皮肤屏障功能降低，抵抗力差，异常敏感，反复长痘等。例如，皮肤上痤疮丙酸杆菌（*Propionibacterium acnes*）检出率高的大多是痤疮患者；在玫瑰痤疮患者和银屑病患者皮肤中，也发现毛囊蠕形螨的数量明显增加。导致皮肤微生态失衡的因素有内源性和外源性两种。外源性主要是外来菌的侵入竞争，使得常驻菌的数量大幅减少甚至消失，导致皮肤损伤；内源性主要来源于正常微生物群的比例失调、定位转移和二重感染，如皮肤清洁不当，清洁过度或清洁力度不够，外界环境（如紫外线等）的影响，刺激性产品（如激素、果酸）的不当使用，使用含添加化妆品辅助原料过多的化妆品等。

19. 女性生殖道菌群有哪些？

正常泌尿道不含有细菌。女性尿道外部与外阴部的细菌相似，有葡萄球菌、粪链球菌、大肠杆菌、变形杆菌、乳杆菌及真菌等。在女性生殖健康中，女性阴道微生态系统尤其重要。由于女性的阴道与外界相通，在承担性交、分娩等功能的同时，也会增加感染的概率，从而造成微生态环境的紊乱而出现感染性疾病。女性阴道微生态系统与局部解剖、内分泌、局部免疫和阴道的微生物群组成等因素相关。女性尿道外部与外阴部菌群相仿，除耻垢杆菌外，还有葡萄球菌、类白喉杆菌和大肠杆菌等。阴道内的细菌随着内分泌的变化而异。从月经初潮至绝经前主要为革兰氏阳性需氧菌和兼性厌氧菌，其中最重要、数量最多的为乳杆菌，健康女性检出率为50%～80%；而月经初潮前女孩及绝经期后妇女，阴道内主要细菌有葡萄球菌、类白喉杆菌、大肠杆菌等。

女性应重点关注的是阴道内的菌群，其中包括细菌、真菌以及其他的病毒、螺旋体等，还包括原虫及各种非特异性的感染。最常见的阴道菌是乳杆菌，占到90%，还包含韦荣球菌、葡萄球菌、肠球菌、棒状杆菌等，总的来讲，厌氧菌和需氧菌的比例是（5～10）∶1。在健康育龄女性阴道中最常见的乳杆菌是卷曲乳杆菌、加氏乳杆菌、惰性乳杆菌、詹氏乳杆菌、鼠李糖乳杆菌、发酵乳杆菌、植物乳杆菌和阴道乳杆菌。我国育龄期健康女性阴道内最常见的优势菌种是卷曲乳杆菌、加氏乳杆菌和惰性乳杆菌，这与国外的结果是一致的。作为阴道内优势杆菌，乳杆菌可以分解糖原产生乳酸，维持阴道的酸性环境（pH 3.8～4.5）；可以产生各种抑菌和杀菌物质，如过氧化氢、乳酸菌素以及短链脂肪酸，来抑制各种致病微生物的生长；乳杆菌还可以竞争黏膜空间占位，导致致病菌没有办法接近人体，另外它还可以竞争营养物，从而维持正常的阴道微生态系统。

20. 男性生殖道微生态系统有哪些微生物？

男性尿道口有葡萄球菌、拟杆菌、耻垢杆菌、大肠杆菌和支原体等，接近皮肤微生物种类。当微生态失衡、感染、大量使用抗生素或插尿管后会有一些细菌异位至泌尿道中并诱发感染。

21. 人体内菌群之间是如何相互作用的？

微生态系统中的各种微生物间会发生各种不同的相互关系，有的使一方或双方受益，称为正性相互关系；有的使一方或双方受害，称为负性相互关系。正是这种正性或负性的相互关系维持了群落内部的生态平衡。

（1）中立。指两种或两种以上的微生物处于同一环境时相互不发生任何影响。常见于对营养要求根本不同的微生物，如人体上呼吸道各种微生物形成的正常菌群，或在微生物生长密度很低时。

微生物间的中立关系不是一成不变的。处于生长静止期的微生物与其他微生物之间多为中立关系。因为此时代谢活动低下，营养要求极少，故很少与其他微生物发生能量竞争。而一旦环境改善，细菌由芽孢转变为生长体，相互间原有的中立关系就可能被竞争或其他关系所代替。

（2）栖生。这是微生物间的一种常见的相互关系，系指两种微生物共同生长时，一方受益，另一方不受任何影响。对受益方来说，另一方可能为其提供一些基本的生存条件，但它还能从其他方面获得这些条件；对另一方来说它既不从中受益，也不会受到损害。所以说栖生是一种单向的、非固定的相互关系。

兼性厌氧菌与专性厌氧菌的生长是栖生关系的典型例子。兼性厌氧菌在生产过程中消耗氧，使氧气压力下降，从而为专性厌氧菌的生长提供了理想的生活环境。专性厌氧菌从对方受益，而兼性厌氧菌则不受任何有害影响。

栖生关系的建立，包括一方向另一方提供生长因子，一些微生物产生的胞外酶为另一些微生物提供新的代谢物质，排除和中和有毒物质等类型。

共同代谢（cometabolism）也是一种栖生关系，指一种微生物利用某物质进行代谢过程中，产生另一种微生物需要且不能直接从周围环境中获得的产物。

（3）互生。是指两种微生物共同生存时可互相受益。互生不是一种固定的关系，即互生双方在自然界均可单独存在，形成互生关系时又可从对方受益。形成互生关系可使微生物产生一些特殊的代谢活动，如合成一些新的产物，进行旁路代谢等。

互养共栖（syntrophism）。是指两种或两种以上的微生物协同进行某一代谢过程，并互相提供所需的营养物质。如甲群微生物能利用化合物A生成化合物B，但其本身因缺乏必需的酶而无法完成这个代谢过程，只有在乙群微生物的协作下，利用后者产生的酶才能完成。乙群微生物不能利用化合物A，只能利用化合物B，形成化合物C。

微生物间的互生关系还表现在共同排除有毒产物，以产生可利用的物质方面。

（4）助生或互惠共生。是指两种或两种以上共同生长的微生物互相受益的专性关系。助生是有选择的，任何一方都不能由其他微生物所取代。微生物的助生关系使它们作为一个整体共同活动，如溶原性噬菌体和相应细菌的关系就是一种助生关系。噬菌体将其遗传物质结合到细菌的染色体上，从而为其长期潜伏创造了有利条件。溶原性细菌则可产生一些特殊的酶类，为自身的生长提供了有利条件。如白喉杆菌只有与噬菌体结合形成溶原性细菌，才能产生白喉毒素，引起疾病，否则将不致病。

（5）竞争或拮抗共生。是指两种微生物共同生存时为获得能源、空间或有限的生长因子而发生的争夺现象。竞争的双方都受到不利的影响。微生物的竞争关系又有两种表现，一种是竞争排斥，另一种是和平共处。

竞争排斥是指为争夺同一生长环境或营养物质，竞争的双方不能长期共同在某一环境中生长，一方必须战胜另一方，失利者将被排斥出这个环境。

例如，将小核草履虫和大核草履虫两种纤毛虫共同培养，16天后培养液中前者消失，只有后者单独存在。

（6）偏生。又称为单害共生，指两种微生物共同生长时，一方产生抑制另一方生长的因子，前者不受不利影响或反受益，后者受到不利影响。如某些真菌能产生抗生素，抗生素能抑制或杀死其他微生物（如细菌），但真菌的生长不受不利影响。许多由微生物产生的抗生素，如青霉素已被医学上广泛应用于感染性疾病的治疗。

（7）寄生。由宿主和寄生物两方面组成。一般来说，寄生物比宿主小，有的进入宿主体内称为内寄生（endoparasite），有的不进入宿主体内称为外寄生（ectoparasite）。

微生物中的寄生现象非常多见，常见的宿主有细菌、真菌、原虫、海藻等。病毒是上述宿主体内最常见的一种寄生物。

（8）吞噬。指一种微生物吞入并消化另一种微生物。前者称为吞噬者（predator），后者称为牺牲者（prey）。前者从后者获取营养成分。

吞噬者常见的有原虫、海藻、真菌等。被吞噬的牺牲者有细菌、真菌、海藻、原虫等。

了解菌与菌之间的关系对帮助我们以菌制菌、恢复生态平衡非常重要。例如，通过口服某些活的微生物制剂来治疗由于正常菌群失调而导致的腹泻。含蜡状芽孢杆菌（*Bacillus cereus*）的"促菌生"，含地衣芽孢杆菌（*Bacillus lincheniformis*）的"整肠生"等，它们都是通过芽孢杆菌的生长，为肠道重新创造良好的厌氧环境，促使肠道内正常的厌氧菌的生长繁殖，这类活微生物制剂又称为微生态制剂。

22. 描述微群落有哪些指标？

微群落是具有特殊结构和功能，占据特异微生态空间，并能保持相对独立性的微生态系的亚结构。描述微群落的结构，要从以下三方面进行：

（1）定性。即确定微群落内含有多少个微生物种群，即微群落的丰度。种的多少，决定微群落的稳定性。稳定性是指微群落在一段时间内维持种群的群间数量正常关系的能力，维持受扰乱情况下恢复到原来平衡状态的能力以及抗变力。稳定性与种群的多样性成正比。

（2）定量。确定微群落中各种群的数量及总数量，即总菌数及活菌数。数量指标是微生态平衡与微生态失调的重要指标。

（3）定位。确定微群落占据的微生态空间，每个种群都有其特定的生态位。

23. 什么是微生态演替？演替峰顶有何特点？

微生态演替是指正常微生物群在自然和人工因素影响下，在宿主机体解剖部位的微生态空间中的发生、发展和消亡的过程。

演替峰顶是在一个单一的生境内，微生物群落由初级演替、次级演替或生理性演替形成的、在一定时间内持续的稳定状态。峰顶是微生物群在一定时空中的持续和稳定的定性及定量结构，以及因此表现出来的功能结构的总和。

在微生态学中有生理性峰顶和病理性峰顶之分。以宿主解剖部位为生境的正常微生物群，在宿主机体正常时，表现为生理性峰顶；在宿主机体异常时，表现为病理性峰顶。例如，正常人类宿主机体的结构菌群多表现为生理性峰顶，如果患了慢性结肠炎，其肠菌群就形成了病理性峰顶。

峰顶是演替到最后阶段，微生物群落与其生境达到平衡，趋于稳定的动态状态。生理性峰顶群落有以下特点：

（1）种群多：与群落初建阶段或峰顶前期相比，种群数多，即多样性高。

（2）质量增加：峰顶前期质量低，而峰顶期质量高。

（3）负反馈占主导地位：峰顶前期正反馈占主导地位，因而不稳定，峰顶期负反馈占主导地位，所以稳定。

（4）生理功能最佳：对宿主的营养、免疫及生物拮抗等作用都处于最佳状态。

（5）高度结构化和复杂程序：峰顶群落处于高度结构化，并且复杂而有程序。

（6）峰顶是演进不是衰退：表现为生理性而非病理性。

24. 生理性演替和病理性演替有何区别？

人、动物及植物的一切生理变化，都会引起其正常微生物群的变化，这种变化叫作生理性演替。生理性演替是研究病理性演替的基础。

25. 什么是菌群的宿主转换？宿主转换的结局是什么？

宿主转换亦称为易主，是正常微生物群的重要动态表现。宿主有种属特异性，不同种属宿主有各自独特的正常微生物群，因此，没有抽象的微生物群，只有具体的微生物群。对甲种属是正常微生物群，对乙种属就可能不是，甚至可能是致病的。对于正常微生物群存在着宿主转移现象，这种现象，在微生态学中具有重要理论与实际意义。

正常微生物群是指一定宿主和一定定位的微生物群。在一定宿主生境内的微生物群有原籍菌群与外籍菌群之分。宿主对前者是特异性的，对后者是非特异性的，外籍菌在非特异性宿主体内要适应环境、耐受免疫屏障和生物拮抗等作用才能存在和发展，否则将被排除。这就是正常微生物群宿主转换的结局。详见表1-1。

表1-1　正常微生物群宿主转换的结局

类型	微生物			宿主			结局
	定居	繁殖	死亡	活存	患病	死亡	
A	+	+	-	+	-	-	生态平衡（健康）
B	+	-	-	+	-	-	生态平衡（带菌）
C	+	+	-	+	+	-	生态失调（患病）
D	-	-	+	+	-	-	生态崩溃（主活）
E	+	+	-	-	-	+	生态崩溃（主死）

26. 什么是菌群的易位？易位的诱因和后果是什么？

定位转移亦称为易位，是指微生物由原籍生境转移到外籍生境或本来无微生物生存的位置上的一种现象。

定位转移的诱因来源于宿主及微生物两个方面。

（1）宿主方面的因素包括：① 免疫力低下，如长期使用激素、同位素、免疫制剂或衰老、患慢性病等。② 物理因素，如解剖结构的畸形、外科手术、外伤等使微生态空间的结构发生变化。③ 化学因素，如胆汁分泌、胃酸分泌异常等。上述宿主方面的因素，均能成为定位转移的诱因。

（2）微生物方面的因素包括：① 抗生素的作用，抗生素消灭了敏感的正常菌群成员，留下的耐药性菌群成员大量繁殖，扰乱了微生态平衡，从而引起易位。如消化道的正常菌群成员受到抗生素控制后，耐药性细菌可以转移到呼吸道，引起呼吸道感染。医院感染或称医院获得性感染，就是携带对各种抗生素敏感的正常菌群成员的病人，入院后，在抗生素的作用下，敏感菌被杀灭，取而代之的是医院内存在的耐菌性细菌，从而诱发出血性、深部组织及内脏的感染。这些感染即是正常菌群易位的结果。② 遗传性的改变，在各种因素如抗生素、外环境等影响下，由于质粒在正常菌群中传递，使其遗传性发生改变，如耐药性、产毒性的改变，使本来不能易位的细菌转变为能易位的细菌。

菌群易位会导致感染发生，经血液易位会出现菌血症、败血症、脓毒败血症等不同程度的感染的出现，严重者会导致死亡。

27. 为什么菌血症和败血症都是菌群易位的表现形式？

菌血症是指一种细菌侵入血液的病理现象，细菌不能在血液中繁殖，很快被机体的防御功能所消灭。败血症则是指毒力强的细菌进入血液中不仅未被清除而且还大量繁殖，并产生毒素，引起全身中毒症状和病理变化。引起菌血症的细菌有很多种。其中比较常见的，以大肠杆菌位居首位。还有一些比如凝固酶阴性葡萄球菌、金黄色葡萄球菌、肠球菌、铜绿假单胞菌、肺炎克雷伯菌等，这些细菌常见于皮肤或肠道。无论是菌血症还是败血症均为细菌因感染或其他原因造成的黏膜屏障受损而进入血液系统，并且在全身扩散，产生严重后果，而这些细菌的来源可能是皮肤、肠道或人体其他正常菌群，因此，菌血症和败血症都是菌群易位的表现形式。

（刘畅　王悦　郭晓奎　上海交通大学医学院；李明　大连医科大学）

第三节　肠道微生态与营养

1. 肠道微生态与肥胖有什么关系？

近年已积累大量研究证据表明，肥胖与肠道微生态的关系是十分密切的。其中最有戏剧性的一个研究是，上海交通大学微生物学教授赵立平2012年首次在一个体重达175kg的26岁男性肠道内发现导致他肥胖的阴沟肠杆菌B29（占总量的35%），清除该菌株后，23周后该男子的体重下降了51.4kg。与此同时，该男子此前较高血糖、血脂、血压等代谢指标全部缓解。在动物实验中，给肠道无菌小鼠接种阴沟肠杆菌B29之后，小鼠也出现了严重的肥胖。

虽然并非所有肥胖者肠道微生态中都能找到阴沟肠杆菌B29或者其他特定的肥胖菌，但肥胖与肠道菌群失调关系的研究证据是很充分的。早在2006年，《自然》（*Nature*）杂志发表一项研究显示，研究人员把肥胖者的粪便（肠道菌群）移植给小鼠，小鼠就会变胖；把体瘦者的粪便（肠道菌群）移植给小鼠，小鼠就会变瘦。2019年，《科学》（*Science*）杂志发表的一项研究表明，实验小鼠肠道内的大量梭状芽孢杆菌可以防止小鼠变胖。类似的通过调节肠道菌群而实现减肥的研究举不胜举。

肠道菌群影响肥胖的机制比较复杂，既涉及脂肪、碳水化合物等能源物质消化吸收以及代谢，也与体重调节机制有关。此外，与肠道菌群相关的免疫调节、炎症反应和神经调节等也参与了肥胖形成过程。值得一提的是，致力于肠道菌群与肥胖研究的赵立平教授，在2005～2010年期间，体重从90kg减重到70kg，并保持了10年。

2. 肠道菌群能为人体合成哪些营养素？

肠道菌群的构成十分复杂，能提供各种各样的代谢酶类，完成很多人体细胞不能完成的生物化学反应，包括合成多种营养物质，如短链脂肪酸（short-chain fatty acids，SCFA）、维生素B族、维生素K等。

肠道菌群以膳食纤维为原料，通过发酵作用合成丁酸、丙酸和乙酸等，以丁酸为主。这些脂肪酸的碳链（2～4个碳原子）较普通脂肪酸（16～22个碳原子）短很多，故称为短链脂肪酸。短链脂肪酸可以被结肠黏膜吸收进入血液，并为结肠黏膜细胞或其他组织细胞提供能量，每天能提供500～1200kcal（2.09×10^3～5.02×10^3kJ）能量（视不同菌群及膳食纤维组成而定，个体差异很大）。短链脂肪酸更重要的作用是形成酸性环境，有助于有益菌群增殖，抑制有害菌增殖，从而有助于肠道微生态平衡。另外，短链脂肪酸具有较强酸性，刺激结肠蠕动，促进排便。目前，短链脂肪酸在临床上也有应用，用于治疗溃疡性结肠炎等。

肠道菌群在发酵过程中能合成某些维生素。目前研究比较清楚的是维生素B_2、B_{12}和维生素K，它们都是由乳酸菌合成的。过去认为肠道菌群合成这几种维生素的数量较少，且吸收情况不明，所以实际意义不大，但现在已经找到了结肠黏膜吸收它们的机制，对改善维生素B_2、B_{12}和维生素K的营养状况是有意义的。维生素B_2、B_{12}是催化机体生物化学反应的酶的辅酶，与能量代谢和物质合成有关；维生素K则参与人体凝血过程，并与骨骼健康有关。近年还发现，肠道菌群可以合成另一种B族维生素——叶酸，叶酸缺乏导致胎儿神经系统发育缺陷和巨幼红细胞贫血等疾病。

3. 膳食纤维如何支持肠道微生态平衡？

膳食纤维（dietary fiber）不是一种物质，而是指一组分子结构不同、分类不一的成分，包括纤维素、半纤维素、木质素、果胶、树胶（比如阿拉伯胶）、胶浆、抗性淀粉、不可消化的低聚糖（也称为"益生元"）等，组分很复杂，但它们的共同特点是不能被人体小肠消化吸收，但作为食物残渣可以被肠道菌群利用。人体消化道本身缺乏分解膳食纤维的酶类，但肠道菌群可以分解利用膳食纤维，这一过程称为发酵作用。

肠道细菌发酵过程会把一部分膳食纤维分解，并转化为短链脂肪酸，包括丁酸、丙酸、乙酸等，它们使肠道环境呈酸性，从而促进有益菌群形成优势，抑制有害细菌（如腐败菌等）繁殖。与此同时，肠道有益菌群的大量繁殖，也通过细菌间竞争，直接抑制有害细菌增殖。因此，饮食摄入的膳食纤维是肠道微生态平衡的基础。

全谷物（全麦、糙米、粗杂粮、杂豆等）、蔬菜、水果、薯类、大豆类、坚果等食物是膳食纤维的主要来源。这些食物被膳食指南普遍推荐，在很大程度上是因为其富含膳食纤维。然而，随着生活水平提高，人们的饮食日益精细化，精制谷物（膳食纤维含量极少）摄入偏多，而全谷物（全麦、糙米、粗杂粮、杂豆等）摄入极少，蔬菜、水果和大豆类等摄入量也不理想，这就导致膳食纤维摄入量不足。近年我国成人营养调查中，膳食纤维摄入量为15.6～19.6g/日，而我国膳食指南建议膳食纤维摄入量为25～30g/日。

4. 高蛋白膳食会影响肠道微生态平衡吗？

如果说摄入较多膳食纤维对肠道微生态有正面影响的话，那么摄入过多蛋白质和脂肪则对肠道微生态产生负面影响。一个生活常识是，吃太多肉类和蛋类等高蛋白食物之后，肠道排气会非常臭。这是因为过多蛋白质在小肠中来不及消化吸收，从而进入大肠并被肠道菌群分解产生硫化氢、吲哚、氨、粪臭素、胺等有恶臭气味的物质，这一过程称为蛋白质的腐败作用。参与这一过程的细菌称为腐败菌，它们是肠道微生态中的有害菌之一。腐败作用的上述产物不但有臭味，还或多或少带有一定毒性，被吸收进入血液后需要在肝脏中解毒。高蛋白饮食会促进肠道菌群的腐败作用，并对肠道微生态平衡产生不良影响。有专家指出，高蛋白、高脂肪的食谱让人体肠道菌群在一定程度上已难以适应现代人的生活方式。

值得强调的是，随着老年期来临，一方面，小肠对蛋白质的消化吸收能力减弱，进入大肠的蛋白质相对增多；另一方面，肠道菌群中双歧杆菌的势力日渐式微，腐败菌肆意猖獗。其结果不但便秘更常见，而且粪便会发出比年轻时更臭的气味。

肉类、蛋类、鱼虾、奶类和大豆制品通常富含蛋白质、脂肪、维生素和矿物质，是人类所需营养素的重要来源，但过量摄入这些高营养食物绝非好事，除了饱和脂肪过多直接危害心血管健康之外，它们对肠道微生态的不良影响也已经引起广泛的关注。

5. 肠道菌群如何影响植物化学物质代谢与功能？

植物化学物质是指植物能量代谢过程中产生的低分子次级代谢产物，如类胡萝卜素、多酚类化合物、有机硫化物、萜类化合物和植物雌激素等，它们对植物本身有多种功能，例如使植物不受紫外线损伤，不受杂草、昆虫及微生物侵害等，有些是生长调节剂或色素。

植物化学物质存在于蔬菜、水果、豆类、谷类、坚果等植物性食物中，种类繁多，对人体健康有广泛影响。研究发现，植物化学物质具有抑制肿瘤、抗氧化、调节免疫、降胆固醇、抑制微生物、抗炎等多种生物学作用，而且，植物化学物质在人体内的代谢和功能常常与肠道菌群有关。

以大豆异黄酮为例，该物质因具有弱的雌激素样作用而闻名于世，有助于预防绝经后骨质疏松，改善围绝经期症状（更年期综合征），保护心血管系统等。但在大豆中，该物质以大豆苷（daidzin）的形式存在，摄食后被肠道细菌代谢产生大豆苷元（daidzein），只有大豆苷元才能吸收进入血液，经细胞代谢为雌马酚（equol）。肠道菌群也可以把大豆苷元进一步代谢成雌马酚，并经肠道吸收进入血液。研究发现，有些人摄入大豆异黄酮（大豆苷）之后，体内并没有产生雌马酚，健康效益大打折扣，很可能的原因是肠道菌群不给力，导致大豆异黄酮无法正常吸收、代谢并发挥生理作用。

除大豆异黄酮外，存在于甘蓝、卷心菜、花椰菜、白菜、芥菜等十字花科蔬菜中的有机硫化物——芥子油苷（glucosinolate）的吸收、代谢和生理功能也与肠道菌群有密切关系。新研究发现，不但肠道菌群会影响植物化学物质的代谢，而且植物化学物质也会影响肠道菌群的构成，并通过影响肠道微生态来发挥生物学功能。

6. 有助于促进肠道微生态平衡的食物有哪些？

整体而言，以全谷物、豆类、果蔬、坚果等植物性食物为主、富含膳食纤维和植物性食物的饮食模式有助于肠道微生态平衡，而大量摄入鱼、肉、蛋、奶和精制谷物、高脂肪的饮食模式会损害肠道微生态平衡。具体地说，以下五类食物对肠道菌群更为友好：

第一，全谷物（粗杂粮）。既包括小米、玉米、高粱、黑米、荞麦、燕麦等所谓粗杂粮，也包括全麦粉和糙米，还包括绿豆、红豆、芸豆、饭豆、扁豆等杂豆类。有时候，薯类也可替代粗粮。膳食指南建议全谷物/粗杂粮摄入量应占主食1/3以上。

第二，蔬菜水果。蔬菜水果，尤其是深色蔬菜水果，普遍含有较多的膳食纤维和植物化学物质。

第三，酸奶。酸奶是以牛奶为原料发酵而成，其中含有活的乳酸菌。

第四，含益生元（prebiotic）的食物。大豆、菊芋（洋姜）、菊苣、洋葱、大蒜、芦笋、蜂蜜、香蕉等天然食物含有较多益生元。有些配方奶粉、婴儿食品、乳制品、饮料等也添加了益生元。

第五，膳食补充品。除日常食物外，市面上还有一些专门补充膳食纤维的产品，如魔芋制品、大豆膳食纤维、果蔬籽粉、小麦苗、麦麸制品等，以及专门调整肠道微生态的益生菌类和益生元类产品。

7. 肠道菌群与食物不耐受有关系吗？

肠道菌群与食物不耐受有一定的关系。其中，肠道菌群与乳糖不耐受的关系最为明确。乳糖不耐受是指某些成年人或儿童在饮用普通牛奶（含乳糖）后，出现腹胀、腹部不适、腹泻、腹痛等轻重不一的症状，其原因是这些人的肠道遗传性地缺乏乳糖酶，导致乳糖无法消化吸收，并引起症状。乳糖不耐受的一般对策是喝酸奶（乳糖分解为乳酸）或低乳糖牛奶。近年有研究表明，服用益生菌（如双歧杆菌、乳杆菌、枯草杆菌、酪酸梭菌等）可以缓解乳糖不耐受症状，其机理与肠道菌群改善有关。

婴幼儿湿疹是另一种与食物不耐受/过敏有关，且可以通过调整肠道菌群缓解的常见疾病。根据中华预防医学会微生态学分会儿科学组发布的循证指南，双歧杆菌、酪酸梭菌、枯草杆菌、凝结芽孢杆菌、布拉迪酵母等益生菌可用于治疗婴幼儿湿疹。

实际上，食物不耐受（food intolerance）是非常复杂的反应，有一些与IgG介导的免疫反应有关（如麸质不耐受），还有一些与免疫机制无关（如乳糖不耐受），常见的症状包括腹胀、腹部不适、消化不良、腹泻、腹痛、便秘、肠易激惹、偏头疼、头痛、关节痛、疲劳、行为异常、湿疹、荨麻疹、皮疹、皮肤红斑等。这些问题与肠道菌群的关系更为复杂，但大部分还尚未阐明。

8. 多吃发酵食品是否有益于肠道微生态平衡？

根据中国营养学会2019年发布的《中国营养学会益生菌与健康专家共识》，泡菜、腌菜、纳豆、家庭自制酵素等发酵食品中的乳酸菌或其他微生物不能直接称为益生菌。乳酸菌指通过发酵碳水化合物（糖类）获得能量，产生大量乳酸的一类细菌的总称，主要有乳酸杆菌、双歧杆菌、乳球菌等，乳酸菌不一定是益生菌。

不过，乳酸菌的确是肠道菌群中的优势菌，摄入含乳酸菌的发酵食品在理论上对肠道微生态平衡有益无害。一般来说，普通乳酸菌经过胃（胃酸）和小肠（胆汁、肠液）的"洗礼"，到达大肠时其成活率很低，但关于酸奶有益于肠道菌群平衡的研究表明，乳酸菌死后可能仍有作用，这也是普通酸奶有助肠道微生态平衡的理论基础。同样地，其他发酵食品中的乳酸菌在理论上也有益于肠道微生态平衡，但这方面的实验研究非常少，不足以得出明确结论。

值得注意的是，榨菜、咸菜、酱菜、腌菜、虾酱、豆酱、腐乳、泡菜等发酵食品通常含有较多的食盐，卫生条件不好时还含有较多亚硝酸盐，不利于防治高血压和防癌，因此只能浅尝辄止，不宜多吃。

9. 吃全谷物/粗杂粮对肠道微生态有何益处？

全谷物的定义是指谷粒完整，经碾磨、破碎或制成薄片的整粒果实，主要成分是胚乳、胚芽和麸皮（谷皮+糊粉层），其相对比例与天然谷粒相同，主要包括糙米、全麦粉、燕麦粒、完整燕麦粒压片（燕麦片）或破碎（燕麦碎）、玉米粒、完整玉米粒磨粉（玉米粉）或破碎（玉米糁）、小麦粒、大麦粒、完整小米粒、青稞、高粱、黑麦、裸麦、荞麦等。红豆、绿豆、芸豆、扁豆、豌豆等杂豆类虽然不是谷物，但营养成分与全谷物很接近，也包括在粗杂粮内一并推荐。

简单地说，全谷物或粗杂粮就是保留了谷粒或豆粒外层，而精制谷物（白米、白面）则彻底去除了谷粒外层。谷粒或豆粒外层营养价值很高，富含蛋白质、维生素、矿物质、膳食纤维、植物化学物质等。其中，膳食纤维对维持肠道微生态平衡十分重要，能促进双歧杆菌和乳杆菌的活动和生长，这也是全谷物/粗杂粮具有预防肥胖、糖尿病、心血管疾病，以及防癌、抗癌、促进肠道健康等作用的理论基础。

摄入全谷物/粗杂粮较多时，其所含膳食纤维被肠道菌群发酵利用，在产生短链脂肪酸的同时，也会产生氢气、甲烷、二氧化碳等气体，一方面刺激肠道蠕动，另一方面也使肠道排气增加。这种情况通常是有益无害的，当然，如果腹胀很明显或有其他不适，那就要适当减少全谷物/粗杂粮的摄入量。

10. 为什么饮食通过肠道菌群对宿主代谢具有重要的调控作用？

众所周知，肥胖及其相关的代谢疾病，如2型糖尿病，与饮食密切相关。肥胖与肠道菌群的多样性降低有关，往往还涉及全身性炎症和微生物代谢物，例如胆汁酸和短链脂肪酸的产生。菌群因其组成和功能容易获得和重塑而成为一个有吸引力的干预靶标。其中肠道菌群也已成为饮食和代谢健康交叉研究的焦点，它们与肥胖相关联的机制逐渐显现。越来越多的研究表明，肠道菌群对饮食影响宿主代谢具有调控作用。目前，许多研究聚焦于建立人类肠道菌群、饮食和宿主代谢的因果关系以及个性化营养等治疗干预手段。

11. 饮食如何调控肠道菌群？

饮食调节人类和其他哺乳动物微生物群落的组成和功能主要归纳为三个方面：第一，人类肠道菌群对饮食的巨大变化能够作出快速反应。在植物性饮食和肉类饮食交替的人的膳食中，每天添加超过30g的特定膳食纤维或者以高纤维低脂肪、低纤维高脂肪饮食持续10天，在各饮食情况下，菌群的组成和功能可以在1~2天内发生巨大改变，表明存在饮食诱导作用。第二，尽管肠道菌群是快速动态变化的，长期饮食习惯是决定个体肠道菌群组成的主导力量，菌群组成的特征与长期饮食趋势相关联。第三，由于肠道菌群具有个体特质，饮食中的特定变化对不同人的影响高度可变。研究发现，纤维摄入增加、能量摄入减少的膳食干预可以增加菌群基因含量低的个体的菌群多样性，但是在菌群基因含量高的个体中没有这种现象。西方饮食的主要的共性是缺乏植物膳食纤维，即缺乏菌群的重要底物。膳食纤维的缺乏和大量营养物对菌群产生的负面影响，对了解代谢疾病的发展有重大意义。

12. 为什么说肠道菌群的多样性可能是代谢健康的一个重要因素？

将宏观生态学概念应用于肠道菌群可能有助于理解菌群多样性和代谢性疾病的关联性（例如短链脂肪酸与肥胖症、代谢性疾病之间的联系）。许多宏观生态学数据表明，生态系统内生物多样性的程度可以作为生态系统稳定性和稳健性的重要衡量标准，这和研究肠道微生物与健康之间的关系有高度的相似性。宏基因组研究表明，代谢性疾病的改善与相对高丰度的菌群基因和增加的微生物多样性相关。肠道菌群多样性的程度可能是代谢健康的一个重要因素。现代工业化、生活方式的改变、医疗实践和加工食品的大量出现，或引发人们肠道菌群生物多样性的整体下降，以及特定进化群体损失的潜在后果，导致代谢性疾病如肥胖症的增加。大部分西方饮食人群摄入的膳食纤维远低于推荐量，提高膳食中的多糖水平可能有益于典型西方饮食的人群的健康，荟萃分析显示，纤维摄入量增加可以显著降低死亡风险。而通过膳食强化特别是提供多样性的碳水化合物（含高膳食纤维的复合饮食可能引起多种类型的短链脂肪酸水平的增加，有助于额外促进肠道菌群的多样性），是维持和可能恢复多样化生态系统的关键。肠道菌群的多样性不仅仅是健康和多样化的饮食的反映，还直接有助于预防代谢疾病。

13. 如何利用肠道微生物产生的不同代谢产物？

不同的饮食结构决定体内微生物的丰度，也决定其体内代谢产物的产量。微生物代谢物作为宿主代谢的中间介质，可能是有益的，例如丁酸盐；也可能是有害的，例如氧化三甲胺（TMAO）。这些分子可以提供新的治疗方法：可以在药理学上补充有益代谢物，或者将产生有益代谢物的细菌发展成益生菌；如果有害代谢物的相关受体已被鉴定，可以开发有害代谢物相关受体的拮抗剂；还有一种可能性是开发抑制剂，抑制有害代谢物生成所需的酶的活性。有实验显示，三甲胺（TMA）裂解酶抑制剂可以阻止微生物合成TMA，从而降低TMAO水平，防止小鼠动脉粥样硬化的发生。

14. 怎样进行饮食干预和基于饮食的营养治疗？

肠道菌群显著地影响了人类健康。它具有许多生物医学潜力，连接了人类生物学的多个方面，具有作为治疗靶点或诊断的可延展性和有效性。因此，肠道菌群可以比作人类生理调节的控制中心。饮食，特别是饮食中的多糖可以作为菌群的组成和功能的主要调节剂。多糖是人类食物常用的组分，功能上类似于小分子药物。由于它们的相对安全性（即没有急性毒性）、可用性和低成本，所以可能系统性地、经验性地决定哪些膳食多糖（单独或组合）可以在哪些情况下改善人类健康。这种经验方法与精确卫生健康中出现的概念相符。虽然饮食干预受到个体差异的影响，但将微生物组谱和宿主代谢与行为进行比对，可以预测个体对特定食物的反应，确定个体或群体的饮食干预的可能性。

（王兴国　大连市中心医院；袁杰力　大连医科大学）

第四节　肠道微生态与免疫

1. 大便影响人体免疫吗？

人体日常排出的大便中包含大量的肠道菌。肠道菌群与人体处于共生关系，人体为肠道菌群提供生命活动的场所，不对肠道菌群产生强烈的免疫反应（免疫耐受）。正常情况下，婴儿在出生后的几周内，肠道菌群逐渐"入驻"并长期"定居"于肠道黏膜及肠腔中。健康人体的肠道菌群之间、肠道菌群与人体之间保持动态的微生态平衡。这些总体数量约占人体微生物总量80%的微生物，能促进免疫系统发育成熟，参与一般的免疫调节应答，并且与肠道特有的解剖学结构以及"驻扎"在肠道中的各类免疫细胞一起共同参与构成肠屏障。除了在机体的日常营养吸收、物质代谢等方面发挥作用以外，肠屏障在抵御外界病原体入侵中发挥作用。当机体受到外籍微生物入侵时，肠屏障的免疫细胞被活化，产生特异性抗体，有效地清除外来微生物，保证机体免于遭受感染。另外，肠道菌群还可以通过激活机体内具有吞噬作用的免疫细胞，发挥抗肿瘤、抑制肿瘤生长的作用。

2. 肠道共生菌群与宿主肠道免疫系统有怎样的构成和相互作用？

婴儿刚出生时肠道内是没有任何细菌的，出生后的24小时内细菌迅速从口腔和肛门侵入，并在肠道内繁殖。小肠远端含菌量逐渐增加，结肠含菌量最多。肠道菌群主要分为有益菌、中性菌和有害菌三大类。正常机体内主要以有益菌为优势菌群，对宿主发挥生理功能。肠道菌群中主要包括一些原籍菌（常驻菌），如拟杆菌、优杆菌、双歧杆菌和瘤胃球菌等；还存在如大肠杆菌、链球菌、假单胞菌等一些外籍菌，具有一定潜在的致病性。

肠道是整个消化系统的一部分，也是人体重要的免疫器官。消化系统也是对外开放的，这就不可避免地会受到来自外界的细菌、病毒、有害物质等的入侵。肠道免疫系统主要包括：① 肠道黏液层、固有层、浆肌层以及淋巴结等结构；② 分布于这些结构中特有的免疫细胞、杯状细胞、潘氏细胞；③ 免疫活性物质：补体、细胞因子等。

肠道内正常菌群的种类及其繁殖情况因不同个体的食物种类及肠液酸碱度的不同而不同。这些正常菌群与肠壁内存在的为数众多、功能强大的免疫细胞以肠黏膜为界，相互制约，维持着生态平衡。一旦机体内外环境发生变化，这种平衡就会被打破，导致菌群失调，引发相关的疾病。

3. 肠道菌群如何参与肠道免疫系统的形成和功能调控？

肠道菌群是长期伴随人体的微生物群体，并在人的一生中发生相应的变化。事实上，肠道菌群和人体免疫系统是相辅相成、互相成就的关系。研究发现，免疫细胞所产生的物质促进并维持肠道菌群的构成。失去这种作用，肠道内的微生态环境就会紊乱，进而导致全身免疫系统过度活跃，最终出现自身免疫的症状。同时，细菌也影响着免疫系统的作用。数以万亿计的细菌生存在健康人群的肠道中，这种天然的肠道细菌对于维持机体消化和维生素代谢以及人体健康功不可没。我们都知道有些人易受感染；有些人会患自身免疫疾病，而多数人却不会。这是因为多数人的肠道菌群能发挥正常作用，促进肠道免疫系统的发育成熟，来自天然肠道细菌的信号有助于菌膜屏障形成，使机体发挥免疫效应对抗入侵病原体，促进免疫球蛋白IgA的产生，调节淋巴细胞活性。如果改变肠道菌群的组成，将会增加食品过敏或者肠道炎性疾病的风险。肠道菌群及其功能与免疫应答之间互作模式，依赖于特定病原体和免疫细胞产生的细胞因子。另外，肠道菌群也受基因、环境因素的调

控以及免疫系统作用的影响，能引起人体对疾病的易感性差异以及免疫系统
对不同病原体的应答。

4. 肠道菌群如何帮助建立肠道与肝脏间的免疫相互作用？

肝脏与肠道在解剖位置和功能上密切相关。肝脏70%左右的血液供应来
自门静脉，而肠道静脉血是门静脉血的主要来源。肠道中微生物与宿主相互
作用主要通过肝-肠循环和微生态-肝轴发挥重要作用。肠道菌群代谢产生的
营养物质、毒素等都通过门静脉先进入肝脏，同时肠黏膜淋巴细胞穿过肠黏
膜屏障到达肝脏；释放的细胞因子通过门静脉进入肝脏，这些细胞和细胞因
子在一定程度上调节了肝脏的免疫防御功能和代谢功能。同时，部分肠道来
源的免疫细胞需要在肝脏中"激活"。另外，肝脏可通过分泌胆汁酸等或传
递各种物质到肠道、调控激素水平和免疫应答反应，来影响肠道稳态，而这
也是临床上肝病患者常出现肠道菌群失衡的重要原因。

在健康和患病人群中，肠道菌群除了参与机体脂肪酸、胆汁酸等代谢，
还参与屏障、抗感染免疫系统的构成和免疫细胞的发育和分化等。肠道微生
态的紊乱导致上述重要功能的减弱，同时有害菌产生的代谢产物增多，进而
经过机体的肠-肝轴直接或间接影响了其他器官。

5. 肠道菌群如何建立肠道与其他系统的免疫相互作用？

近年来，肠道和其他器官之间的免疫对话得到了越来越多的关注，肠器
官轴的概念也逐渐为人所知，其中肠道菌群在这些器官间免疫互作的过程中
发挥着关键作用，肠道菌群紊乱会造成多器官系统疾病。

（1）呼吸系统：健康肺中的微生物量很低，存在着一种菌群迁移和宿
主防御的动态平衡。当患上呼吸系统疾病，气道菌群的平衡也被打破。在病
变肺中，细菌的增殖可能超过了呼吸道免疫细胞清除微生物的能力。肠-肺
轴是双向的，许多胃肠道疾病在呼吸道都有表现，呼吸道感染也伴有肠道症
状。研究表明，近一半的已知肠道菌群的组成发生变化的溃疡性结肠炎患者
肺功能出现下降；而流感患者，也往往伴随胃肠道症状。这主要是由于可溶

性微生物组分和代谢物的循环运输，免疫细胞的直接迁移以及肠道炎症介质"外溢"到肺部，影响肺部的免疫反应所致。

（2）神经系统：肠道拥有的神经细胞数量仅次于中枢神经，这些细胞组成的网络是连接肠道和大脑的信息交流网络，被称为肠神经系统。肠神经系统监测着整个消化道，并且与大脑定期沟通，其沟通在生理生化上以多种不同的方式进行，尤其运用一些控制我们感觉和情绪的神经递质。肠道菌群能调节神经递质或其前体的产生。肠道能通过信息传递接收来自大脑的反应，例如，紧张或焦虑情绪会增加或抑制大脑产生一系列神经递质，这些神经递质也会在肠道中分泌，导致消化系统生理功能发生紊乱和肠道菌群失衡，出现代谢免疫功能紊乱，引起例如自身免疫性脑膜炎等疾病。阿尔茨海默病是痴呆最常见的形式，是一种神经退行性疾病，与认知受损和脑淀粉样蛋白-肽类物质的积累有关。在肠道菌群中的细菌可分泌大量的淀粉类和脂多糖，可能参与了阿尔兹海默病发病机制相关的信号通路的调节和促炎细胞因子的产生。

（3）泌尿系统：肠道与肾脏之间通过免疫和代谢依赖性两种路径构成"肠-肾轴"，肠道菌群紊乱导致肠屏障破坏，肠壁通透性增高，细菌代谢产物、毒素入血引起免疫细胞激活，细胞因子产生增多，进而肾脏系膜细胞被刺激产生更多的炎症因子并招募更多的免疫细胞，促进肾小球内炎症级联放大，肾小管细胞坏死，肾间质纤维化。研究认为，肠道失衡及宿主-菌群相互作用的改变，会加重伴发高血压的慢性肾病患者的免疫失调及代谢紊乱。

6. 肠道菌群在生命早期免疫系统建立中的作用是什么？

生命早期的微生物接触、刺激可影响机体的免疫系统发育。肠道菌群通过促进肠免疫系统发育、诱导T细胞等免疫细胞的分化等多种途径调节机体免疫功能，使之处于平衡状态，同时可形成膜菌群，起到屏障作用，抑制病原微生物的生长，从而避免或减少免疫相关疾病的发生。一般来说，婴幼儿胃肠道的免疫功能主要来自以下两个方面。

（1）母体提供的免疫力：子宫内是一个无菌的环境，胎儿在发育过程中没有抗原刺激，加上甲胎蛋白对免疫功能的抑制，所以新生儿刚出生时缺乏免疫反应。初乳是新生儿时期胃肠道内分泌型免疫球蛋白（SIgA）的主要来源，对新生儿消化道黏膜起到局部保护作用。免疫球蛋白G（IgG）是从母乳或母血经过胎盘扩散获得。

另外，婴幼儿肠道黏膜组织中的T细胞，在肠道菌群作用下直接参与肠黏膜局部的免疫应答，产生淋巴因子，从而发挥局部免疫作用；还可调节和促进浆细胞的IgA合成及参与肠道局部的病理性免疫。

（2）自身合成免疫球蛋白：新生儿体内的微生物群数量和多样性都很少，而且非常不稳定，肠道免疫系统功能不足且肠道菌群正处于生理性演替过程，极易发生菌群失调，所以这个阶段也是微生物在宿主肠道中定植的重要时期。胎儿晚期或出生后数日的新生儿开始自身合成免疫球蛋白，随着年龄的增长，各种类型的免疫球蛋白IgA、IgM、IgG水平逐渐增多至机体维持免疫力所需水平。婴幼儿群体常见的过敏性疾病的发生则与机体自身免疫系统发育不全、免疫调控机制不完善有关。

7. 在健康机体中，免疫系统是如何帮助有益菌战胜有害菌的？

黏膜免疫系统是机体免疫系统的重要组成部分，肠道中的黏膜免疫系统承担消化吸收、抵御病原体入侵等功能，肠道是一座细菌的宝库，生存着大量共生菌和病原菌，肠道免疫系统可以促进共生菌的定植和抵抗病原菌的入侵，这对维持肠道稳态和人体健康具有非常重要的意义。黏膜免疫系统为机体提供了抵抗感染的关键屏障，许多黏膜的防御功能，例如黏液分泌，IgA以及IL-22分泌都具有细菌特异性，能抑制病原菌进入上皮细胞来限制病原体对机体的入侵，Treg 细胞和ILC3 细胞通过抗原提呈和主要组织相容性复合体Ⅱ型途径可以将T细胞反应性限制于共生细菌，从而发挥支持共生菌在肠上皮定植以及抑制针对共生菌的抗原的免疫反应。IL-22通常可由ILC3和树突状细胞产生，能够促进上皮细胞分泌抗菌肽和Reg3家族蛋白，有益的共生菌也能通过诱导抗菌蛋白（如IL-10和Reg3-γ）抑制病原体，帮助抵御病原菌的入侵。IgA是人类和大多数其他哺乳动物黏膜表面含量最丰富的抗体之一。SIgA在黏膜表面的产生有助于宿主抵抗肠道病原体并控制宿主共生菌群组成。IgA能在小肠优先结合与肠黏膜易于结合的微生物，在不同的菌体上SIgA发挥了不同的功能，对拟杆菌门细菌，IgA不仅可以改变细菌基因的表达和新陈代谢，还可以增强在肠道黏膜上的黏附和定居作用；对变形菌门细菌，IgA往往能影响其运动功能及毒力因子。

8. 肠道免疫系统和菌群之间的平衡被破坏后如何引起疾病？

肠道菌群的失衡或肠道免疫-菌群的平衡被破坏已经被证实与多种自身免疫性疾病相关，尽管这些疾病往往是由多因素引起的，肠道免疫-菌群失衡往往是一个相当重要的因素。肠道菌群的失衡能影响全身免疫系统并引起包括类风湿性关节炎、1型糖尿病、多发性硬化症和炎症性肠病等疾病。其中炎症性肠病作为一类在世界范围内较为流行的免疫性疾病，肠道免疫-菌群失衡在发病过程中的作用引起了人们的广泛关注。当受到遗传因素和环境因素（例如压力、饮食和抗生素）的影响时，会导致肠黏膜屏障的损伤以及肠道菌群的失衡，进而影响屏障的完整性，先天性和适应性免疫失调，从而导致不受控制的慢性炎症和过度的炎症反应，例如，Th细胞的活化、Treg细胞的减少以及紧密连接的通透性增加。近期有研究表明，肠道菌群衍生的代谢产物是微生物群与宿主之间的关键分子介质，多数短链脂肪酸（如丁酸及其盐类）能促进肠道Treg细胞的产生与婴幼儿期间肠道免疫系统的发育，丁酸盐也是结肠上皮细胞的能量来源，能抑制上皮干细胞，并与其他短链脂肪酸通过活化炎症小体产生IL-18来促进上皮稳态。在炎症性肠病患者中肠道菌群往往丧失大量产丁酸盐细菌，这可能进一步加剧了肠道的炎症反应。因此，通过恢复肠道菌群的平衡并重新恢复肠道先天免疫和适应性免疫可能是维持缓解治疗和预防炎症性肠病的关键。

9. 环境对肠道菌群与宿主免疫有怎样的影响？

肠道细菌伴随我们一生，而环境对我们的肠道菌群有很大的影响。我们的免疫系统在出生时并没有发育成熟，而生命早期的肠道菌群对免疫系统的健康发育至关重要。如果在生命早期能够经常接触到一些无害的细菌，炎症就会减少，免疫系统也会更健康。而免疫系统的发育障碍是导致现代社会炎症和自身免疫性疾病高发的主要原因之一。

研究人员发现实验小鼠生活在多种菌群相对密集度不同的环境中，有着相应的多种肠道菌群。被转移到新环境后，小鼠的肠道菌群依然保持它们在最初生活的环境所形成的菌群特征。小鼠还把肠道菌群特征传给了后代。

充分的证据表明，早期接触一些脏东西、细菌和动物有助于免疫系统的健康发育。现代社会过于洁净的生活方式使我们失去了接触大量细菌和其他环境微生物的机会，这可能导致过敏和自身免疫性疾病的增加。

（刁宏燕　陈佳宁　毕珂凡　浙江大学医学院附属第一医院）

第五节　肠道微生态与生物拮抗

1. 什么叫生物拮抗？

宿主体内的正常菌群可以抵御外来致病菌的入侵与定植，对宿主起着保护作用，称为生物拮抗（biological antagonism）。微生物种群间的拮抗机制，目前认为是正常菌群产生的有机酸、细菌素（或抗生素）、过氧化氢等物质对病原菌的抑制作用，以及正常菌群的占位作用，对营养、氧气的竞争，从而对病原细菌产生了排斥。

2. 肠道菌群生物拮抗作用是怎样被发现的？

1917年，德国医生尼索从抵抗痢疾的士兵中分离出大肠杆菌，明确了其对致病菌的拮抗作用；后来发现，大肠杆菌可产生一种细菌素来抑制其他细菌的生长；除了生成杀菌因子，宿主菌群还可通过争夺生存空间和营养资源等机制，抵御致病菌，发挥"定植抵抗"的作用，抗生素对菌群的破坏易引起继发性感染。

3.为什么说肠道微生态是一个共生系统？

目前认为，肠道微生态与其他生理系统一样，也是人体生理结构的组成部分。共生系统在整体上对人体的发生、发展和消亡过程自始至终起着统一的、整体的作用。主要作用表现在三个方面：

（1）对代谢的影响：正常微生物群对人体的营养代谢、药物代谢以及其他物质、能量及信息传递（"三流运转"）均起到不可替代的作用。

（2）对免疫的影响：人体免疫功能始终保持与正常微生物群的密切联系。没有正常微生物群的刺激，人体的免疫功能会受到影响。

（3）对激素的影响：激素与正常微生物群密切联系，全身激素、局部激素和生殖激素都因共生系统的联合作用而发挥其生理功能。

（4）对神经递质的影响：肠道神经网络支配肠道活动并把信号传入神经系统，细菌代谢产物能穿过血-脑屏障影响其生理功能。

4.肠道菌群是一个器官吗？

早在2002年，美国田纳西州立大学的C.萨维奇（C. Savage）教授在日本东京召开的"肠内菌世界"国际学术会议上指出：肠道菌群为人体提供营养，调节代谢，诱导和调控肠黏膜免疫系统的发育，其功能相当于人体的一个重要的"器官"，破坏肠道菌群的平衡就是损害人的健康。我国著名微生态学家康白教授指出：人体共生系统即微生态系统，是指人体与其正常微生物群共生所形成的特殊生理系统。

5.肠道菌群为什么是人体的"第二基因组"？

人体肠道微生物群是一个复杂的生态系统，数量庞大，种类繁多，结构复杂，包括细菌、古生菌、真菌、原虫以及少量的病毒等。由于细菌在数量上（>99%）占有绝对优势，因此肠道微生物群主要指细菌菌群。以往由于传统的细菌分离培养技术限制，人们对肠道菌群的认识比较局限。随着高通量测序技术如16SrDNA测序、宏基因组学、单细胞测序等的应用，微生物学界不仅能够更精细地表征肠道微生物基因组，还可以进行更深入的分类学鉴定和功能预测。肠道菌群主要包括厚壁菌门、拟杆菌门、变形菌门、放线菌门、疣微菌门和梭杆菌门六大门，超过1000种细菌，质量约1.5kg，细菌数量超过10^{14}个，约为人体自身细胞总数的10倍；编码约330万个细菌的特异基因，是人类基因组编码基因数的150多倍。尽管人类不同个体间基因组的差异只有0.1%左右，但人体不同个体间肠道菌群的差异可以达到80%～90%，因此，肠道菌群被称为人体的"第二基因组"。

6. 什么是生物膜？

生物膜（biofilm，BF）是指附着于有生命和无生命体表的有组织的共生微生物群落。生物膜中含90%以上的水分，其余是与微生物有关的组成，其中包括活菌、死菌、代谢产物、细菌分泌的大分子多聚物、吸附的营养物质、机体代谢产物和微生物的裂解产物。生物膜存在着各种生物大分子，如蛋白质、多糖、DNA、RNA、肽聚糖、脂质和磷脂等。显微镜下显示，生物膜呈蘑菇状，形成水道。

7. 肠道的细菌黏附在肠黏膜上皮细胞表面吗？

人类肠道中存在的微生物在漫长的自然进化中与机体形成了紧密的共生关系。目前发现，肠道上皮是免疫系统的一个重要组成部分，通过各种组织屏障将肠腔内容物与机体内环境分隔开。消化道上皮细胞相互协调维持肠道内稳态，并与黏附在肠黏膜上皮细胞表面的微生物、肠黏膜免疫系统共同形成抵御肠腔内有害抗原的第一道防线。

8. 生物拮抗的机制有哪些？

（1）生物屏障和占位性保护。益生菌与致病菌竞争共同黏附位点，导致空间占位效应。正常菌群在上皮细胞表面的定植形成了生物屏障，优先占领生存空间，紧密黏附于肠道黏膜上皮细胞，形成空间占位，阻止或抑制外来致病菌的黏附和定植。有研究发现，肠道细胞表面糖类物质作为益生菌和致病菌的共同定向结合位点在抑菌机制中起着重要的作用。

（2）产生对致病菌的有害代谢产物。肠道菌群分泌细菌素类和短链脂肪酸等抑制致病菌生长繁殖，如肠道内大量的厌氧菌，可产生乳酸、乙酸、丙酸、丁酸、细菌素等产物，抑制不耐酸的肠道致病菌生长，同时降低环境pH与氧化还原电势，使不耐酸的细菌和需氧菌的生长受到抑制。肠道菌群分泌的代谢产物还能抑制病原微生物和细胞表面的黏附性，如双歧杆菌产生的胞外糖苷酶，能降解肠黏膜上皮细胞上的杂多糖，从而起到阻止致病菌及细菌毒素对肠上皮细胞的黏附作用。此外，肠道菌群还可以释放肠保护的代谢产物（精氨酸、谷氨酰胺、短链脂肪酸、共轭亚油酸）等。

（3）竞争营养物质。一定生存环境中，正常菌群的定植，优先利用营养资源大量繁殖而处于优势地位，抑制外来致病菌的生长繁殖。

（4）诱导肠黏膜上皮细胞分泌黏蛋白，抑制致病菌对肠黏膜上皮细胞的黏附和移位。有研究表明肠道共生菌通过竞争识别位点，分泌抗菌物质，增加肠上皮细胞黏液分泌，增强肠上皮细胞间紧密连接的蛋白聚集，诱导肠上皮细胞通过发育、更新、增殖和修复等方式抵御病原体定植入侵，避免肠上皮细胞结构破坏，维持正常的肠黏膜屏障功能。如嗜酸乳杆菌的S层蛋白能够识别宿主肠上皮细胞受体，与之特异性结合，封锁表面配体结合位点，抑制病原体如大肠杆菌和沙门氏菌的定植。

（5）刺激巨噬细胞和淋巴细胞等分泌抗炎细胞因子类物质。人体免疫功能始终保持与正常微生物群的密切联系。没有正常微生物群的刺激，许多生命所必需的免疫功能将受到影响。益生菌可以激活免疫系统，产生抑制或杀伤病原菌的成分，提高抗感染能力，如乳酸杆菌可以刺激机体产生IgA，抵御致病菌的感染；干酪乳杆菌具有抗肿瘤、刺激宿主机体免疫的功能以及抗菌活性，能引起机体迟发性超敏反应，促进宿主细胞免疫，从而增强宿主对病原的抗性。

9. 影响肠道微生态拮抗的因素有哪些？

理论上来说，只要影响肠道细菌和肠上皮细胞的任何因素都可以影响肠道微生态的拮抗作用，主要包括：环境因素，如海拔；个人状况，如年龄、饮食、机体免疫水平、激素等；还包括与疾病相关的因素，如射线、药物（抗生素、肿瘤药物等）、胃肠手术、创伤应激、创伤等。

（付思武　西北民族大学）

第六节　益生菌在微生态系统中发挥的作用

1. 益生菌在微生态系统中发挥怎样的作用？

益生菌为"由单一或多种微生物组成的活菌，当摄入一定剂量时，能通过改善宿主肠道微生态平衡来促进人体健康"，主要包括双歧杆菌、乳酸杆菌、乳球菌、芽孢杆菌等。

益生菌具有调节胃肠道菌群平衡，防治婴幼儿腹泻、抗生素相关腹泻和旅行者腹泻的作用；在改善乳糖不耐受症、防治幽门螺杆菌感染、治疗肠易激综合征、缓解便秘等方面具有良好的疗效；通过免疫赋活作用，抑制肿瘤的发生和发展；可调节血脂，降低血清中胆固醇水平，防治动脉粥样硬化；可通过抗氧化、清除自由基，起到延缓机体衰老的作用。益生菌还在治疗妇女阴道炎、慢性尿道感染，以及防治肝性脑病，降低肠源性内毒素和血氨水平方面具有良好的疗效，对肝炎和肝硬化患者具有突出的治疗作用。此外，益生菌在机体抗辐射方面亦具有良好效果。

2. 益生菌与肿瘤存在怎样的联系？

随着对人体微生态学认识的加深，胃肠道、阴道和呼吸道菌群参与宿主健康调控的现象进入人们的视野。许多重要研究发现，宿主胃肠道微生态系统中的微生物参与了机体肿瘤的发生、发展和传播。例如，慢性胃炎、十二指肠溃疡以及胃癌通常与幽门螺杆菌密切相关；结直肠癌与大肠杆菌、梭菌属和产毒素的脆弱拟杆菌有关，肠道菌群或可作为肿瘤治疗的切入点。

粪菌移植、抗生素治疗和调配膳食均可改变肠道菌群组成，影响肿瘤发展；益生菌制剂或益生菌代谢产物同样在肿瘤治疗中发挥着重要作用，其机理是通过定植，将机体摄入的寡糖（如低聚果糖、低聚异麦芽糖、菊粉等）等益生元代谢，产生诸多生理活性物质（例如短链脂肪酸、细菌素等），从而对机体进行菌群调控。益生菌可抑制转化前致癌物为致癌物的细菌及其转化酶，并通过结合、阻断或移除方式，抑制致癌物和前致癌物的生成。益生菌可产生一些功能性糖肽，抑制癌细胞生长；可激活免疫系统，提高机体免疫应答，产生的肿瘤坏死因子、白细胞介素及干扰素可促使肿瘤细胞凋亡。

益生菌对宿主肠道菌群和免疫系统的双重调节作用，激发了良好的抗肿瘤活性。例如，鼠李糖乳杆菌GG、大肠杆菌Nissle 1917和热灭活的益生菌VSL#3组成的混合菌液可以抑制肿瘤血管生成，调节宿主肠道菌群平衡，进而抑制皮下恶性肿瘤的发生；植物乳杆菌WLPL09的次级代谢产物胞外多糖能有效抑制肝癌细胞HepG2和HCT-8的增殖，且能增强小鼠免疫功能，发挥抗肿瘤作用。因此，益生菌在肿瘤治疗领域具有广泛的应用潜力。

3. 益生菌、食物与肠道上皮细胞的相互作用模式是什么？

饮食习惯可改变宿主肠道菌群组成，食物、肠道菌群及其与肠道上皮细胞的相互作用影响着宿主健康。肠道是食物与肠道菌群之间的场所，食物进入人体后，主要通过胃肠道消化吸收，其次为肠道菌群所利用。一般来说，胃肠的消化不良问题，主要是体内消化液不足和肠道蠕动速率慢所引起的。益生菌在消化道（主要作用于小肠和大肠）中的作用原理正好切中要害：① 产生酸性物质诸如乳酸、乙酸等，可降低肠道的pH和氧化还原电位，刺激肠道蠕动，提高食物分解率和肠道吸收率；② 利用特有酶类（半乳糖苷酶等）补充人体在消化酶上的缺漏，消化人体自身不能消化的营养物质（如菊淀粉、抗性淀粉及一些抗营养因子等）；③ 益生菌参与人体蛋白质、多糖和脂肪等物质的代谢，使其更好地被吸收。

益生菌在胃肠道菌群中发挥重要生理作用，其与共生菌（其他益生菌、致病菌和条件致病菌）相互作用，影响宿主健康。宿主长期摄入不健康饮食（高脂、高糖食物等），会引起肠道菌群紊乱，而益生菌则能维持肠道菌群处于健康平衡状态；当机体摄入污染致病菌的食品，益生菌亦能抑制致病菌在胃肠道定植，进而抵御致病菌的入侵。例如，植物乳杆菌WLPL04能有效抑制铜绿假单胞菌CMCC10104、大肠杆菌O157：H7、鼠伤寒沙门氏菌ATCC13311和金黄色葡萄球菌CMCC26003生物膜的形成，拮抗大肠杆菌O157：H7黏附HT-29细胞。值得注意的是，部分药食同源食材能被益生菌代谢利用，产生短链脂肪酸，促进机体营养吸收，发挥免疫调节作用。

4. 过敏原理及益生菌为什么能抗过敏?

过敏性疾病是机体针对某些抗原初次应答后，再次接受相同的抗原刺激时，发生的一种以机体生理功能紊乱或组织细胞损伤为主的特异性免疫应答，也称为超敏反应或者变态反应。食物过敏反应是过敏原蛋白通过细胞旁路渗透入肠上皮细胞后由免疫介导的不良反应。渗透的过敏原蛋白通过抗原提呈细胞呈递给CD4$^+$T细胞，CD4$^+$T细胞分化为Th2细胞，产生IL-4、IL-5、IL-13，这些Th2型细胞因子诱导B细胞产生特异性IgE，IgE通过过敏原与肥大细胞表面的高亲和力受体FcεRI交联结合，激活肥大细胞，使其脱颗粒，释放组胺、前列腺素和白三烯等炎性介质，诱发食物过敏症状。

目前关于益生菌预防和治疗过敏性疾病主要从维持机体Th1/Th2平衡、提高肠道屏障功能、维持肠道菌群平衡等方面来研究其作用机制。部分研究表明：益生菌进入机体内，通过黏附在肠道黏膜并通过Toll样受体产生信号而发挥作用，刺激免疫系统分泌不同的细胞因子，进而调节免疫系统中Th1细胞和Th2细胞的比例，使得Th1细胞在数量上相对处于优势，达到辅助防治过敏性疾病的目的。益生菌参与调节宿主的免疫作用可以通过以下方式进行：① 调节和稳定肠道菌群的组成；② 通过抑制NF-κB（转录因子）或者与肠道内皮细胞的抗凋亡作用联合，可以抑制肠道免疫系统的炎症反应；③ 增强NK细胞的活力；④ 增加肠道黏液的分泌；⑤ 部分益生菌具有直接的免疫调节功能。

研究表明，植物乳杆菌ZDY2013和鼠李糖乳杆菌GG能提高肠黏膜屏障功能，抑制过敏原渗透。植物乳杆菌ZDY2013和植物乳杆菌WLPL04可显著改变 β-乳球蛋白过敏小鼠肠道菌群结构，对调节过敏小鼠的肠道菌群稳态具有重要的作用。

5. 如何巧用益生菌应对抗生素"后遗症"？

在我国，抗生素滥用现象普遍。了解国外情况的读者一定知道，在欧美国家以及日本，抗生素的使用有严格限制，其原因在于，它们在杀灭有害菌的同时，会产生诸多副作用。

首先，抗生素在杀死有害菌的同时，也会杀死有益菌，导致肠道菌群失衡，引起多方面健康问题。

其次，抗生素会导致致病菌产生耐药性。目前，耐药菌数量不断增加，人们纷纷将目光投向安全性高、能抑制有害菌生长、提高机体免疫力的益生菌。益生菌可以产生短链脂肪酸，降低肠内pH，减少肠内氧含量，从而抑制有害菌的生长。同时，益生菌在肠道内还能与有害菌争夺生存空间和食物，使有害菌的生长受限，让它们不足以危害健康。另外，益生菌还能够分泌细菌素、过氧化氢等物质，杀灭肠内有害菌，防止外界有害细菌侵入。

再次，益生菌可提高免疫力。益生菌治疗就是使不太健康的肠道菌群逐渐恢复健康，它可以通过刺激肠道细胞间的树突状细胞、抗原提呈细胞等免疫细胞促进肠道成熟，与此同时又刺激了全身免疫系统的成熟，预防过敏。

因此，在不得不使用抗生素的情况下，最科学的方法是"边抗边调"。服用抗生素后的肠道，大量菌群被杀灭，失去益生菌的保护，就像沙漠化的土体失去植被保护一样。此时补充益生菌，无疑是给荒漠化的肠道播撒了希望的种子，这些益生菌在肠道中繁殖，恢复有益菌的优势地位，维持肠道菌群平衡，从而促进身体健康。

6. 益生菌的代谢产物有哪些种类和功能？

益生菌能够通过代谢产生乳酸、乙酸等来降低肠道的pH，阻止病原菌定植肠道，进而调节肠道微生物的群落结构，增加营养物质的代谢能力，控制病原菌等，从而达到促进肠道健康的目的。益生菌所能产生的代谢产物种类及其功能如表1-2所示：

表1-2　益生菌产生的代谢产物种类及其功能

代谢产物	功能	相关菌株
短链脂肪酸：乙酸、丙酸、丁酸、异丁酸、戊酸、异戊酸和己酸	降低pH，抑制病原菌，为肠上皮细胞供能，参与胆固醇合成，调节水和钠的吸收	乳酸菌、双歧杆菌、粪肠球菌
胆汁酸：胆酸、鹅脱氧胆酸、脱氧胆酸、石胆酸、牛黄胆酸、甘氨胆酸等	促进脂质和脂溶性维生素的吸收，维持肠道屏障功能，调节甘油三酯、胆固醇、葡萄糖和能量代谢	乳酸菌、双歧杆菌
胆碱代谢物：甲胺、二甲胺、三甲胺、氧化三甲胺、二甲基甘氨酸、甜菜碱	调节脂代谢和糖代谢	双歧杆菌
酚、苯甲酰和苯基衍生物：苯甲酸、4-甲酚、苯酚、马尿酸、酪氨酸、苯乙酸、4-甲苯基硫酸等	解毒作用（减少DNA损伤，缓解炎症，增加抗氧化活性，减少结肠癌风险），调节肠道微生物组成和活性	双歧杆菌、乳酸菌
维生素：维生素K、维生素B_6、维生素B_{12}、生物素、叶酸、维生素B_1、维生素B_2	补充内源性维生素，加强免疫，调节碳和氨基酸代谢，细胞增殖及骨质和神经，影响DNA和RNA表达	双歧杆菌
脂质：共轭脂肪酸、脂多糖、肽聚糖、酰基甘油、鞘磷脂、胆固醇、卵磷脂、脑磷脂、甘油三酯	影响肠道通透性，调节葡萄糖代谢，加强免疫，调节脂蛋白合成，如脂多糖诱导炎症、胆固醇调节胆汁酸合成、共轭脂肪酸提高胰岛素水平	双歧杆菌、乳酸菌
其他：D-乳酸、赖氨酸、肌酐等	代谢底物可被直接合成和利用，参与糖代谢和能量代谢	双歧杆菌、乳酸菌

7. 益生菌如何促进儿童生长发育？

儿童特别是婴幼儿时期，是人体微生态建立的关键时期，在儿童的生长发育过程中，良好的菌群建立可有助于儿童建立良好的营养环境，提升免疫力，抵抗病原微生物的感染，预防和治疗疾病等。除此之外，益生菌能够合成酶、维生素B族以及蛋白质等，其产生的乳酸还有利于促进钙、铁、磷等微量元素的吸收，半乳糖则会对儿童的神经发育起到良好的促进作用。

益生菌对儿童生长发育和健康的影响具体表现在以下三个方面：

（1）调整肠道微生物群组成。益生菌（乳酸菌以及双歧杆菌等）能够增加肠道有益菌数量以及粪便里面的微生物数量，进而能够降低肠道pH、刺激肠道蠕动、减少有害代谢物质产生以及抑制各种有害细菌（病原菌）在肠道内的繁殖，最终起到改善儿童肠道微生态环境的目的。

（2）预防腹泻的产生。肠道感染容易导致儿童发生急性腹泻，益生菌能够很好地代谢乳糖，减少腹泻的出现，通过补充适当含益生菌成分的食物，儿童发生感染性腹泻的概率能够显著降低。

（3）降低发育性疾病的发生。益生菌通过稳定儿童肠道菌群的健康组成，进而可以降低消化系统疾病、孤独症谱系障碍疾病以及肥胖等病症的产生。

总而言之，对于儿童群体来说，由于儿童时期为身体生长发育的黄金时期，也是建立正常菌群的关键时期，适当合理地补充益生菌，不仅能够有效降低因菌群紊乱而导致的一系列疾病，还能够提高儿童的免疫代谢功能，对儿童的生长发育具有重要意义。

8. 益生菌活菌和死菌都能发挥功能吗？

益生菌之所以产生作用，就是因为很多作用要求益生菌是活着的。益生菌常见功能包括：① 治疗急性胃肠炎；② 刺激免疫系统和抗肿瘤；③ 减轻乳糖不耐受症状；④ 抗突变；⑤ 抗氧化；⑥ 降低过敏反应；⑦ 增加矿物质的吸收，降低血清胆固醇；⑧ 治疗阴道炎；⑨ 预防便秘；⑩ 减轻临床抑郁症患者的焦虑和抑郁。

通常来说，益生菌发挥作用主要通过"争夺"营养，"分泌"物质，"抢占"定植位点和"诱导调节"免疫系统。具体来说，益生菌可以利用肠道内的营养物质进行代谢活动，从而使益生菌成为优势菌群，与病原菌进行营养争夺；益生菌可以产生短链脂肪酸（如乳酸、乙酸、丙酸、丁酸等）来降低肠道内的pH，进而对病原菌生长和增殖产生抑制作用，或者通过产生抗菌物质（如细菌素），最终导致这些病原微生物敏感细胞凋亡；益生菌的摄入可以阻碍肠道致病菌在肠道上黏附和定植，通过其代谢产物对肠道致病菌的生存产生一定的阻碍作用；益生菌可以诱导产生肠道免疫因子，从而增强肠道的免疫屏障作用，提高肠道的免疫功能，以抵御肠道中病原微生物的入侵。

那么，益生菌死了，变成死菌了，它还有用吗？其实死菌也并非一无是处。死菌只是失去了"生命"，它们表面的脂多糖一般都没有被破坏，这些脂多糖在肠道内同样会引发免疫应答。此外很多死菌与肠上皮细胞的受体结合的蛋白并未被破坏，这些蛋白也可能在肠道内结合受体，从而同样起到挤占定植位点的作用。因此死菌同样具有免疫作用，也可促进肠道双歧杆菌增殖，调节菌群平衡。此外，它不受胃酸、胆汁、温度影响，有很好的加工优势，比如市场上畅销的常温保存的酸奶，进行高温灭菌、无菌罐装的酸奶中几乎都为死菌，但是这些常温酸奶依旧可改善肠道功能，促进肠道蠕动，预防便秘。

9. 益生菌是如何通过黏附定植来拮抗致病菌的？

健康的肠道菌群定植对于早期免疫的形成以及肠道屏障功能的建立具有重要作用，有助于保护宝宝抵御感染和过敏的威胁。益生菌最终发挥作用的地方在消化道的下端，即小肠中下段和大肠内，因此益生菌能否对抗消化道的各种消化液到达目的地——肠壁上，除了取决于对消化液的抵抗能力，还取决于它们的黏附和定植能力。

　　益生菌在肠道内的生理过程分为两步：第一步是黏附，黏附是指细菌与宿主肠上皮细胞结合的过程；第二步是定植，定植是益生菌生长发育的前提，是在黏附下发生的一种生理功能。细菌在定植后才可以在黏附膜表面形成微生物膜，防止外菌入侵，保护肠黏膜的健康。致病菌是能引起疾病的微生物，也称为病原微生物，包括细菌、病毒、螺旋体、立克次氏体、衣原体、支原体、真菌及放线菌等。益生菌对病原菌的拮抗效应有如下四个方面：① 通过改变肠道环境抑制有害菌生长；② 通过产生某种抗菌物质抑制有害菌生长；③ 在肠道内与有害菌竞争营养素；④ 通过占据肠道位置阻止病原菌附着。举例来说，植物乳杆菌ZDY2013能通过排斥、竞争和替换的方式在小肠上皮细胞上抑制产毒素蜡状芽孢杆菌的黏附定植，且以竞争黏附位点为主。而屎肠球菌WEFA23在竞争和置换方式下对单核增生李斯特菌的黏附抑制效果最强，在排斥方式下，对鼠伤寒沙门氏菌的黏附抑制效果最强。因此，不同益生菌拮抗致病菌黏附定植的机制并不完全相同。

　　10. 益生菌能延缓衰老吗？

　　早在1907年，诺贝尔奖获得者梅契尼科夫曾提出"酸奶长寿"理论：酸奶中的益生菌可能会改变肠道菌群，减少毒性物质的产生，进而延缓衰老，促进长寿。

　　益生菌主要通过三方面作用延缓人体衰老：① 通过调节肠道菌群，抑制肠道致病菌生长，降低有毒产物进入血液循环系统；② 具有抗氧化能力，可以清除体内自由基，维持生物大分子稳定和功能；③ 通过调节免疫系统，降低体内炎症反应水平，延缓免疫衰老。

　　中国有句俗话：吃饭要吃七分饱，可以健康活到老。中国研究人员发现长期七分饱的小鼠平均寿命长，并且肠道中有益菌（乳酸菌）的丰度增加，其中分离到的鼠乳杆菌有减少肠道有毒物质进入血液的作用，在实验中能延长秀丽隐杆线虫的寿命。此外来自长寿老人的菌株有延长寿命的作用，比如，从广西巴马长寿老人乡分离到长双歧杆菌亚种BB68，可以延长秀丽隐杆线虫28%的寿命；分离自湖南浏阳市高田村长寿老人的植物乳杆菌FLPL05，能提高老年小鼠的抗氧化能力、降低衰老相关的炎症、保护肠屏障功能，能延长小鼠30%的寿命。来自日本的研究人员研究发现，乳酸乳球菌乳亚种有延长寿命的功能。补充乳酸乳球菌乳亚种可以减少快速衰老小鼠肺、肝脏和肝细胞病灶发生率，降低IL-1β，抑制衰老相关的皮肤变薄和肌肉萎缩。

总之，长期补充特定益生菌可能通过激活浆细胞样树突状细胞维持免疫系统，来延缓衰老和延长寿命。

11. 益生菌如何增强机体屏障的保护作用？

人体常见的三大屏障包括：① 皮肤与黏膜；② 血脑屏障；③ 胎盘屏障。

（1）人体与外界环境接触的表面，覆盖着一层完整的皮肤和黏膜。皮肤是人体最大的器官之一，直接与外界环境接触，是人体的第一道防线，皮肤常驻菌群的紊乱会导致过敏性皮炎、牛皮癣、痤疮等常见的皮肤疾病发生。表皮葡萄球菌作为一种益生菌，可以通过厌氧发酵甘油来产生琥珀酸，降低细胞内环境的pH，从而控制痤疮丙酸杆菌的过度生长。

黏膜是人体免疫系统的第一道防线，其中消化道占据重要作用。益生菌在肠腔不仅可以提高肠道上皮合成和分泌抗菌肽和防御素，还可以通过产生短链脂肪酸或者细菌素直接阻止病原体生长。此外，益生菌还可以通过促进紧密连接蛋白等的表达，保护屏障的正常功能。

（2）血脑屏障一般认为由软脑膜、脉络丝、脑血管和星状胶质细胞等组成。它的功能是阻挡病原体及其毒性产物从血流进入脑组织或脑脊液，以保护中枢神经系统。益生菌可以产生短链脂肪酸和5-羟色胺等可以穿越血脑屏障的小分子物质，保护血脑屏障。

（3）胎盘屏障由母体子宫内膜的基蜕膜和胎儿绒毛膜组成，是保护胎儿的重要屏障。正常情况下，母体感染的病原体及其毒性产物难以通过胎盘屏障进入胎儿体内。但若在妊娠3个月内，胎盘结构发育尚不完善时，母体中的病原体和药物等有可能经胎盘侵犯胎儿，干扰其正常发育，造成胎儿畸形甚至死亡。因此，在怀孕期间，尤其是早期，应尽量防止发生感染，并尽可能不用或少用副作用较大的各类药物。条件致病性粪肠球菌OG1RF能穿越胎盘屏障导致流产，益生性粪肠球菌Symbioflor 1可通过调节血清黄体酮含量和免疫平衡减少粪肠球菌OG1RF的移位，并能缓解其导致的流产。

12. 益生菌如何改善心血管疾病？

随着社会经济发展，人们生活方式发生深刻变化。中国心血管病危险因素流行趋势明显，导致心血管病的发病人数持续增加。2015年，心血管病死亡占城乡居民总死亡原因的首位，农村为45.01%，城市为42.61%。农村心血管死亡率从2009年起超过城市水平（图1-1），患者负担日渐加重，心血管疾病俨然已成为重大的公共卫生问题。那么，引起心血管疾病的主要因素有哪些？

心血管疾病是指以心脏和血管疾病、肺循环疾病及脑血管疾病为主的一组循环系统疾病，目前已成为威胁人类健康的"头号杀手"。其致病原因多种多样，如高血压、血脂异常、糖尿病、肥胖/超重和不合理膳食等因素。近年来，随着对肠道微生物的深入研究，发现益生菌在改善代谢综合征、预防和治疗心血管疾病等方面具有确切效果。那么，益生菌是如何改善心血管疾病的呢？

例如，对TMAO诱导动脉粥样硬化模型小鼠用植物乳杆菌ZDY04灌胃，发现植物乳杆菌ZDY04能显著降低盲肠三甲胺和血清氧化三甲胺的水平，其机制可能是植物乳杆菌ZDY04增加了肠道中与血清氧化三甲胺和盲肠三甲胺呈负相关的毛螺菌科和拟杆菌科的细菌。有学者报道给肥胖小鼠预先灌胃植物乳杆菌Ln4，持续4周，结果表明，植物乳杆菌Ln4处理组显著降低了小鼠因肥胖引起的体重增加和附睾脂肪含量，其作用机制可能是参与了糖和脂代谢途径的调控。亦有学者通过人体试验发现，36例高血压患者持续21周每天口服由乳酸菌LBK-16H发酵的酸牛奶后，收缩压平均下降

（6.7±3.0）mmHg（1 mmHg=0.133 kPa）。以上试验说明，合理利用益生菌对心血管疾病具有积极作用。

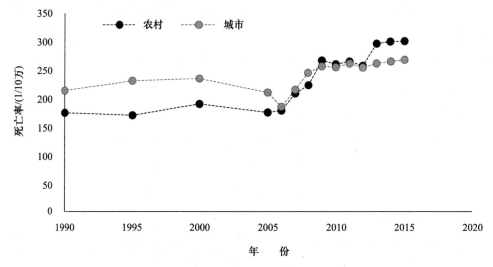

图1-1　1990—2015年中国城乡居民心血管病死亡率变化

（魏华　南昌大学）

第七节　人体内的微生态平衡

1. 什么是微生态平衡？

我们的体内和体表都存在着数量极其庞大的肉眼不可见的微生物群，包括细菌、真菌、病毒等。它们分布在人体的皮肤、口腔、呼吸道、消化道、生殖道等各部位。由人体、微生物和微生物所在的特定解剖部位的生境所构成的微生态系统内，微生物与宿主、环境以及微生物间相互依存、相互制约而维持的动态平衡，即我们所说的"微生态平衡"。在这种状态下，微生态系统中的菌群多样性好、结构合理，人体各项生理功能无异常。人体微生态平衡的具体内容会随着人的生长、发育，以及地理环境和情绪、营养水平等因素的影响而发生变化，但这种变化是有规律可循的。

2. 微生态平衡时对人体健康有什么益处?

在正常情况下,人体内存在的大量菌群并不会对我们的健康造成威胁,反而是我们健康的维护者。健康状态下,人体内常驻的优势菌群以双歧杆菌和乳杆菌为代表。为保证它们的"优势"一直存在,维持微生态系统的平衡,我们要多食用它们偏爱的富含低聚糖的食物,如新鲜蔬菜、水果和牛奶等,同时这些微生物也会通过发酵这些食物向人体提供如氨基酸、糖类和维生素等营养物质,提高宿主的免疫力。人的精神状态也会对菌群产生影响,如在感到不安、愤怒、压力大时,肠道内优势菌群数量会减少,免疫力也易降低。健康的人体中并不是不存在致病菌,只是处于微生态平衡的状态下,它们并不会对人体构成威胁。但它们会伺机而动,一旦条件有利就会大量繁殖,在人体中作乱。可见,微生态平衡与营养、免疫力、精神状态、疾病的发生均有关系。人作为微生态系统中的关键因素,应发挥我们的主观能动性,只有保持微生态系统的平衡,才能使人体保持最佳的状态。

3. "好菌"和"坏菌"如何区分?

人体中的微生物数量繁多,与人类的关系更是错综复杂。单纯的根据其对人体的作用效果,分为"好菌"和"坏菌"有些绝对。"好菌"也会有坏的一面,"坏菌"也会有好的一面。人体内的有益菌主要是乳酸菌和双歧杆菌,它们能促消化、增强免疫力、参与人体必需物质的合成等。但若人体的黏膜屏障受损,这些有益菌穿过屏障入血,也会导致败血症的发生。老百姓常说的"不干不净,吃了没病"恰好印证了"卫生假说",即儿童早期应多接触一些"脏"东西,否则日后出现过敏性疾病的概率就会升高。不可谈"菌"色变,也不要遇菌就杀,维护好体内的微生态平衡,才能保持机体健康。

4. 正常人体内"好菌"和"坏菌"都存在吗?

人体内存在三种菌:即有益菌、条件致病菌和有害菌。有益菌是我们体内的永久居住者,即原籍菌,比如我们经常听到的双歧杆菌、乳酸菌等;条件致病菌会"察言观色""见机行事",一旦条件适宜就会大量繁殖,在体内"兴风作浪"；有害菌主要以过路的外籍菌群为主，它们短暂存在，影响身体健康。三者在体内不断"战斗"，相互制衡，优势菌占主导地位。

5. 怎么判断自己的微生态是否平衡？

判断微生态是否平衡，首先要明确判断部位，即判断身体哪一位置的微生态系统，肠道、阴道还是口腔等部位；再次还要考虑自身的年龄和所处的生理阶段（如孕期、哺乳期、换牙等）。目前肠道微生态是否平衡的评价方法已很成熟，且适用于我们日常生活中。我们可根据每日排便的性状进行初步判断，观察大便的颜色和气味。正常成年人的大便为黄色或黄褐色，呈柱状或香蕉状。若有异常，首先考虑是否是自身饮食或作息改变所导致的；若非以上因素，且伴有一些不适症状，可考虑到医院进行粪便检测。目前通常采用球杆比来评价微生态是否平衡，即粪便中球菌和杆菌的比值，或者直接报告革兰阳性杆菌、革兰阴性杆菌、革兰阳性球菌、革兰阴性球菌的比例，将结果与健康人的结果进行比较。基因测序也可以检测粪便菌群的组成情况，但这种方法在科研中使用较多，且费用较高，临床还未全面普及。

6. 如何保持人体微生态平衡？

要保持人体微生态平衡，离不开人和人体内微生物群这两个关键主导因素的影响。作为菌群的宿主，我们需要保持健康的生活方式、乐观向上的精神面貌和积极的生活态度，不熬夜，吃早餐，常运动，膳食平衡。精神低迷，情绪不振时，易出现腹泻、消化不良等症状，这些都是微生态系统的预警信号。人体内定植的有益菌，大多喜欢糖类、高纤维素等，因此，多食用新鲜的蔬菜、水果、牛奶、豆类等有益于其生长繁殖，提高菌群稳定性。健康的微生态系统会为人体合成维生素B族、维生素K等人体必需的营养物质。我们要多接触自然环境，不过度清洁，以促进自身免疫力的形成，维护机体的微生态平衡。

7. 钙、铁、锌等微量元素的吸收和微生态平衡有关吗？

人体微生态平衡与营养代谢之间有密切联系。人体内有益菌群与人体是互利互助的关系，宿主满足体内菌群的饮食偏好，帮助其更好地生长繁殖，菌群也会通过发酵这些"美食"，提高宿主对营养物质的消化吸收，向宿主提供氨基酸、维生素B族、维生素K、短链脂肪酸等，钙、铁、锌等微量元素对骨骼发育和机体健康有着重要作用，乳酸菌可产生各种短链脂肪酸，这些短链脂肪酸与钙、铁、锌等微量元素结合形成金属络合物，从而有利于这些微量元素的吸收，对维护机体健康起到促进作用。

8.节食与手术减肥会影响人体微生态平衡吗？

当今大部分女性以瘦为美，但不适当的减肥方法会对健康造成极大的伤害。过度节食会让身体缺乏营养元素，导致人体微生态失衡，体内有益菌减少，有害菌及条件致病菌增加，致病菌大量繁殖，产生的毒素也会由于节食导致的胃肠蠕动变慢而无法及时排出体外，而造成口臭、皮肤粗糙等症状。也有人会采取手术方式减肥（需BMI>40），但术中操作及之后的抗生素抗感染都会使胃酸降低、肠道蠕动变慢以及维生素B_{12}吸收不良，从而导致某些细菌过度生长。因此，减肥变美需谨慎，应科学合理地适度节食，同时也要不乏蔬菜水果的摄入。

9. 女性生理周期会影响阴道微生态平衡吗？

女性阴道中存在着大量微生物，它们与宿主休戚与共。致病菌一旦发现机会就妄图"攻城略地"，处于第一防线的微生物们就会严防死守，奋力抵抗。女性在不同生殖周期（如青春期、更年期等）的阴道菌群是有显著差别的。目前通过高通量16S rRNA测序技术将女性阴道菌群按其主要优势菌进行了分型：卷曲乳杆菌型、惰性乳杆菌型、格氏乳杆菌型、詹氏乳杆菌型和无优势乳杆菌型。根据分型可以初步了解到女性的种族和一些基本信息：比如黑人女性和西班牙女性通常是无优势乳杆菌型。细菌性阴道炎患者也表现为无优势乳杆菌型，但疾病的确诊还需要结合临床症状等进行综合判断。

10. 乳酸菌对维护阴道健康都是有益的吗？

女性阴道中存在大量益生菌，含有多种乳杆菌，对维护阴道微生态平衡起着重要作用。但并不是乳杆菌的所有种属都对阴道具有益作用，以惰性乳杆菌为例，它的一些菌株就携带了致病因子，其分泌的细胞溶素可以使宿主上皮细胞形成孔洞，破坏黏膜的屏障功能。在一些细菌性阴道病患者中，惰性乳杆菌分泌细胞溶素的数量大，阴道的微生态平衡遭到破坏，各种致病菌和条件致病菌就会大量繁殖，加重阴道的感染。

（解傲　中国微生态学杂志编辑部）

第八节　微生态失衡

1. 什么是微生态失衡？

微生态失衡是微生态平衡的反义词，一个健康的、自然发生的、可以再度组成的微群落的状态遭到破坏或紊乱，就是微生态失衡。这个定义主要强调了微生物本身的失调，对微生物与宿主间的失调未加提及，因而并不全面，只适于菌群失调的概念。菌群失调是指在原微生境及其他有菌微生境内正常微生物群发生的定量或定性的异常变化。这种变化主要是量的变化。因此，菌群失调也称为比例失调。

实际上，微生态失衡应该包括菌与菌，菌与宿主，菌、宿主与外界环境的全部内容。广义的微生态失衡是正常微生物群之间及正常微生物群与其宿主之间的微生态平衡，在外环境影响下，由生理性组合转变为病理性组合的状态。

2. 菌群失调程度是如何划分的？

根据菌群失调的程度，可分为以下三度：

一度失调：在用过抗生素后，往往抑制了一部分细菌，却促进了另一部分细菌的生长，这样就造成了某部分正常菌群在组成和数量上的异常变化，即比例失调。一度失调只能从细菌定量检查上发现有变化，在临床上往往没有表现或只有轻微反应。一度失调是可逆的，也就是说自身可恢复。

二度失调：二度失调是不可逆的。比例失调之后，即使去除诱发因素，仍然保留原来的失调状态，菌群内生理波动转为病理波动。二度失调，在临床上多有慢性病的表现。

三度失调：三度失调表现为原来的菌群大部分被抑制，只有少数菌种占绝对优势的状态。三度失调表现为急性状态，病情凶险。例如，葡萄球菌引起的伪膜性肠炎等，其他如变形杆菌、绿脓杆菌、白色念珠菌、肺炎杆菌和大肠杆菌等，都可引起三度失调。三度失调又称为菌交替症或二重感染，在临床上应引起高度重视。李兰娟院士在抗击新冠疫情中着重指出，一些危重病人并非死于病毒感染，而可能是死于继发性细菌感染。而维持肠道微生态平衡对于减少继发性细菌感染具有重要作用。

3. 菌群失调会引起哪些疾病？

菌群失调对人体的影响是多方面、全方位的，从表面上看可能会诱发以下疾病：

（1）急性腹泻。该病多发于抗生素应用后，属于一种急性菌群失调。引起的原因是抗生素对体内许多正常菌群均有抑制作用，其丰度的下降使定植抗力削弱，导致致病菌或条件致病菌在肠内生长繁殖所致。

（2）慢性腹泻。该病是原来肠道内的大部分正常菌群因各种原因导致其丰度比例改变所引起的。

（3）热带性斯普鲁。这是发生在一些热带国家的吸收不良综合征。其特征在于慢性腹泻、不适、体重下降及碳水化合物、脂肪、叶酸和维生素B_{12}的吸收不良。主要病因是大肠内的一些正常细菌易位到小肠，破坏了小肠黏膜，阻碍了营养吸收，同时又分泌毒素诱发一系列的临床症状。

（4）细菌过度生长综合征。由于药物或手术使胃酸缺乏，对正常菌群的保护作用降低，其他细菌在小肠内过度繁殖引起脂肪泻、维生素缺乏、碳水化合物吸收不良等临床表现。

（5）大肠癌。现代医学证明大肠癌的发生与菌群紊乱有密切联系。细菌可能将一些潜在的致癌物质转变成有活性的致癌物，从而诱发了癌变。

（6）内毒素血症。内毒素是革兰氏阴性杆菌细胞壁的脂多糖成分，如果革兰氏阴性菌的含量过高，或肝脏的解毒能力下降，或者两者兼具，均会产生内毒素血症。

4. 微生态失衡对人体的危害有哪些？

事实上，在人的微生态环境（体内环境）中，肠道是维持人体微生态健康的重要场所，稳定的肠道菌群与肠黏膜共同形成黏膜屏障，保护肠壁的完整性；特别是人体70%的免疫系统都集中在肠道内，人体肠道内的菌群直接影响着人体的微生态平衡，只有当有益菌成为优势菌群的时候，才能有效促进人体健康。由于饮食结构不合理、抗生素滥用等因素，引起菌群紊乱，微生态失衡，会导致肠黏膜屏障功能丧失，加剧疾病的发生、发展。由微生态失衡可引起很多健康问题，如腹泻、便秘、过敏性疾病、肥胖、心血管疾病等，国内外多年的研究和临床实践证明，使用特定的益生菌可通过恢复微生态平衡预防、缓解与治疗上述疾病。

5. 微生态失衡会影响食物消化和吸收吗？

人体从食物中摄入的碳水化合物、蛋白质、脂肪、维生素、微量元素等均在肠道微生物的作用或帮助下分解、转化和吸收。例如，很多食物中的多糖均能被菌群分解，而人体本身并无多糖分解酶。同时，肠道微生物可合成多种人体必需的维生素、短链脂肪酸等物质，一旦缺少这些物质，就会引起相关疾病。

6. 微生态失衡会影响免疫吗？

肠道是人体最大的免疫器官。肠道内寄居着大量的微生物，在我们出生伊始即开始影响肠黏膜的免疫发育和成熟。肠道微生态失衡或不健康的菌群结构可能影响新生儿免疫应答水平和免疫耐受的形成，这与儿童过敏性疾病的发生、发展密切相关。此外，肠道菌群本身在肠黏膜表面可形成一道生物屏障，对于外来致病菌具有拮抗作用；菌群的产物或自身组分可刺激免疫细胞的发育成熟和应答反应，增强机体免疫力。

7. 微生态失衡对排便有怎样的改变？

健康的肠道菌群能够通过其代谢产物，如短链脂肪酸等，生成有机酸，帮助维持粪便含水量，修复和促进肠道功能，降低肠腔pH，调节肠道的神经肌肉活性，增强肠道蠕动，进而促进肠道消化和吸收功能；同时有效抑制肠道内腐败菌的生长，改善肠道环境，使得粪便松软而利于排泄。此外，肠道菌群来源的一些物质还可以刺激肠道的一些细胞产生神经递质（如5-羟色胺等），使其通过肠-脑轴影响、调控宿主的脑功能和行为，这些发现可以用来解释便秘发生时常伴随有焦虑、抑郁等情感改变。肠道菌群可以合成影响中枢神经系统功能与应激反应发生的物质，也可以通过影响NO、CO等信号分子的合成来参与调控神经和中枢神经系统。肠道菌群还可以直接与神经系统进行交互作用。这些发现为治疗便秘引起的焦虑、易怒等情绪改变，提供了新的方向。

研究发现，功能性便秘患者与健康人肠道菌群在种类以及数量上均存在着明显的差异，主要表现为专性厌氧菌的相对减少并伴有潜在致病菌和真菌的相对增多。研究还发现，老年便秘患者与健康老年人的粪菌群相比，双歧杆菌为主的有益菌数量显著减少，腐败梭菌等条件致病菌数量显著增高。便秘患者肠道中肠杆菌、肠球菌、梭杆菌数量增多，而乳酸杆菌、双歧杆菌、拟杆菌数量减少。有研究报道，便秘型肠易激综合征患者的肠道菌群与健康人相比发生了变化，大肠杆菌群、乳酸菌和双歧杆菌显著减少，而需氧菌增加。

8. 微生态失衡与结直肠癌或其他癌症有什么关系？

近年来，越来越多的证据表明人体肠道菌群在结直肠癌（CRC）的发生、发展过程中占据了重要地位。研究发现，CRC病人和健康人肠道中的菌群分布特征存在极大差异，CRC患者肠道中的厚壁菌门和梭杆菌门的细菌过度表达，而变形菌门的细菌含量减少。此外，癌变组织与相邻未癌变组织相比，乳球菌和梭杆菌表现出更高的丰度，而假单胞菌和大肠杆菌、志贺氏菌则减少，与此同时，在近端和远端结肠癌组织中，菌群的整体分布相似，但是某些潜在的致癌基因病原体却有所不同。另有研究指出，肠腔菌群主要通过共代谢或与宿主间的代谢交换导致CRC的发生、发展，而黏膜相关菌群则通过与宿主的直接作用影响CRC发病风险。美国密歇根大学的一项研究发现，肠道菌群的最初结构决定了结肠癌发生的易感性，而某些革兰氏阴性菌（如拟杆菌目和疣微菌门）和革兰氏阳性菌（如梭菌目）则在肿瘤易感性方面表现出相反的作用。研究也证实了与肠道炎症和肿瘤发生相关的具体肠道细菌，尤其是具核梭杆菌的增多和产肠毒素脆弱拟杆菌所分泌的毒素对黏膜的刺激，与CRC发生、发展有相当大的关联，对于肿瘤的发生、发展具有直接影响，而对肠道菌群施加干预措施或许不失为一种预防结肠癌进一步发展的策略。

总而言之，肠道菌群与CRC的发生、发展和治疗具有密切关系，现将2019年香港大学于君教授团队的最新研究成果总结如下：① 肠道菌群与宿主肠道细胞紧密互作，通过参与宿主免疫调节、食物代谢或产生基因毒素等方式，影响CRC发生、发展和治疗反应；② CRC患者中特定细菌丰度显著改变，或可作为疾病筛查、预后、治疗反应预测的生物标志物；③ 通过饮食干预、减重、益生菌补充等方式调节肠道菌群，或能预防CRC、增强疗效、降低治疗的不良反应；④ 未来研究应寻求调节肠道菌群的最佳方法，通过临床试验研究其短/长期收益。

9. 微生态失衡会导致肥胖吗？

肥胖是多种疾病共存的主要危险因素，这些疾病包括2型糖尿病、非酒精性脂肪肝和缺血性心血管疾病等。因此，肥胖流行对人的预期寿命、生活质量和保健费用有着深远的影响。在过去的一个世纪里，新的饮食模式、卫生的改善和作息周期的改变使人类的生活方式发生了巨大变化，这也引起了人体肠道菌群结构的改变。有研究发现，肥胖人群与健康人群的肠道菌群相比，前者肠道中厚壁菌门的微生物比例较高，拟杆菌门的微生物比例偏低。微生物种类和数量的差异使得肥胖者肠道内毒素含量较正常人高一些，而这些有毒物质往往能够引起慢性炎症。研究发现，在肥胖和糖尿病小鼠中高血糖导致肠道屏障功能破坏，随之而来的是肠道细菌和内毒素易位到血流中，造成一系列炎症反应。长期高水平血糖的有害作用使肠上皮细胞间的紧密连接复合物组装受损，这些紧密连接的复合物对维持完整的屏障至关重要。这些发现提示了一种将肥胖与黏膜感染、全身炎症风险增加联系起来的机制，也反映了血糖控制对于实现糖尿病个体肠道微生物群的局部遏制可能至关重要。慢性炎症还会导致胰岛素过量分泌，饥饿感不容易缓解，进食量不自觉就增加了，同时肠道菌群失调会进一步加大，进入一个恶性循环，这样肥胖就在所难免。

10. 微生态失衡与过敏有怎样的关系？

近年来流行病学调查和实验研究提示，生命早期肠道菌群的紊乱与过敏性疾病的发生、发展有密切关系。婴幼儿肠道菌群结构形成的关键时期被认为在1岁以前，这一过程受到分娩方式、喂养方式、益生菌或益生元的添加、遗传和环境等多种因素的影响，若这一过程发生异常，则会导致后期过敏性疾病的发生。分娩方式、喂养方式、抗生素的使用及诸多环境因素都会影响新生儿的肠道菌群。在一项纳入319名加拿大婴儿的研究项目中，加拿大英属哥伦比亚大学芬利（Finlay）教授的研究团队发现：患哮喘的婴儿在出生前100天内表现出短暂的菌群失调。其中毛螺菌属和韦荣球菌属、柔嫩梭菌属和罗氏菌属4类微生物在哮喘儿童体内明显减少。进一步的研究发现，这些细菌的减少同时伴随着儿童肠道中乙酸含量降低和肝肠代谢失调，提示它们的存在对于维持身体健康有益。当研究者把这几类菌接种到无菌幼鼠肠道后，发现它们能够改善小鼠成年后的呼吸道炎症，并缓解了哮喘的发展，这说明这些细菌的减少可能引起哮喘。

另一项国内研究分析了172名儿童肠道微生物组学特征与湿疹的关系。结果显示双歧杆菌相对丰度较低与儿童湿疹发病有关。在所有年龄组中，健康和湿疹样本之间均存在显著的组间差异，其中2—3岁湿疹组的微生物多样性降低最为显著。与年龄相匹配的健康对照组相比，0.5—3岁湿疹组的双歧杆菌丰度减少，这是一个主要发现，但这种状况在6个月以下的儿童中不显著。这些结果表明早期肠道菌群的变化与儿童湿疹有关。

11. 心血管疾病与微生态失衡有什么关系？

《中国药理学通报》的一份报告指出：肠道菌群是调节宿主代谢活动及调控肠道免疫屏障和生物屏障的重要微生物群，与心血管疾病联系密切。肠道菌群紊乱可破坏机体正常代谢，增强体内氧化应激反应，并通过内毒素移位到体循环而加剧全身性炎症，是心血管疾病发生、发展的重要因素之一。心血管疾病患者的肠道形态和功能发生病变，导致肠道菌群紊乱，破坏机体正常代谢，增强体内氧化应激反应和全身性炎症。这一系列的变化又可导致肠道病变恶化，菌群紊乱加剧，形成正反馈调控，使得心血管疾病患者处于长期且愈加严重的炎症反应当中，甚至增加其他疾病的患病风险。目前，基于肠道菌群对心血管疾病治疗的理论机制主要在于对肠道菌群稳态的调节，以及对其与心血管疾病的相关生物途径的干预，包括使用抗生素和益生菌、内毒素免疫吸附、药物干预等。

12. 微生态失衡也会影响人的情绪吗？

控制人类及一些哺乳动物情绪的一些激素如5-羟色胺、多巴胺等，95%是在肠道内合成的。人的情绪在很大程度上受到肠道神经系统的影响，而肠道神经系统又与肠道菌群密切相关，因此，建立良好的肠道微生态平衡是治疗情绪性相关疾病的一个新靶点。一些研究发现，慢性疲劳综合征患者胃肠道功能失调，黏膜免疫异常，循环促炎因子水平明显升高。与健康人群相比，这类患者肠道菌群发生了改变，其中双歧杆菌和大肠杆菌的数量减少，粪链球菌大量增加。肠道菌群的改变可能会影响患者的认知和情绪状态，特别是与焦虑有一定的关系。越来越多的研究发现，被称为人类"第二大脑"的肠道与抑郁症、肠易激综合征等疾病密切相关。其实，在很早以前就有发现，当感染了梅毒、链球菌之类的病原体后，如果不进行治疗，患者会出现严重的精神问题。当时把这些归咎于患者本身有神经或心理缺陷的精神疾病，其实这些精神问题是微生物引起的。最新研究表明：微生物感染本身不会中断大脑发育，而是由感染引起的机体免疫应答影响到了患者的神经系统，并造成相应的威胁。某些肠道微生物能够通过犬尿氨酸途径消耗色氨酸，进而降低5-羟色胺水平，从而引发抑郁；各种形式的应激，通过肠-脑轴影响患者肠道菌群，引起肠道微生态失衡，进而引发炎症反应，影响营养物质的吸收，改变神经递质代谢，引起神经系统功能紊乱，使患者出现抑郁症状。因此，调整肠道菌群可能是治疗抑郁症的一种新方法或者是辅助治疗方式之一，具体的作用机制仍需深入研究。

13. 菌群失调是疾病的诱因还是结果？

菌群失调既是疾病的诱因又是疾病的结果，是一件事物的两个方面，或者是因果相互转化的结局。菌群失调是微生态失调的一种表现形式。作为疾病的结果，引起菌群失调的因素很多，例如感染，尤其是外源性感染，还有抗生素使用、放射性物质暴露和放射线治疗、外科手术等，都会引起菌群失调。作为疾病的原因，宿主正常菌群种类和数量的变化会造成一系列后果，致使宿主身体由生理性平衡状态转向病理性紊乱状态，引发疾病。

14. 引起微生态失调的诱发因素有哪些？

从微生态整体观来看，微生态平衡应包括微生物与微生物之间，微生物与机体之间，以及微生物、机体、环境三者之间的平衡关系。微生态平衡是由多种内外因素维系着的，这些因素包括宿主、环境和微生物。宿主对微生态平衡的影响因素包括：宿主的种族、年龄、性别、发育状况、生理功能、习性、营养及休克、精神紧张、应激反应、感染、创伤、癌症、外科手术等。环境对微生态平衡的影响因素包括：气候、失重、缺氧、辐射、食物、药物、外来刺激及治疗（如放化疗、激素治疗）等。

引起微生态失调的诱发因素主要有以下几个方面：① 射线照射：人或动物在接受一定量放射物质与放射线照射后，吞噬细胞的功能与数量均下降，淋巴细胞功能减弱，血清的非特异性杀菌作用减退或消失，免疫应答能力明显遭到破坏，此时易发生微生态失调。微生物对照射的抵抗力明显大于其宿主，人或动物只要辐射剂量有数个Gy（戈瑞）就可产生病理作用，而细菌在剂量达几百个Gy其结构才会受到损伤，且微生物在照射后可能出现抗生素耐药性提高，毒性增强的现象。② 使用抗生素：抗生素使用可以引起菌群失调。一度失调可自行恢复；二度失调是慢性失调，临床表现为慢性炎症，如慢性肾盂肾炎及慢性支气管炎等；三度失调是急性失调和菌群交替症，临床表现为急性炎症，如白色假丝酵母、铜绿假单胞菌等引起的局部炎症和全身感染。在抗生素的选择作用下，能增加正常菌群对抗生素的耐药性。在肠道正常菌群中，耐药性传递是相当频繁的，如耐药性葡萄球菌、铜绿假单胞菌等正常菌群常导致医院内感染。③ 外科手术：包括手术、整形、插管以及一切影响宿主生理解剖结构的方法与措施，都有利于正常菌群的易位转移，因此，在微生态失调的诱发因素中，外科治疗措施占有重要位置。④ 其他因素：包括医源性因素，使用免疫抑制剂、细胞毒性物质和激素等，都能使机体免疫功能下降，例如肠道正常菌群中的脆弱拟杆菌和消化球菌等厌氧菌常可成为机会致病菌，引起内源性感染。

15. 节食或暴饮暴食是否会影响微生态平衡？

现代人饮食结构的改变，或者由于工作、生活压力的增加导致肥胖人群比例升高，有些人经常节食减肥。但是，不适当的节食减肥会严重影响健康。过度节食不但使得身体自身营养缺乏，甚至也会影响到体内的有益菌。有益菌比例的失调可能会导致一些腐败菌猖獗起来，造成菌群失调，引发便秘；腐败菌产生的毒素增多，会造成慢性炎症，使脸上长疙瘩，口臭加重，皮肤失去光泽，严重时会出现头痛、浑身无力等症状。暴饮暴食还会影响微生态平衡，因为肠内有益菌和有害菌对营养的要求不同，有益菌如双歧杆菌在营养上偏向膳食纤维和植物蛋白，而有害菌酷爱高脂肪、高蛋白的食物。暴饮暴食往往摄入大量动物脂肪和蛋白质，导致有害菌大量繁殖；相反有益菌得不到素食营养，成为弱势群体，造成菌群失调，微生态失衡。因此，在日常生活中我们应该多吃蔬菜水果，少吃高脂肪食物，特别是少吃快餐和烧烤食物。

16. 外科手术、药物会影响微生态平衡吗?

人的内外环境的改变、药物和精神状态的变化都会直接或间接影响自身的微生态平衡。外科手术，尤其是胃肠道手术切除了机体的部分器官，除直接造成局部微环境的改变外，同时还造成机体大环境的改变。手术前后的禁食和术前术后麻醉药物的使用、手术本身以及胃管插入、出血等因素、均会对人体微生态环境造成极大的伤害，引起乳脂肪泻、大细胞贫血、吸收不良、水及电解质吸收障碍等。抗生素、化疗药物等进入体内杀伤大量的正常菌群，会造成微生态失衡，肠黏膜屏障受损，使人体发生糖、脂肪、蛋白质的吸收障碍。

17. 怎样预防和缓解微生态失调?

（1）保护生态环境。

一是保护生态环境。自然环境中的空气、水、土壤、农作物等均会直接或间接影响人体肠道菌群，因此必须加强对宏观环境的保护。

二是保护人体内环境。通过去除引起或保持微生态失调的病理状态，去除或缓解异常的解剖结构，如通过阑尾切除术去除病变部位等，有助于恢复肠内微生态平衡。

（2）增强宿主适应性。机体自身的免疫应答水平也会直接影响菌群。通过特异性免疫（内毒素刺激产生特异性免疫）、免疫调节（正常菌群制成菌苗）、免疫赋活作用（细菌因子刺激宿主产生细胞因子或作为佐剂发挥作用）等可调节机体的免疫适应性，同时改善肠道菌群紊乱。

（3）饮食营养的调理。对一些轻度菌群失调人群可以通过调节饮食的方式增强体内益生菌，多食用一些含有膳食纤维素的食物，如山药、地瓜、洋葱、香蕉等，这些食物含有较多益生元，能够促进体内益生菌的增长，调节微生态失调。

18. 什么是腐败性腹泻？

以蛋白质、脂肪为主要食物者体内会有更多腐败菌，如，产气荚膜杆菌、艰难梭菌、败毒芽孢杆菌、大肠杆菌、变形杆菌、痢疾杆菌、铜绿假单胞菌等。这些腐败菌分解蛋白质，产生多种腐败性物质，如尸胺、组胺、吲哚、粪臭素、硫化氢等，这些物质具有腐败性质，可导致肠道菌群失调。腐败性腹泻患者表现为肠内硫化氢水平增加（腹胀、虚恭）、氨增加，粪量少、溏泄且具恶臭味；肠道内腐败菌过度繁殖，肠道pH明显上调。腐败性腹泻可通过服用产酸益生菌为主的微生态调节剂，少吃蛋白质食物加以改善。

19. 什么是发酵性腹泻？

以碳水化合物为主要食物者体内有更多的异常发酵菌，其中，大肠杆菌分解多糖，酵母分解淀粉，产生多种短链脂肪酸、二氧化碳等物质。患者特别是婴幼儿，其体内这些物质的增多也会导致菌群失衡。患者表现为肠内产气（腹胀、虚恭）；粪量增多具酸臭味。发酵性腹泻可通过高蛋白饮食，减少碳水化合物摄入加以改善。

20. 发酵性腹泻和腐败性腹泻如何转化？

在肠道内，发酵性腹泻与腐败性腹泻是相互转化、相互制约的，除乳杆菌与双歧杆菌外，大多数肠内菌，如大肠杆菌、变形杆菌、绿脓杆菌及痢疾杆菌等，都具有脱氨酶，使氨基酸分解产生氨，另外，还可使胱氨酸与半胱氨酸产生硫化氢，色氨酸产生靛基质。这些菌还具有脱羧酶，可使氨基酸分解产生胺类。这些代谢物反过来又可抑制上述细菌的繁殖，从而自动控制代谢物产量，不至于引起对宿主的危害。但在异常情况下，这种自动控制机制失调，腐败性菌群增加，并保持病理的动态平衡。因此，为了克服腐败性腹泻，在食物结构中可增加碳水化合物成分，以扶植发酵细菌，抑制腐败菌，从而达到治疗目的。

21. 如何针对性地扶植特定肠道细菌？

（1）扶植双歧杆菌。对双歧杆菌减少的病人，可补充双歧因子，如寡聚糖类、胡萝卜、初乳及乳糖等。双歧杆菌主要栖息于结肠，许多营养物质可能在小肠已被吸收，因而不能达到结肠，发挥其促进作用。因此，有人提出口服在小肠不能吸收的野芝麻四糖、棉子糖及半乳糖，使其可达结肠，为双歧杆菌所利用，以利其生长和繁殖。此类物质目前称为益生元（prebiotics）。

（2）扶植乳杆菌。乳杆菌主要栖息于小肠，可利用大部分糖类。但一切促生长物质，最好具有针对性。例如绝大部分细菌都能利用葡萄糖，在自然生境中，葡萄糖对所有细菌的生长都有促进使用，因而不具有调整作用。对乳杆菌生长具有促进作用的主要是乳糖和蔗糖，这两种糖可被绝大多数的乳杆菌利用，一般不易被其他菌利用。

（3）扶植大肠杆菌。在有痢疾杆菌、沙门氏菌或不发酵乳糖的"副大肠杆菌"感染或优势繁殖时，可通过扶植大肠杆菌，抑制致病菌或其他优势菌。对大肠杆菌的扶植以乳糖为最佳。我们曾用大肠杆菌的活菌与乳糖相混合，以灌肠的方法治疗急性菌痢和慢性痢疾（肠炎），特别是对抗生素无效的病例，曾取得满意的疗效。

（4）扶植肠球菌。对缺乏肠球菌的病例，给予叶酸、复合维生素B及蜂蜜等富含维生素B族的食物，可获得效果。

22. 如何合理使用抗生素？

（1）尽量使用小剂量抗生素；

（2）尽量用窄谱抗生素；

（3）尽量非经口用药；

（4）保护厌氧菌。

多抑少补：即可通过调节饮食结构抑制过度繁殖的微生物，扶植不足的有益微生物。

边抗边调：采用抗生素类药物时，同时应用一些对抗生素具有一定耐受性的益生菌制剂，如芽孢菌制剂、真菌制剂等。

先抗后调：必要时可采用抗生素类药物针对性地抑制过度增长的细菌或致病菌；之后再利用益生元、益生菌等微生态制剂进行调节。

清扫扶正：当致病菌或菌群失调较为严重时，可以考虑进行菌群的清除，随后扶持健康的正常菌群结构，如近些年来临床常用的粪菌移植（FMT）一般就是在扫清患者自身紊乱菌群的基础上，移植健康的菌群以达到重建微生态平衡的目的。FMT在诸多疾病，如炎症性肠病方面的应用取得了很好的效果，越来越受到临床医生的重视。

（李明　大连医科大学）

第九节　人体微生态评价方法

1. 什么是微生态评价？

微生态评价是研究微生物群与健康保持及疾病发生、发展、转归关联信息的检测、分析技术与方法。微生态评价与诊断技术可以帮助更有效地进行微生态调节与重建、合理使用抗生素对感染性疾病进行精准治疗。微生态评价包括肠道微生态评价、阴道微生态评价、呼吸道微生态评价、口腔微生态评价、皮肤微生态评价等。

2. 微生态平衡的标准是什么？

微生态平衡应包括微生物与宿主两个方面。长期以来，微生态平衡的标准侧重微生物群本身的表现，不能全面反映微生态平衡的本质，这是不足的。

（1）微生物方面。微生态平衡在微生物方面的标准应该包括定位、定性与定量三个方面。这三个方面不是彼此孤立的。

定位标准：即生态空间。对正常微生物群的检查首先要确定位置。微生态平衡的标准首先应包括定位的检查结果。定位标准极为重要，但实际上却很难获得可靠的定位标准的信息。

定性标准：即对微生物群落中各种群的分离与鉴定，就是确定种群的种类。

定量标准：即对生境内总菌数和各种群活菌数的定量检查。定量检查是微生态学的关键技术，可以说，没有定量检查，就没有现代的微生态学。优势菌往往是决定一个微生物群的生态平衡的核心因素。定量检查是确定原籍菌、外籍菌的重要方法之一。

（2）宿主方面。微生态平衡的标准必须与宿主不同发育阶段及生理功能相适应，这就是微生态平衡的生理波动。人类、动物和植物的微生态平衡都存在年龄上的波动，确定相关标准时必须考虑到年龄特点。年龄因素是微生态平衡的重要参数。宿主的生理功能的变化均伴随微生态平衡的变化，微生态平衡的标准明显受宿主生理功能的影响。

根据肠道微生态系统的组成情况，其评价体系的具体方法应当包含：肠道菌群的评价、肠黏膜状态评价、肠道菌群代谢物评价、肠道免疫状态评价和肠道营养状态评价。

3. 如何进行肠道菌群的评价？

不同种类的细菌在丰度和数量上的此消彼长构成了微生态系统演化的基础。通过对不同种类细菌定位、定性和定量的测定，可以很好地反映一个系统是否健康，是否需要人工干预等。

传统的肠道菌群评价方法包括：① 活菌检测方法。② 测定粪便的B/E值（双歧杆菌与大肠杆菌的数量比）。③ 天冬氨酰甘氨酸检测。正常情况下，动物粪便内不存在天冬氨酰甘氨酸，因为厌氧菌具有天冬氨酰甘氨酸酶，能将其分解掉。④ 盲肠大小判定，无菌动物盲肠增大与没有厌氧菌群的刺激有关。⑤ 肠球菌数量的测定。在抗生素处理期间，随着肠道定植抗力的下降，肠球菌的数量也随之增加。

分子生物学评价方法包括：实时荧光定量PCR技术（Real-time PCR）、变性梯度凝胶电泳（DGGE技术）、16S rRNA分析、温度梯度凝胶电泳技术（TGGE）、基因芯片技术、宏基因组学方法。

4.为什么临床上采用B/E值法可对肠道微生态进行初步评价？

粪便中双歧杆菌与大肠杆菌的数量比值称作B/E值。作为肠道微生物定植抗力的指标，B/E值可应用于临床，反映肠道微生物定植抗力的菌群状况。例如，慢性重型肝炎患者、慢性肝炎患者体内的双歧杆菌数量显著减少，慢性重型肝炎患者肠杆菌、肠球菌、酵母菌数量显著增加，B/E值显著降低。B/E值与肠杆菌、肠球菌的数量呈负相关。B/E值的检测也便于指导临床应用益生菌制剂，用于使用后的评价。一般情况下，B/E值>1表示肠道定植抗力正常，B/E值≤1表示肠道定植抗力降低。在反映肠道定植抗力方面，B/E值较直接测定肠杆菌、肠球菌、酵母菌活菌数更简化直观。但在应用广谱抗生素后，B/E值判断可能有误，这时宜结合酵母菌值的检测结果综合判断肠道定植抗力。

5.对肠黏膜通透性评价有哪些方法？

肠道通透性增高时，很可能发生细菌易位和内毒素易位，从而引起肠源性感染，多脏器功能不全等严重后果。所以对肠黏膜通透性进行评价有重要临床价值。对肠黏膜通透性评价主要方法有：尿乳果糖甘露醇比值检测（L/M）、血浆内毒素含量检测、血浆D-乳酸含量检测、血二胺氧化酶（DAO）含量检测、肠上皮电阻（TEER）检测以及组织学检测等，这些也被人们用于肠黏膜状态的常用评价。

6.血清中二胺氧化酶（DAO）含量检测的临床意义是什么？

二胺氧化酶是人和哺乳动物中小肠黏膜上皮绒毛和胎盘绒毛中具有高度活性的催化二胺类（组胺、腐胺和尸胺）氧化的酶（细胞内酶）。二胺氧化酶在分裂细胞中高度表达。肠黏膜细胞坏死脱落入肠腔，使肠黏膜中二胺氧化酶活性降低，而在肠内容物中则酶活性升高。二胺氧化酶进入肠细胞间隙，使其血浆中活性升高。血清中酶活性的变化，可在无创情况下反映肠道损伤和修复情况，因此，它可作为探讨肠道功能损伤的重要指标。二胺氧化酶在胎盘中也有较高的活性，孕妇血清中表现出该酶活性的增高，因此，妊娠妇女血清二胺氧化酶活性测定对妊娠期的监测具有重要意义，尤其是有先兆流产史的患者，二胺氧化酶活性已成为新的重要检测指标。在血清中，二胺氧化酶活性升高与通透性正相关，如，烧伤病人中该酶的活性高。

7. 血浆D-乳酸含量检测有何临床意义？

D-乳酸是一种细菌代谢产物，在哺乳动物的正常组织中是不会产生的，而且机体也没有能力快速降解它。人体内的D-乳酸大多由肠道菌群产生，当肠黏膜通透性增加时，D-乳酸透过黏膜进入血液中，造成D-乳酸含量升高。

8. 对肠道菌群代谢产物评价有哪些方法？

评价肠道菌群代谢产物的方法主要有：肠道内容物pH检测；肠道内容物短链脂肪酸检测；肠道腐败物质（包括氨、硫化物、吲哚、粪臭素等）检测；代谢组学方法。

9. 对肠道免疫状态评价有哪些方法？

对于肠道免疫状态的评价主要集中于对肠道免疫网络中一些重要因子和细胞的测定。在微生态研究的背景下，目前人们主要集中于对IL-2、IL-6、IL-10、TNF-α、SIgA、T淋巴细胞亚群等的测定，对于细胞因子和抗体的检测多使用酶联免疫法（ELISA）。

10. 为什么要对宿主的肠道营养状态进行评价？

对宿主的营养状况特别是膳食成分中的营养底物（如多糖、寡糖等）的摄入进行评价，可反映对肠道菌群有直接影响的饮食成分在宿主微生态平衡中的地位，对调节微生态平衡有重要意义。

11. 什么是阴道微生态评价？包括哪些方面？

阴道微生态评价是通过形态学、生物化学、免疫学和分子生物学等方法所获得的阴道菌群数量和功能方面的信息，通过分析阴道菌群结构的演替来评价阴道的生理和病理状况。阴道微生态评价系统包括：形态学检查，即通过湿片镜检或超高倍显微镜观察、革兰氏染色或Nugent评分、培养等方法了解菌群数量的变化；生物标志物检查，如正常优势菌功能生物学标志物、致病菌与条件致病菌增殖的生物学标志物和机体反应性的生物学标志物等，可以了解阴道菌群数量与功能的变化，进而进行阴道的微生态评价与诊断。

临床上常见的许多妇科感染疾病均存在着明显的阴道微生态系统失衡。妇产科医生应该了解阴道微生态环境的概念，充分利用阴道微生态评价体系从微生态角度重新审视妇科感染性疾病，全面评价阴道感染及治疗前后的阴道微生态状况，指导临床达到恢复正常阴道微生态环境这一最终目标。

12. 如何对皮肤进行微生态评价？

作为人体最大的器官，皮肤被有益的微生物定植，成为防止病原体侵入的物理屏障。在屏障被破坏的情况下，或者当共生菌和病原体之间的平衡受到干扰时，可能导致皮肤病甚至全身性疾病。进行皮肤微生态评价对于阐明皮肤病的病因学是有价值的。进行皮肤微生态评价不仅要对皮肤表面的微生物群进行检测还要对皮肤表面的环境（生态位、pH、湿度和温度等）、皮肤屏障功能与宿主免疫功能进行检测。

13. 口腔微生态评价要进行哪些检测？

口腔微生物组被定义为居住在口腔中的微生物的集合基因组，是除肠道外最大的和研究最广泛的微生态系统。与身体其他部位相比，口腔微生物显示出惊人的蛋白质功能多样性。口腔中有两种细菌可以定植的平面：硬组织平面——牙齿和软组织平面——口腔黏膜。牙齿、舌、牙龈沟、扁桃体、硬腭和软腭都为微生物的繁殖提供优越条件。口腔表面覆盖着大量的细菌，形成众所周知的细菌生物膜。口腔内微生态失调与口腔疾病的发生密切相关，维持口腔微生物平衡有助于维持全身健康。口腔微生态评价包括对口腔不同生境部位的菌群进行检测，同时对口腔的微生态环境进行评价。口腔微生物群可能在空间和时间上显示出组成及活性的快速变化，并且随宿主的发展而产生动态变化。宿主的饮食时间频率、对pH变化的反应、细菌间的相互作用，以及在长时间范围内基因水平的突变都会影响到口腔微生态的平衡。

（袁杰力　大连医科大学）

第十节　人体微生态与中医中药

1. 为什么说微生态学很可能成为打开中医奥秘大门的一把金钥匙？

中医学是中国传统医学，应用至今已超过两千年，而微生态学则是20世纪70年代提出的，但两者却发生了联系。1988年，我国微生态学创始人之一、中国科学院学部委员魏曦教授提出："中医的四诊八纲是从整体出发，探讨人体平衡和失调的转化机制，并通过中药使失调恢复平衡。因此，我相信，微生态学很可能成为打开中医奥秘大门的一把金钥匙。"这一论断被学术界普遍接受，并谓之"魏曦预言"。从此，中医学与微生态学正式"联姻"，而中医药微生态研究成为中国微生态学的特色研究领域，受到一定的关注，研究也取得了一定的进展和成果。

在理论研究上的基本认识有：① 微生态学与中医学在观念和原理上存在一定的统一性。② 两者都是把各自的宏观生态理论用于人体微观世界。③ 生态、生物、平衡与失调要素是认识两者内在联系的基础和关键。④ 两者理论的比较研究为阐明中医学的建构原理奠定了一定的基础，进一步研究需要在更深层面上进行。

实验和临床研究上的进展有：① 某些病证可引起菌群失调或微生态失调，而菌群失调或微生态失调也可引起相应的病证。② 通过中药调整菌群失调或微生态失调可使病证得以改善或康复，而中药治疗对病证的改善和康复也可使菌群失调或微生态失调恢复平衡。③ 研究和建立了"菌群-病证"和"微生态-病证"等相关动物模型，并在中药和方剂作用的微生态学机制研究上取得了一定的进展。④研究和筛选出一些具有促进有益菌生长、调节微生态平衡的单味中药和复方中药。

随着生命科学和技术的进步，研究正在进入以分子、信号转导、多组学、大数据、系统科学以及人工智能为特征的综合运用阶段。这必将促进中医药微生态研究，并为深入研究和阐明中医学原理及其科学内涵提供更有力的理论和技术支撑。

2. 中医学和医学微生态学是如何建构的？

一种文明的文化范式在相当程度上决定其医学的形式和本质。中医学和医学微生态学都被认为是生态医学，但两者的异同也是明显的。从微生态学的角度揭示中医学的奥秘，是中医药微生态研究的重要目的和意义之所在。两学科需要进行深层次的比较研究才能发现两者在形式和本质上的异同，而建构原理的比较则最为重要。微生态学的建构原理是比较清楚的，而研究和阐明中医学建构原理则是困难的，但这是两者比较研究必须要进行的工作。

中医学是基于中国传统文化产生的。因此，对中国传统文化形式和本质以及范式的研究和认识，既是研究和认识中医学产生和建构的文化基础，也是揭示中医学建构原理的基础。研究认为：① 中国传统文化是以"天人合一"生态理论体系为核心的古代生态文化，而生态、系统是其文化要素。② 阴阳、五行等理论的提出最初是源于生态现象的观察和规律的总结，是作为生态理论和生态方法用于生产和生活的，是"天人合一"生态理论体系的基本内容。③ 阴阳、五行等理论提供了相应的生态方法，而生态方法具有一般方法学意义，故其作为一般方法被广泛应用。④ "天人合一"生态观念和理论被逐渐升华为生态世界观和生态哲学。⑤ 中国传统文化是以古代"生态理论—生态方法—生态哲学"这一"生态文化轴"为基础和主干的生态文化，其文化的生态范式已形成。⑥ 中医学正是基于中国古代生态文化范式而产生的生态医学。

那么中医学是如何建构的？研究认为：① 古代医家建构医学体系遇到

了困难，就是基于当时所具有的粗浅和零散的生物医学知识这一客观条件，不能实现生物医学体系建构这一主观目的，即遇到"条件与目的间的矛盾"这一难以克服的困难。② 中国古代生态文化提供了一种解决这一矛盾的方案，即把"天人合一"生态文化范式的观念、理论和方法拓展到医学体系的建构中。③ 基于这一方案，古代医家把人体生物医学知识生态化，并将其纳入"天人合一"所提供的宏观生态框架中，而阴阳、五行、气等生态理论就与生物医学知识结合，最终实现了中医学体系的建构。④ 如果抽掉这个生态框架，中医学也就解体，成为零散的古代经验医学知识。由此可见这个生态框架是探索和打开中医奥秘大门的关键所在。

医学微生态学是在还原论为主导的近现代西方文化背景下，以生物医学和宏观生态学为基础而形成的医学分支学科。具体讲，在对人体与人体正常菌群及其与人体健康和疾病关系的研究中，将近现代宏观生态学理论和方法引入近现代生物医学之中，形成了以人体宿主与微生物的共生生态关系为基础，研究这种共生与人体健康和疾病的关系以及医学干预，进而建构而成的医学微生态学。

3. 如何认识中国古代生态理论和中医学的科学内涵？

近现代科学进入中国后，就有认为阴阳、五行等理论不科学，因此质疑中医学的科学性。可见，认识中医学的科学内涵，首先要认识中国古代生态理论和中国传统文化的科学内涵。

人类是依赖地球生态圈的生存者，同时又是生态环境的观察者。宏观生态尺度适合人们对生态现象和事件进行直接观察研究和规律总结，形成系统性生态知识，而中国古代生态理论就是这样产生的。研究认为：① 中国古代生态理论存在一定的科学性，是对生态系统进行科学阐释的另一种形式；② 在古代生态观察研究和理论形成过程中，产生了相应的生态方法和生态哲学；③ 生态理论、生态方法和生态哲学，三者存在内在的联系，作为一个整体被称为"生态文化轴"，是中国生态文化的基石和主干，这是中国传统文化的生态层面，是形成生态范式的层面；④ 基于文化的生态层面和生态范式，古人向更宏观的宇宙层面和更微观的元气层面进行理论拓展和升华，建构了宇宙和元气两个层面的理论体系，这是基于生态文化的质的跃迁，为中国传统文化奠定了更深厚的根基和更广阔的应用领域；⑤ 宇宙、生态、元气三个层面存在一些基本概念的用词相同，但在不同层面和同一层面的不同语境中其概念的内涵是不同的；⑥ 上述研究找到了中国传统文化同现代科学、文化对话的领域、形式、途径和方法。

进一步研究表明：① 复杂适应系统（简称"CAS"）理论和可拓学理论可用于阐释中国古代生态理论和中医学理论所表现的形式和科学内涵。② CAS理论认为，生态系统和生物体都属于CAS，都可用CAS理论研究、认识和建模。CAS是由用规则描述的、相互作用的主体组成的系统，而以阴阳、五行等理论建构的"天人合一"生态理论体系，其形式和本质可以用CAS理论来阐释。③ 可拓学理论认为事物具有拓展性，并建立了可拓理论和可拓方法，其可用来阐释中国古代生态理论和生态方法，阐释中国古代生态理论和生态方法是如何拓展到中医学，成为中医学建构的理论框架和方法的。④ 上述研究为揭示中国古代生态理论和中医学的科学内涵提供了新的科学思想、理论和方法，也为中医药微生态研究提供了新的科学思想、理论和方法。

4. 中医学和医学微生态学的医学观之间有怎样的关系？

医学观是对人体、健康、疾病、诊断、防治问题的总的看法和观点，包括人体观、健康观、疾病观、诊断观、防治观等。医学观为人们了解不同医学的异同提供了关键要素和基本框架。

人体观就是对人体生命活动的总的看法，在很大程度决定着医学观。中医学形成了"小天地"的人体观，医学微生态学形成了"超生物体"的人体观。显然，这为各自的宏观生态理论拓展到人体微观世界奠定了基础，进而建构了各自的人体理论。

中医学与医学微生态学的人体观，是以各自不同的形式体现着同样的观念：人体生命活动具有生态和生物学特征，并受生态和生物学规律的制约。而贯穿于宏观生态理论中整体和系统、平衡和失调的核心思想和基本原则，也就合理地进入了"小天地"和"超生物体"的人体微观世界。

因此，在人体微观世界，在生物和生态基础上，以整体、系统、平衡、失调为核心思想和基本原则，对医学问题进行研究、认识和实践。如是形成了基于平衡原则的健康观，基于失调原则的疾病观，基于发现和评价失调原则的诊断观，基于维护平衡、调整失调原则的防治观。

中医学和医学微生态学中，整体、系统、平衡和失调等概念就成为两种医学的共同语言，但其内涵则存在着差异。

5. 怎样认识中医学和医学微生态学的人体理论？

中医经典《黄帝内经》记载了人体的生物学知识，并把人体划分成脏腑、形体官窍、经络、气血津液等部分。古人认为，人乃天地所生，其生命活动也必然遵循天地的法则和规律，而对于当时难以研究和认识的人体生命活动及其规律等，可以参比天地运动的法则和规律来认识，这样就形成了中医学"人与天地相参"的思想，进而把人体"小天地"类比于生态自然界"大天地"，建构了与阴阳、五行等理论相结合的人体理论。

研究认为：① 中医学建构了两种人体理论，即"生物人体理论"和"生态化生物人体理论"。② 生物人体理论是对人体生物学认识，主要有脏腑理论、形体官窍理论、经络理论、气血津液理论、生长发育理论等，这是中医学人体理论的基础，其理论不与阴阳、五行等生态理论关联。③ 生态化生物人体理论是以阴阳、五行、气等中国古代生态理论为框架，以生态方法将生物人体理论生态化，并置于生态框架中，形成了与阴阳、五行理论等相结合的脏腑理论、形体官窍理论、经络理论、气血津液理论、生长发育等理论，这是生态与生物要素相结合的人体理论，是建构中医学体系的需要。

人体微生态学认为,人体宿主和其共生微生物组是作为一个整体而存在的,是人体在自然界存在的真实状态,这种真实状态的人体被称为"超生物体"。人体微生态学的研究对象就是"超生物体"的人体。因此,宏生态理论引入人体理论就需要微观化,形成微生态生物人体理论,在研究和认识人体"超生物体"的微生态事件中,形成了人体微生态学。

6. 怎样认识中医学和医学微生态学的健康和疾病理论?

中医把健康人称为"平人",并给出了评价标准。《黄帝内经》就有论述,在《素问·调经论》中有:"阴阳匀平,以充其形,九候若一,命曰平人。"在《灵枢·终始》中有:"所谓平人者,不病。不病者,脉口人迎应四时也,上下相应而俱往来也,六经之脉不结动也,本末之寒温相守司也,形肉血气必相称也,是谓平人。"这就是中医健康理论的基本论述。

中医学以"正气"泛指人体的抗病因素,以"邪气"泛指各种致病因素。中医认为,疾病是"平人"健康状态的破坏,"正邪相争"使人体"阴阳失调"而发生疾病。中医学的疾病理论是关于病因、发病和病机的理论。研究认为:① 中医疾病理论存在两种形式。一是对病因、发病和病机的生物学认识而形成的生物疾病理论,是疾病理论的生物学基础;二是对生物疾病理论的生态化认识而形成的生态化生物疾病理论。② 生态化生物疾病理论解决了古代医家从生物学角度研究和认识疾病的困境,以新的角度和方法深化了中医学对疾病本质的认识,为更好地诊断和防治疾病奠定了理论基础。

医学微生态学关于健康和疾病的理论是基于人体微生态平衡和微生态失调这两个基本概念建立的。医学微生态学的健康理论是关于人体微生态平衡的理论,其疾病理论是关于人体微生态失调是如何发生、发展和转归规律的理论。医学微生态学的健康理论和疾病理论,从微生态学角度拓展和深化了人们对健康和疾病的认识。

由于生态理论在中医学和医学微生态学健康和疾病理论中的运用,所以平衡和失调要素等生态相关用语也出现在两种医学中，虽然在观念和理论上存在一定的统一性和相似性，但其内含有所不同。

7. 如何认识中医学诊断的特点及微生态学诊断引入中医学的意义？

中医学诊断是基于四诊（望、闻、问、切）八纲（阴阳、表里、寒热、虚实）等诊断理论和方法进行的。《黄帝内经》在诊断方面的论述颇多，诸如"察阴阳所在""以我知彼，以表知里，以观过与不及之理，见微得过""视其外应，以知其内脏，则知所病矣""司外揣内，司内揣外""五藏之象，可以类推"等等。

研究认为：① 根据生态化与否，中医学诊断理论和方法可分为两类，即"生物诊断理论和方法"与"生态化生物诊断理论和方法"。② 基于生物诊断理论和方法所获得的是生物诊断的信息和判断，这是中医学诊断的生物学基础，其不与阴阳、五行等理论相关联。③ 生态化生物诊断理论和方法，其受到阴阳、五行等理论的规范，所获得的是生态化生物诊断的信息和判断，其与阴阳、五行等相关联。④ 生态化生物诊察的意义在于：使生物诊察信息的意义和关系得到充分认识并形成信息链，使生物信息的内涵增加、价值提高，使生物诊察信息的获取有序可循、有法可依、盲目性减少、信息获取效率提高。⑤ 中医辨病主要是依据辨病理论和方法而作出的疾病生物学诊断；辨证是应用辨证理论和方法，以规范的生态要素和规范的生物要素相结合对疾病作出的生态化生物诊断，生态要素有八纲等，生物要素有病因、脏腑、气血、经络等。

医学微生态学诊断主要关注微生态平衡与失调在诊断方面的意义、方法和应用。目前，主要是应用不同方法对微生物、微生物组以及微生态平衡与失调等进行检测和分析，为疾病的临床诊断和防治提供参考。

微生态学诊断方法被引入中医学诊断的基础研究和临床研究，如，脾虚泄泻时常伴有肠道菌群失调；又如，舌菌群的变化与中医舌诊存在一定的关系。菌群平衡和失调的实验室检测和分析，已作为中医疾病诊断和治疗的微生态学依据。中医学缺少适合中医诊断形式所需的客观检测项目及其分析评价方法，这恰恰是中医临床和科研所需要的，而医学微生态学在这方面为中医学树立了样板，具有示范作用，其意义显而易见。

8. 中医学防治与医学微生态学防治有何异同？

防治是对疾病的预防和治疗。中医学在实践中总结出一些有效的防治方法和理论。早在《黄帝内经》中就指出："圣人不治已病治未病，不治已乱治未乱"。这里"圣人"指高明医生，不但治病效果好，而且重视预防。治未病是未病先防，治未乱是既病防变。还提出"调整阴阳""扶正固本""扶正祛邪""治病求本""治标治本"等治疗理论和方法，以及防治要达到"以平为期"的目的。在防治方法上有药物治疗和非药物治疗。

研究认为：① 依据生态化规范与否，中医学防治理论和方法分为两类，即"生物防治理论和方法"和"生态化生物防治理论和方法"。② 生物防治理论和方法属于针对疾病防治中对"症"和对"病"的生物学防治，是中医防治的生物学基础。③ 在生态化生物防治理论和方法中，有诸如中药的"性味归经"、组方配伍的"君臣佐使"、疾病的"辨证论治"等理论和方法。这些理论和方法包含和体现了规范化引入的规则和要素，而基于这些规则和要素形成的中药、方剂和"辨证论治"等理论和方法，是经过长期反复医疗实践验证而形成的最佳理论和方法。④ 疗效不仅用来检验和完善防治理论和方法，而且还用于检验和完善中医学其他理论和方法，使中医各部分理论和方法在整体上得以协调、统一和完善，如此，中医学得到完善、提高和发展。⑤ 疗效作为试金石，不仅决定着防治理论和方法自身的命运，还决定着中医学的命运。历经两千多年，中医学经受了实践和时间的检验，沿用至今。

人体微生态防治是维护微生态平衡、纠正微生态失调，达到使人体处于微生态平衡的健康状态的目的。微生态防治主要通过微生态学防治方法，针对人体微生态环境、微生物组和人体这三个方面进行微生态相关疾病的防治。

中医学和人体微生态学在疾病的防治上存在许多共同之处。中医通过"祛邪""扶正固本""扶正祛邪""高者抑之，下者举之"，达到"以平为期"的防治目的。微生态学通过先抗后调、清扫扶正、多抑少补、微生态调整，达到微生态平衡的防治目的。

9. 中药是如何调整人体微生态平衡的？

影响人体微生态平衡主要有三方面因素：一是人体，作为微生物生存的宿主；二是生存在人体的正常微生物，现在称为人体微生物组；三是对人体和人体微生物组都具有影响的环境条件（简称"环境条件"）。这三个因素相互关联，影响着人体微生态平衡。中药正是通过以上三个方面影响人体微生态平衡。

基础和临床研究表明，中药具有促进或抑制微生物生长等作用。黄芪、党参、枸杞子、刺五加、五味子、阿胶、茯苓等补益类中药具有促进肠道双歧杆菌、乳杆菌等有益菌生长的作用；大黄、黄芩、黄连、双花、鱼腥草等苦寒类中药可抑制致病菌、条件致病菌的生长；四君子汤、补中益气汤、黄连汤等具有"扶正固本""扶正祛邪"作用，可扶植正常菌群生长、调节肠道菌群失调。

许多中药具有免疫调节、细胞保护、应激调整、改善体质等作用，这些作用可归于中药"扶正固本""扶正祛邪"的作用。因此，可以通过辨证组方来调整人体功能状态，改善微生态失调，恢复微生态平衡。

中药成分复杂，这些复杂的药物成分还可以通过改变环境条件影响人体微生态平衡。口服中药可使肠内容物中含有中药成分，这些中药成分既可以影响肠腔微生物，又可影响肠黏膜组织和肠道功能。例如，口服一定剂量的中药大黄，可使人和动物发生"脾虚"泄泻。大黄改变环境条件是造成"脾虚"泄泻的因素之一。研究证明，实验动物"脾虚"泄泻时，会出现肠道菌群失调、肠黏膜损伤、肠道正常功能受到影响，而给予四君子汤治疗，能够促进上述异常的恢复。

10. 肠道菌群对中药的代谢如何影响中药的药效？

口服给药是中药使用最多和最重要的途径。中药进入肠道后，一些中药成分通过肠道可以直接吸收，而有些成分则受到肠道菌群的代谢。经肠道菌群的代谢可使一些难吸收、无活性形式的中药成分转化成易吸收、有活性形式的中药成分，还可改变某些中药成分的毒性。人和动物肠道菌群可产生多种酶，在这些酶的水解、还原、芳香化等作用下，使中药成分发生改变，这种改变与中药作用关系密切。如果缺乏某些微生物，相应的中药成分代谢就会影响，中药的作用也受到相应的影响。

最常见的是对中药吸收的难易和活性的影响。番泻叶、大黄等具有泻下作用，其有效成分是以无活性的番泻苷和蒽醌苷形式存在，而且难以吸收，因此并不能直接产生泻下作用，经肠道细菌作用水解出苷元，转变为大黄酸蒽酮才能产生泻下作用。人参、黄芪等中药具有补益作用，其有效成分也常以无活性的糖苷形式存在，需要经肠道菌群转化成苷元形式才能起到补益作用。龙胆、秦艽抗炎作用的有效成分是龙胆碱、龙胆醛，也是肠道菌群代谢龙胆苦苷转化产生的。黄芩、甘草、芍药等诸多中药也是如此。

对中药毒性的影响。乌药、附子中的有毒成分是乌头碱，人体肠道菌群通过酯化反应将其转化成单酯型、双酯型等毒性较弱的代谢产物，这是肠道菌群对中药的减毒作用。另外，杏仁中的苦杏仁苷是无毒形式的成分，但经肠道菌群转化生成苯乙腈，苯乙腈再分解成有毒的氢氰酸，氢氰酸则具有很强的毒性。

研究肠道菌群对中药的代谢，可使人们认识中药有效成分存在的形式及其转化方式，还可提示人们在中药配伍组方和剂型上考虑肠道菌群对药物的影响。

11. 为什么说中药微生态制剂的研发大有前途？

中药对微生态平衡的调节是有效的、多方面的。对中药微生态调节剂的研发早已受到重视。从以下几方面可知，中药微生态制剂的研发前景看好。

人体微生态系统是由三个方面构成的：人体（宿主）、微生物群和环境条件。这三个方面存在复杂的关系，正常时，人体与微生物共生互利、相互制约、相互协调，共同参与人体微生态平衡的维护以及微生态失调的恢复。疾病、药物、饮食等因素都可能造成微生态失调，而微生态失调又可成为病因，或加重疾病，这时就需要外来的干预。研究证明，中药对人体微生态系统的三个方面都有影响，既可作为药物防治疾病，又可作为微生态调节剂应用。

中药对人体的影响是多方面的，涉及免疫、组织细胞保护、营养以及人体诸多功能。中药对微生物的影响也是多方面的，如促进有益菌的生长、抑制条件致病微生物和致病微生物的生长、影响微生物组的结构等。对微生态环境的影响，中药成分复杂，这些成分存在于微生态环境中，如肠道、阴道、皮肤等部位，改变和影响了原来的微生态环境。中药的这些作用可以单独应用，还可以综合应用，既可用于人体微生态的调节，又可用于疾病的治疗。使用中药可以兼顾疾病防治和微生态调节。

中药品种多，其防治疾病和微生态调节涉及范围广，对中药制剂品种的需求也多。大多数中药是植物药，中药微生态制剂通常易于保存和生产，审批也较容易。中药也是中国的特色传统药品。另外，中药从种植、饮片加工、成分提取乃至制剂生产，涉及多个产业环节，其产业链较长，加之中药品种众多，具有发展成支柱产业的潜力。所以我们说，中药微生态制剂的研发大有前途。

12. 中医药微生态研究的意义何在？

中医药微生态研究是中医学和医学微生态学相结合的研究领域。对中医学而言，存在科学继承和发展问题，即原生态理论和方法的认知及科学性问题，关乎中医的兴衰。医学微生态学是新兴的学科，发展是主要问题。

中医药微生态研究意义主要在于：① 探索研究和阐明中医学原理的科

学方法和途径。由于中医学与微生态学在观念等方面存在一定的相似性和统一性，所以要借助微生态学理论和方法，通过两者的比较研究获得启迪，找到对中医学进行研究和认识的科学理论和方法，而这正是"魏曦预言"的核心。② 中药治疗的微生态学原理。中药防治是中医"理、法、方、药"的重要组成部分。通过医学微生态学理论和方法研究中药治疗的微生态学原理是"魏曦预言"的另一重要内容，这是阐明中医方药理论与中药疗效的重要方法和途径，为进一步研究和阐明中药理论、方法和疗效提供微生态学依据。③ 对医学微生态学而言，中医药微生态研究已经成为医学微生态学研究的分支，所以，医学微生态学也会从中受益。如，中医学观念、理论和方法对医学微生态学也具有某种参考和启发意义；中药对微生态调节作用的研究也会促进中药微生态制剂的研究和开发，为医学微生态学防治提供中药微生态调节剂。

（蔡子微　牡丹江医学院）

第二章　微生态失衡与疾病

第一节　微生态失衡与口腔疾病

1. 为什么口腔微生物在健康和疾病中的地位与功能很重要?

微生物存在于人类生活的每个角落并影响着人类生活的方方面面。人类的口腔中含有许多不同的生境。多变的口腔微生物共生和拮抗作用帮助人体抵御外部不良因素的侵袭。然而,微生物群失调会导致口腔疾病和系统性疾病。口腔微生物群在人体微生物群落和人体健康中起着重要的作用。新近发展起来的分子生物学方法的应用,极大地扩展了我们对口腔微生物组在健康和疾病中的组成和功能的认识。研究口腔微生物群及其与全身微生物群在不同身体部位和不同健康状况下的相互作用对于我们认识人体和改善人类健康具有重要意义。

2. 什么是口腔正常微生物群?

常驻在口腔各部位或黏膜表面的微生物群称为口腔正常微生物群,是细菌与宿主在共同的进化过程中经过自然选择形成的生态体系。口腔正常微生物群包括人和动物口腔内的一切微生物。这些微生物内部的菌际关系、微生物与宿主的关系以及微生物与宿主构成的微生态系统对外环境（生理、化学、生物）的关系，都是口腔微生态学研究的范畴，其中包括菌与菌，人与菌，人、菌与义齿，人、菌与修复体、药物、放射线等关系。口腔、口咽共有9个生态位点，分别是：唾液、口腔黏膜、牙龈、腭、扁桃体、咽喉和舌软组织以及龈上、龈下牙菌斑。大多数生境的微生物以链球菌为主，但个别位点仍存在其他优势菌，如颊黏膜大量存在的嗜血杆菌，龈上菌斑的放线菌和龈下菌斑（与龈上菌斑紧邻但含氧量低）的普雷沃菌。口腔正常微生物群主要包括细菌、真菌、支原体、原虫和病毒。这些微生物是口腔微生态的重要组成部分。

3. 影响口腔微生态变化的因素有哪些？

人体口腔微生物群的组成和形成是个性化的，受多方面影响：① 随着不同的口腔生境和时间变化会出现菌群数量的变化，如晚睡前和早起后的口腔菌群；② 不同年龄组的受试人群口腔中细菌多样性有所不同；③ 饮食的重大转变导致不同共生体群体的产生，并可能引起现代口腔病原体的出现；④ 极端环境的改变使口腔不同部位微生物种群发生变化；⑤ 母乳喂养和非母乳喂养儿童口腔菌群存在差异。

4. 口臭和口腔微生态失衡有关吗？

口臭和口腔内的微生态有着必然联系。口臭与口腔微生物的活动以及它们与宿主之间所构成的口腔微生态平衡有关。口腔内残存的食物残渣和唾液中的黏液蛋白经不同微生物发酵分解，可产生如吲哚、硫化氢、胺类和粪臭素等呈味物质。其中产黑素菌群、具核梭杆菌、福赛拟杆菌等在口臭发生时起明显作用。

某些口臭的原因与肠气的上排有关。口臭也能显示某些肠内疾病的症状，进而提示人们加以注意。很多情况下，口臭由肠道菌群失调引起。便秘有时是导致口臭的原因。粪便在肠内长期积存，不断腐败而产生有毒物质，使大肠充满恶臭。口臭实际上是肠内异常发酵产生的，有时是由此产生的气体而导致的。气体由大肠进入血液，然后被输送到肺部，通过呼吸一起从口中排出时，就导致口臭。慢性胃炎、十二指肠溃疡患者口中常出现酸臭味；幽门梗阻、晚期胃癌病人常出现臭鸭蛋味口臭；严重便秘和肠梗阻病人常出现粪臭味口臭。可见，口臭味道的不同，居然预报了不同的消化系统疾病。

5. 口腔微生态失衡是否导致龋病？

龋病是最常见的口腔慢性感染性疾病，细菌为其主要病原体，在多种因素的作用下导致牙体硬组织的慢性和进行性破坏。龋病影响人群广、发病率高，可在从儿童到老年人的任何年龄段发生。低龄儿童龋病危害最大，已成为学龄前儿童常见的公共卫生问题，其发病率受多种因素影响，如口腔微生物群落等。对于中国儿童来说，睡前吃甜食和高频甜食摄入是发生龋病的危险因素，在发生龋病前的6个月，口腔微生物丰度开始减少。龋齿菌群和无龋菌群之间有显著差别。普雷沃菌属、乳杆菌属、戴阿利斯特杆菌属、链球菌和卟啉单胞菌可能与龋齿的发病机制和进展有关。

6. 口腔微生态与牙周病也有关系吗？

牙周病是人的口腔常见病，可分为两类：牙龈炎和牙周炎。牙周病导致牙周组织（牙支持组织如牙龈和牙槽骨）的破坏，并且是某些系统性疾病的潜在危险因素。由于口腔是一个天然的微生物培养场所，口内的牙周组织具有复杂的解剖和组织结构、理化性质，为微生物的生长提供了良好的条件。牙龈炎和牙周炎患者在牙齿浅层和深层的微生物丰度与正常人群都有显著差异。

7. 口腔微生态与黏膜病的关系是怎样的？

口腔白斑病、口腔扁平苔藓和系统性红斑狼疮是口腔黏膜常见疾病或口腔黏膜系统疾病在口腔的特殊表现，这些疾病引起了公众的广泛关注。几项研究表明，细菌在这些黏膜疾病中起着重要的作用。口腔白斑病患者中梭杆菌的数量增加，厚壁菌的数量减少。口腔扁平苔藓也存在菌群改变。

8. 口腔微生态失衡与口腔癌有什么关系？

影响口腔癌发生、发展的因素很多，如基因、细菌、身体状况等。越来越多的证据表明，微生物群和口腔癌之间存在联系。上皮癌前病变患者和癌症患者的口腔微生物群存在差异，芽孢杆菌、肠球菌、消化链球菌和斯莱克氏菌等在上皮前驱病变与癌症患者中的丰度存在显著差异，并且相互关联。

9. 口腔微生态与种植体周围炎有什么关系吗？

种植牙通常被用来代替缺失牙，种植体周围炎是一种感染性疾病，其特点是种植体周围组织的炎症，探诊出血，伴有或无溢脓，有骨的吸收。有证据表明，种植体周围炎患者与正常人的口腔微生物群存在差异，种植体周围炎表现为包括牙周病菌在内的异质混合感染。

10. 口腔微生态与消化道系统疾病有什么关系？

越来越多的消化道系统疾病被证实与口腔微生物群落有关。炎症性肠病（IBD）是最早被发现与其相关的疾病之一。现在，有更多令人信服的证据表明肝硬化、胃肠道肿瘤和口腔微生物群落之间存在相关性。口腔可能是潜在肠道疾病的储存库，能加剧肠道疾病。最近的一项研究表明，IBD患者的唾液菌群中的拟杆菌数量显著增加，同时变形杆菌显著减少。由口腔细菌引起牙周病的患者或牙齿缺失的患者患胃肠癌的风险也会增加。

11. 口腔微生态与神经系统疾病有什么关系？

神经系统疾病与口腔微生物群之间的联系已经得到证实。阿尔茨海默病（AD）是一个典型的例子。研究者强调包括口腔和肠道在内的几种类型的螺旋体与阿尔茨海默病有关。在16例AD患者的大脑中，有15例用抗体检测到了密螺旋体，而18例对照中则有6例检测到，这表明某些细菌与AD的关系更密切。这与在AD患者大脑中发现了口腔厌氧菌牙龈卟啉单胞菌产生的脂多糖（对照组未发现）证据是一致的。

12. 口腔微生态与内分泌系统疾病有什么关系？

内分泌系统疾病的进程和预后与个体内部环境密切相关。口腔微生物组影响个体内部环境，同时也受到个体内部环境的影响。这启发人们寻找内分泌系统疾病与口腔微生物组之间的关系。糖尿病、不良妊娠结局和肥胖症被证实与口腔微生物组相关。2型糖尿病被证明是牙周病的危险因素。一项关于1342名患者中的糖尿病状态与牙周状况之间关系的研究表明，糖尿病患者牙周炎的风险增加。

13. 口腔微生态与免疫系统疾病有什么关系？

类风湿关节炎（RA）是一种自身免疫性疾病，与心血管和其他系统疾病导致的死亡率增加有关。但是，RA的病因仍不清楚，有研究证实，微生物可以引起RA。肠道和口腔微生物群之间存在相似性，表明在不同身体部位的微生物的数量和功能存在重叠。在RA患者的肠道和口腔微生物组中检测到生态失调，经RA治疗后，该失调得到部分缓解。可根据肠道、牙齿或唾液微生物组的改变将RA患者与健康对照者区分开来，这可用于判断患者对治疗的反应，以对患者进行分类。

14. 口腔微生态与心血管系统疾病有什么关系？

口腔微生物群与心血管系统疾病之间的相关性目前了解得还不多，但研究人员确实证实了动脉粥样硬化和口腔微生物群之间存在一些潜在联系。动脉粥样硬化的特征是胆固醇积聚和巨噬细胞向动脉壁的聚集。因此它被认为既是一种代谢疾病，也是一种炎症。通过测序，研究者在大多数动脉粥样硬化患者的口腔微生物群中鉴定出*Chryseomonas*、韦荣球菌属和链球菌属。研究证实，口腔和肠道中的几种细菌类群与血浆胆固醇水平相关；口腔细菌，甚至肠道细菌可能与动脉粥样硬化的疾病标志物相关。

（袁杰力 大连医科大学）

第二节　胃微生态失衡与疾病

1. 什么是胃微生态系统？

人体微生态系统是指在一定结构空间内，人体正常微生物群以人体的组织、细胞及其代谢产物为环境形成的能独立进行物质、能量及基因交流的统一的生物系统。胃微生态系统是消化道微生态系统内的一个相对独立的单元。由于胃内环境的特殊性，胃是消化道微生态系统中一个特别区域。

2. 为什么健康人胃部的微生物很少？

健康人胃部微生物很少的主要原因在于胃酸的产生使胃内微环境pH偏低，细菌难以在其中存活；胃黏液层的厚度和胃蠕动的有效性都可能阻碍细菌在胃内的定植；唾液和食物中的硝酸盐被乳酸菌还原成亚硝酸盐，这些物质都起到抗菌剂的作用。

3. 胃内微生物有什么特点？

基于传统培养方法的研究证实：① 胃内仍有耐酸菌存在，主要是来源于口腔和食物的过路菌，含量一般在10^3 CFU/mL以下，种类有数百种之多，主要为厚壁菌门、放线菌门、拟杆菌门、朊细菌门和梭杆菌门；培养和高通量测序方法证实胃中的优势菌属为：丙酸杆菌属、乳杆菌属、链球菌属和葡萄球菌属。

② 个体间胃内细菌差异较大，胃内微生物群落构成与口腔、咽喉部、鼻腔和肠道菌群构成也存在显著不同。

③ 胃体和胃窦黏膜因酸性不同可能会导致不同的菌落定植，但研究表明这两个位置上的大部分菌群差别不大。

④ 胃黏膜中的菌群总量高于胃液，而胃液中菌群多样性较高并且两者菌群结构存在明显差异。

4. 胃内微生物群的构成受哪些因素影响？

胃内微生物群的构成可受到口腔细菌的组成、胆汁反流、性别、年龄、药物、幽门螺杆菌感染、饮食因素和宿主疾病的影响。

5. 为什么胃酸是调节胃内微生物群落的重要因素？

胃并不是一个单一的生境，不同部位的生物化学与生物物理学特性不同。许多动物实验证明，不同部位有不同的微生物定植。胃黏膜第二区为泌酸腺区。泌酸腺区含有壁细胞、主细胞和黏液细胞。此区分泌盐酸、蛋白酶、黏液和内因子等，pH一般不低于2.0～3.0。在贲门腺区和幽门腺区pH较高，可达4.0～5.0。由于区域生态学特征不同，其生物群落也不同。

胃酸减少与胃内细菌增加是一致的。由于胃酸能将大部分来自口腔、呼吸道及食物的微生物有选择地抑制和杀灭，因而才形成胃内的特征性微生物群落，胃酸的多少或有无，还对近端小肠的微生物群落有影响。胃酸减少或无酸，都会使近端小肠的微生物含量增加，影响胃肠道的微生态平衡。抑酸剂使用可能存在着干扰菌群平衡，并导致肠内感染和腹泻的风险。

6. 萎缩性胃炎患者的胃内菌群有哪些特征？

与健康对照组相比，萎缩性胃炎患者的胃内链球菌属升高，普氏菌属数量下降；患者分泌胃酸的能力下降，使得胃内细菌总量升高。细菌数量升高与胃内亚硝酸盐积聚呈正相关。

7. 胃菌群失衡与胃肿瘤发生有什么关系？

胃癌是全球第四大癌症，幽门螺杆菌相关性慢性胃部炎症反应是导致胃癌的最强的独立危险因素。胃癌可被分为扩散型和肠型，前者较少，后者居多。肠型胃癌的发展即从幽门螺杆菌相关性炎症细胞侵袭，到萎缩性胃炎、肠上皮化生、异型增生，最终到胃腺瘤。然而，如前所述，幽门螺杆菌感染者中仅约有2%最终发展为胃癌，可见幽门螺杆菌不是唯一的影响因素。而菌群组成、宿主免疫反应和环境因素被认为能够影响幽门螺杆菌感染患者的胃癌患病风险。越来越多的研究证实，胃菌群失衡在胃肠道肿瘤的发生、发展中具有重要作用。幽门螺杆菌和其他胃内菌群成分都参与了胃癌的发生、发展，二者既可能单独发挥作用，也可能相互作用，进而诱导胃癌的产生。

8. 为什么服用质子泵抑制剂（PPI，抑酸剂）会影响胃内菌群？

质子泵抑制剂（PPI）又称为H^+-K^+ATP酶抑制剂，是一类最先进的治疗消化性溃疡的药物，它能高效快速地抑制胃酸分泌，清除幽门螺杆菌，从而达到快速治愈溃疡的目的。临床上使用的H^+-K^+ATP酶抑制剂有奥美拉唑（又称为洛赛克）（第一代）、兰索拉唑（第二代）、泮托拉唑（第三代）与雷贝拉唑（第三代）等。

PPI可能存在干扰胃肠道菌群平衡和发生肠内感染、腹泻的风险；奥美拉唑能有效减少幽门螺杆菌的相对丰度，增加变形杆菌、厚壁菌和梭菌的相对丰度；PPI使用者胃中pH升高，更易感染其他非幽门螺杆菌；PPI使用还可导致乳杆菌减少，使酵母菌和其他真菌得以过度生长。

一项来自意大利的研究发现，PPI能够通过提高胃内pH使胃及十二指肠内的细菌呈过度生长，服用益生菌可发挥抑制细菌过度生长的作用。

9. 幽门螺杆菌会对胃内细菌群落构成什么影响？

幽门螺杆菌感染已被公认为慢性胃炎、消化性溃疡、胃癌等疾病的重要致病因素，胃内pH一般可以抑制大部分细菌的生长。深入研究发现胃部具有独特的菌群结构，这一菌群结构和其他的理化因素一起构成了胃部微环境。研究发现在胃溃疡的形成过程中，幽门螺杆菌感染与其造成的胃部菌群变化之间可能有着密切的关系，说明胃内菌群的变化在幽门螺杆菌感染及其引起的相关疾病中可能起着重要作用，因此深入研究幽门螺杆菌感染和胃内菌群结构之间的关系对了解幽门螺杆菌致病的条件和机制有重要意义。

幽门螺杆菌在胃内占绝对优势的样本中，非幽门螺杆菌序列显著降低，而且菌群多样性降低；螺旋体属和幽门螺杆菌间呈正相关，而拟杆菌门、绿弯菌门、蓝藻门、疣微菌门、浮霉菌门及梭菌属、β-和γ-变形杆菌和幽门螺杆菌呈负相关。也有研究认为胃内幽门螺杆菌存在与否以及胃内pH水平，对胃内菌群的构成并无影响，但可能提高个体间胃内菌群的差异性。

10. 幽门螺杆菌根除治疗对胃肠道微生态有什么样的影响？

标准的幽门螺杆菌根除治疗药物包括质子泵抑制剂和抗菌药物。抗菌药物的使用可引起敏感菌数量的减少、耐药菌的繁殖以及菌群数量和种类的失衡，质子泵抑制剂的使用会引起胃内pH升高，从而进一步导致菌群失调。接受幽门螺杆菌根除治疗时会出现一系列胃肠功能紊乱的症状，如腹胀、食欲不振、腹泻、便秘等。

补充益生菌可减少幽门螺杆菌根除治疗中抗生素引起的胃肠道菌群变化和失衡，避免肠道耐药菌的生长，提高幽门螺杆菌根除率。

11. 益生菌在幽门螺杆菌根除治疗中的作用是什么？

目前益生菌应用与幽门螺杆菌根除率相关性的研究较少。部分研究认为益生菌可通过稳定黏膜屏障，分泌多种抗菌物质，抑制幽门螺杆菌黏附，并抑制由其引起的炎症反应，增强宿主免疫屏障功能，起到抗幽门螺杆菌，防止其再定植的作用。但因人种、饮食习惯、根除药物的选择等因素混杂，使各研究的异质性较高，难以得出统一的结论。荟萃分析显示：在根除治疗的基础上使用包含乳杆菌属的益生菌能明显提高成人和儿童幽门螺杆菌根除率；双歧杆菌、布拉迪酵母、混合益生菌也可明显提高幽门螺杆菌根除率。

乳杆菌对幽门螺杆菌有明显的抑制作用，且抑制作用的效果与乳杆菌的相对浓度呈正相关；乳杆菌抑制幽门螺杆菌尿素酶活性；对幽门螺杆菌感染沙鼠模型灌胃后，乳杆菌菌株能在较短时间内（2周）清除沙鼠胃内幽门螺杆菌的定植，清除率达到60%左右；单纯的乳杆菌灌胃治疗，并不能改善因幽门螺杆菌感染而破坏的胃内菌群结构。

12. 反复根除幽门螺杆菌是否对肠道菌群产生影响？

抗菌药物应用对消化道菌群带来的负面影响比较明确，可引起胃微生态长期紊乱，致使肠球菌过度生长，减少乳酸菌的数量。动物实验发现，青霉素的使用可减少乳酸杆菌的数量，同时促进酵母菌在胃黏膜上皮的定植。

幽门螺杆菌定植在胃内，是人体内最常见的慢性感染之一。人体的胃肠道菌群构成一个庞大、复杂的微生态系统，幽门螺杆菌感染可通过多种机制影响胃肠道菌群，同时胃肠道菌群亦可对幽门螺杆菌在胃黏膜的定植和致病性产生影响。关于幽门螺杆菌与胃肠道菌群的关系，目前认为有以下几方面：① 感染的幽门螺杆菌可影响胃内菌群组成，使胃内菌群结构多样性降低，并影响机体免疫应答，同时与胃内菌群相互作用参与了胃癌的发生、发展；② 感染的幽门螺杆菌还可影响肠道菌群结构，与肠道菌群的相互作用可能参与了结肠息肉、结直肠肿瘤的发生、发展；③ 根除幽门螺杆菌有利于恢复胃内微生态，但是可能在短期内损害健康的肠道菌群；④ 在根除治疗的同时给予益生菌治疗，可减轻抗生素引起的肠道菌群失衡，维持肠道菌群多样性，减少抗生素相关性腹泻的发生。

在反复根除幽门螺杆菌的患者中，由于抗生素的反复应用，有可能导致消化道内敏感细菌逐渐减少，耐药菌逐渐增加，肠道各类细菌数量比例发生变化，从而导致肠道菌群失调，其中有些患者的消化道症状可能与肠道菌群失调有关。

13. 益生菌可以治疗幽门螺杆菌感染吗?

幽门螺杆菌感染可以引起慢性胃炎、消化性溃疡，并与胃癌的发生、发展密切相关。通过抗幽门螺杆菌治疗，可以明显降低慢性胃炎、消化性溃疡复发率，并降低相关肿瘤的发病率。但是，益生菌能否起到治疗幽门螺杆菌感染的作用，目前临床医生们还有着不同的见解。因为一部分研究发现，补充益生菌可以减轻药物副作用，缓解由于大剂量、长时间使用抗生素所造成的肠道菌群失调。已有研究发现，在治疗过程中合用乳酸杆菌、双歧杆菌、布拉迪酵母等益生菌，能够提高细菌根除率。因此，益生菌对提高根除率、缓解不良反应和菌群失调有一定的作用。同时也有研究发现，在根除治疗中常规添加益生菌的获益并没有预期中的那么明显。另外，益生菌如何选择，在什么时机运用，尚未形成统一的方法。因此，在直接提高根除率方面，益生菌所扮演的角色还不是那么鲜明，然而这并不能否认益生菌在治疗中巨大的发展潜力。

对于并未发生肠道菌群失调的幽门螺杆菌感染者而言，因为已经有了自己的"常规部队"，所以补充益生菌所能发挥的治疗作用可能有限；但对于那些因基础疾病或反复根除治疗失败而导致肠道菌群失调的患者，合理补充益生菌则能够加强肠道内已经衰弱的正常菌群，从而使机体恢复正常的菌群平衡，增强对药物的耐受性，减少服用抗生素引起的不良反应。

总而言之，幽门螺杆菌作为外源性致病菌，感染后可引起患者体内菌群的改变，合理补充益生菌对于根除治疗有潜在的帮助，但这还需要临床医生和研究者们的进一步探索，以明确究竟哪种益生菌最有效、哪种给药方案最有用等一系列问题。作为患者，不要盲目地购买益生菌药品，而应当将自身的情况详细地告诉医生，由医生来判断补充益生菌能否带来最大的获益。

14. 根除幽门螺杆菌会不会同时杀灭其他有益菌群？

有些患者在进行幽门螺杆菌根除治疗时会担心"我吃这么多抗生素会不会把我体内好的细菌都杀灭了？"

目前，临床上用于根除幽门螺杆菌的核心力量仍然是抗生素，且均属于广谱抗生素，也就是对多种细菌都有杀灭作用。动物和人体实验研究均发现，抗生素的应用能够影响人体正常菌群种类的多样性及组成结构，从而出现一些与菌群失调相关的临床症状，如腹泻、恶心、呕吐、腹胀及腹痛等。这些症状常出现于短期应用抗生素根除幽门螺杆菌的治疗过程中，从而造成患者对药物的耐受性下降，出现不愿意继续服用或者漏服药物的现象，影响最终的疗效。

除去短期的影响之外，根除幽门螺杆菌所应用的抗生素还可能对患者肠道菌群平衡造成持久的影响。一些研究发现，根除治疗中应用的抗生素能够使患者肠道中的某些耐药菌被选择性地保留下来，如含有克拉霉素和甲硝唑的治疗方案能够增加耐药肠球菌及葡萄球菌，且这种改变可长达数年之久。一旦这些细菌兴风作浪，可用于治疗的抗生素就受到限制。

因此，无论是单次还是多次根除幽门螺杆菌，均有可能对患者正常的肠道菌群产生影响，造成微生态的失衡。尤其是对那些历经反复治疗、具有长期抗生素应用史（如抗结核药物）或免疫功能低下的患者，以及肠道菌群尚未成熟的幼童或不稳定的老年人而言，根除幽门螺杆菌更需要采取谨慎的态度，必要时需要在根除治疗前后或同期应用益生菌，减少可能的不良影响。

（袁杰力　大连医科大学；梅璐　郑州大学附属第五医院）

第三节　微生态失衡与消化系统疾病

1. 肠易激综合征存在肠道微生态失衡吗？

肠易激综合征是一种以腹痛伴排便习惯改变为特征，而无器质性病变的功能性胃肠病。其发病机制涉及遗传、胃肠动力、内脏高敏感性、肠-脑轴、应激等因素，患者常合并肠道微生态失衡、内分泌失调及免疫失衡。此外，精神心理因素也可对肠道菌群产生影响，进而出现肠易激综合征的相关表现。肠易激综合征患者常表现为肠道微生物定植抗力受损，微生物多样性、黏膜相关菌群种类以及菌群比例的改变，大肠杆菌和肠球菌数量增加，拟杆菌、梭杆菌和双歧杆菌比例减少等。

益生菌改善肠易激综合征的主要作用包括：① 调节肠道菌群；② 改善肠黏膜屏障功能；③ 调节肠道免疫功能；④ 降低内脏高敏感性。根据国内外的研究报道，益生菌在治疗肠易激综合征中具有一定作用，总结来说，双歧杆菌、布拉迪酵母、酪酸梭菌具有改善肠易激综合征症状及生活质量的作用，植物乳杆菌可以减轻患者腹痛、腹胀，鼠李糖乳杆菌、植物乳杆菌、复方嗜酸乳杆菌、屎肠球菌可以改善肠易激综合征患者腹痛、腹泻和便秘情况，亦能改变其排便习惯；凝结芽孢杆菌和低聚果糖合剂以及嗜热链球菌、保加利亚乳杆菌可以改善患者腹痛和便秘的症状；长双歧杆菌婴儿亚种不仅可以改善患者腹胀、腹痛症状，还可以起到减轻肠道炎症反应的作用。

2. 炎症性肠病和肠道微生态有什么关系？

炎症性肠病包括溃疡性结肠炎和克罗恩病。目前认为肠道菌群参与炎症性肠病的发生、发展，因为肠道菌群的存在是炎症性肠病发病的必需因素，即所谓"无菌无炎症"。此外，宿主的遗传基因可导致免疫调节异常，影响肠道菌群构成和失衡，失衡的肠道菌群再与宿主之间产生免疫反应，形成恶性循环，从而导致炎症性肠病的发生、发展。在分析炎症性肠病患者的肠道菌群时发现，菌群构成及代谢较正常人群发生了明显变化，主要表现为乳杆菌、双歧杆菌减少，放线菌、变形杆菌、拟杆菌等增多，菌群多样性减少，稳定性降低，尤以克罗恩病患者表现明显；但个体间菌群差异较大，未发现特异性致病菌。

大家不禁会想，到底是肠道微生态失衡引起了炎症性肠病，还是炎症性肠病导致了肠道微生态失衡？这个问题目前仍存在争议。对于前者，有证据表明肠道微生物受宿主基因型影响，导致细菌清除受损，进而加重了炎症反应；对于后者，已有大量临床和实验证据证实，肠道炎症和针对炎症性肠病的药物治疗均会破坏肠道微生态平衡。因此，多数人认为二者共同存在。

3. 调节肠道菌群能起到治疗炎症性肠病的作用吗？

目前通过调节肠道菌群治疗炎症性肠病，已被大家广泛认可。其手段主要包括：① 合理及个体化的饮食干预有助于调整肠道菌群结构，如高纤维素饮食能够促进短链脂肪酸的分泌。通过改变饮食结构调节肠道微生态平衡，能够起到改善肠道炎症的作用。② 益生菌、益生元和合生元有助于重建有益菌群，例如，乳杆菌、双歧杆菌、布拉迪酵母、低聚果糖、菊粉及由益生菌和益生元组成的合生元制剂等，可通过降低肠腔pH、分泌杀菌蛋白、阻止与上皮细胞结合定植来抑制肠道致病菌，通过产生短链脂肪酸、增强黏膜屏障功能等途径，起到改善炎症性肠病的作用。③ 利福昔明等作用于肠道的抗生素主要通过减少有害菌的侵袭力、控制微脓肿的形成来调节肠道微生态平衡并控制肠道炎症，其在肛周脓肿等炎症性肠病并发症的治疗中具有确定疗效。④ 粪菌移植调节肠道微生态是目前比较热门的方法，在治疗炎症性肠病中，开展的临床研究较多，但各研究结果的有效率和不良反应发生率差别较大，原因或许与移植途径、制备方法、菌群类型、治疗剂量和频率、供体来源、受体治疗前药物暴露、疾病类型等因素相关。根据报道，该方法具有一定的临床缓解率。其中炎症性肠病合并艰难梭菌感染患者，该方法临床治愈率较高。目前我国科学家发明的"洗涤菌群移植"，为今后粪菌移植更有效地治疗炎症性肠病提供了新的方法。

4. 在结直肠癌发病中有无像幽门螺杆菌那样的特异性致病菌？

结直肠癌又称为大肠癌，是大肠黏膜上皮的恶性肿瘤，其发生涉及遗传和环境因素。最新研究发现，肠道菌群参与了大肠癌的发生、发展，并和预后密切相关。大肠癌的肠道菌群结构和功能发生明显变化，主要表现为机会性致病菌增多，具有抗炎和产丁酸的细菌比例下降。菌群结构的变化也同时伴随功能的变化。目前已发现多种细菌和结直肠癌的发生、发展及化疗耐药相关，主要包括具核梭杆菌、空肠弯曲菌、脆弱拟杆菌等。但某种特异性细菌与结直肠癌的致病关系仍不明确，是否存在特异性的致病菌仍是目前研究的重点方向，但大量研究结果支持的是，多种细菌代谢失衡导致结直肠癌的发生、发展。

微生态调节制剂在大肠癌预防和治疗中的价值逐步得到认可，研究发现，肠道腺瘤样息肉切除术后服用益生菌可以有效降低腺瘤复发率，此外，服用益生菌可以降低肿瘤患者放化疗的毒副作用，并可以显著抑制肿瘤细胞的增殖。

5. 如何通过调节肠道微生态防治结直肠癌的发生？

微生态调节剂包括益生菌、益生元、合生元。例如，双歧杆菌、乳酸杆菌、酪酸梭菌等益生菌，果聚糖、菊粉、低聚果糖、低聚木糖等益生元，以及以益生菌和益生元有机组合的合生元，其均可以作为有效的调节肠道菌群的手段，并起到防治结直肠癌发生的作用。

但饮食结构、生活习惯也会在很大程度上影响肠道菌群的组成及多样性，改善饮食结构、生活习惯亦是防治结直肠癌最有效手段之一。甚至有学者认为"肠道菌群是不良饮食与肠癌关联的桥梁"，长久以来我们都非常确定高脂肪等不健康饮食能够导致结直肠癌的发生，富含膳食纤维的健康饮食则可能起到相反作用。肠道菌群以我们吃下去的东西为食，饮食结构能直接改变肠道菌群组成，因此，饮食结构可能是通过影响肠道菌群来左右结直肠癌的发生的。研究显示，全麦和富含膳食纤维的健康饮食能够使肠道中的具核梭杆菌的水平降低，结直肠癌风险降低；低纤维的不健康饮食者肠道中的具核梭杆菌的水平明显增加，结直肠癌风险增加。

因此，调节肠道菌群防治结肠癌，应先戒掉不良饮食及生活习惯，以富含膳食纤维的食物为主，并辅以微生态调节剂，才能够起到理想的效果。

6. 为什么服用某些益生菌会导致腹泻？

多数人在服用益生菌时，基本不会有什么副反应的感觉，最多是肚子有些"咕噜咕噜"的声音，产气比平常稍多一点而已。然而，对于一些肠道菌群已经失调的人，在服用益生菌的过程中，特别在补充益生菌的前1～4周，会出现病症加重的现象（如腹痛、多气、腹泻加重、皮肤出痘比之前更厉害等），这是为什么呢？这种现象叫作赫氏消亡反应。

出现该症状是因为在人体消化系统中，益生菌和有害菌正在展开剧烈的斗争。有害菌为了存活会释放比平时更多的毒素，或者通过改变代谢途径生成新毒素来对抗益生菌。而这些毒素在作用于益生菌的同时，也使人体出现了副反应，导致了一系列症状。所以这些副反应不是来自益生菌，而是来自已经占据体内肠道的那些有害菌。有时这些副反应反倒是一个好信号，说明益生菌已发挥作用，有害菌正在消亡。随着坚持服用益生菌，病情就会逐渐好转，益生菌逐渐战胜有害菌，直至身体完全康复。所以，有人形象地说赫氏消亡反应是"治愈疾病过程中黎明前的黑暗"。

目前研究发现，赫氏消亡反应多发生于肠道菌群已经失调的患者。通常服用益生菌产生赫氏消亡反应的时间不会长，大多数人在几天至2周（极个别严重者最长会持续4周）内症状就会消失，从而进入身体康复阶段。

7. 为什么在因便秘、腹泻就诊时，医生会开一些含益生菌的药物？

在我们的肠道中居住着大量的细菌，它们与我们的肠道环境共同构成了肠道微生态系统，人体的细菌90%以上都在胃肠道中定植。这些肠道细菌可以分为有益菌、中间菌和有害菌三大类，当肠道中的有益菌数量占据上风时，有害菌被压制，我们的肠道微生态就处在相对平衡状态，肠道就很健康。相反，当由于各种原因导致肠道内的有益菌的优势不再，有害菌大量繁殖，肠道微生态就会失衡，导致腹泻、便秘等肠道疾病的发生。肠道菌群失衡，可以引起腹泻，也可以引起便秘，那么通过服用含益生菌的药物恢复肠道菌群平衡来治疗便秘、腹泻也是一项正确的选择。

8. 肠道微生态和肝硬化有关系吗？

肝硬化是常见的消化系统疾病，主要病因为病毒性肝炎、酗酒、药物性肝炎、自身免疫性肝病及脂肪肝等。肝硬化进展到失代偿期会产生多种并发症，例如，内毒素血症、自发性细菌性腹膜炎、上消化道大出血、肝性脑病、肝肾综合征、肝癌等，且肝硬化并发症可独立于病因出现并加重。肝硬化患者存在肠道微生态失衡及肠道细菌代谢等改变，通过肠-肝轴，肝硬化并发症的发生、发展与肠道微生态失衡、肠道定植抗力下降、肠道细菌易位等密切有关。肠道微生态失衡可以说是肝病向重型转变的"加速器"。通过分析肝硬化患者肠道菌群发现，其肠道中拟杆菌门的细菌减少，变形杆菌属和梭杆菌属的细菌显著增加，且随着毒性代谢产物及内毒素释放的增多，肝硬化的程度也随之加重。所以，通过调节肠道菌群的组成、阻止细菌易位和阻断相关信号通路等，可能能够阻止或延缓肝硬化及其并发症的形成或恶性转变，为预防和干预肝癌发生提供新的思路和治疗靶点。

9. 肠道微生态失衡和便秘有什么关系？

便秘和肠内微生态有着密切的联系，肠道内菌群既可以诱发便秘，也能借助便秘产生各种危害机体的物质。现代医学研究证实，长期便秘会诱发不同的疾病而导致人体提早老化。粪便长期积存在肠道中，使有害菌大量繁殖，产生的有害物质进入循环代谢，引起机体多个器官的损害。

通过微生态制剂调节肠道菌群，对缓解便秘有着较好的效果。便秘患者服用双歧杆菌或乳杆菌制剂，这些益生菌在体内生长代谢过程中产生多种有机酸，使肠腔pH下降，电势降低，进而调节肠道的正常蠕动，缓解便秘症状。双歧杆菌产生的有机酸还可使肠腔内渗透压增高、水分分泌增加，粪便中水分增多可缓解便秘。大量研究证实，益生元、合生元均有缓解便秘的效果，宜于长期服用，且无依赖性，所以微生态制剂有望给便秘患者带来福音。

（郑鹏远　梅璐　郑州大学附属第五医院）

第四节　微生态失衡与感染性疾病

1. 人体正常微生物群为什么不会使健康人致病？

正常微生物群对人体非但无害，而且是有益和必需的。健康的人体肠道、口腔、鼻咽腔、泌尿生殖道、皮肤等存在许多微生物，其中肠道微生物是人体最大的微生物系统。① 正常微生物群在人体某一特定部位黏附、定植和繁殖，形成一层微生物膜屏障，抑制并排斥外来微生物的入侵和聚集，调整人体与微生物之间的平衡状态。在用抗生素杀灭肠内微生物时，肠道抑制致病菌入侵的能力减弱。② 人体正常微生物群还可以使宿主产生广泛的免疫屏障和保护作用。研究表明，去除微生物的动物存在明显的免疫缺陷。③ 人体常驻微生物在与人体的共同进化过程中，形成相互依赖、相互作用的关系，尤其是肠道微生物中的双歧杆菌等能合成多种人体生长发育必需的维生素、氨基酸，并参与糖类和蛋白质的代谢，同时还能促进铁、镁、锌等矿物元素的吸收。由于肠道微生物为人体提供营养、调控肠道上皮发育和诱导先天性免疫，被誉为人体一个重要的"器官"，破坏肠道微生物就会损害人体健康。综上所述，人体正常微生物群不但不会使健康人致病，而且能提供健康保护，阻止病原微生物引起感染。

2. 微生态失衡与感染有什么关系？

正如前面所介绍的，微生态失衡是微生态平衡由生理性组合转变为病理性组合的状态。这其中不仅包括微生物本身的失调，也包括了微生物与人体、微生物和人体与外环境关系失调的全部内容。微生态失衡时，微生物会发生定位转移，即易位。正常菌群由原定位向周围转移，就是横向转移。例如下消化道菌向上消化道转移，这种情况在肝脏疾病中常常出现。上呼吸道菌转移到下呼吸道，下泌尿道菌转移到肾盂，阴道菌转移到子宫及输卵管，也是常见的横向转移状态。正常菌群在黏膜与皮肤上是分层次的。如果发生了微生态失衡，上层的细菌就可能转移到深层，甚至进入黏膜下层，这样也会引起疾病。细菌从身体内的感染灶（如扁桃体感染、鼻窦感染、龋齿或皮肤感染等）侵入血流，称为血行感染。血行感染可出现在定位转移之前，也可出现在定位转移之后。血行感染可作为易位菌传播的一种途径，而血行感染本身也是一种易位感染。血行感染分为菌血症、败血症与脓毒败血症。自身感染与内源性感染既是微生态失衡的原因，也是微生态失衡的结果。外源性感染则是生态失调，特别是菌群失调的原因。由此可见，保持微生态平衡对于感染的防治具有重要的作用。

3. 腹泻时肠道微生态如何变化？

感染是腹泻发生的主要原因。感染性腹泻属于全球发病率高、流行广泛的感染病，尤其在中国，是发病率最高的肠道传染病。感染性腹泻可表现为急性或慢性过程，均存在排便性状改变、腹痛、水电解质平衡紊乱等症状。引起感染性腹泻的常见病毒有轮状病毒、诺沃克病毒、腺病毒、星状病毒、杯状病毒以及肠道冠状病毒等，引起感染性腹泻的常见细菌有志贺氏菌、沙门氏菌、空肠弯曲杆菌、霍乱弧菌、副溶血性弧菌和致病性大肠杆菌等，此外，结肠纤毛虫、隐孢子虫和弓形体等寄生虫，白色念珠菌、曲霉和毛霉等真菌都是感染性腹泻的病原菌。目前资料显示，在感染性腹泻中，都存在厌氧菌明显减少，总需氧菌增加，双歧杆菌、乳杆菌和拟杆菌等有益菌减少明显，而肠杆菌等机会致病菌增加的现象。因此，在感染性腹泻的治疗中，除了对症的抗病毒和抗菌治疗外，还要适当补充生理性菌群，注意营养支持，减少抗菌药物的副作用，促进微生态平衡和肠道功能的恢复。

4. 呼吸系统结核分枝杆菌感染和人体微生态有关吗？

根据世界卫生组织报告，全球每年发生结核病1000万例，并约有100万人因该病致死，该病是单一病原菌致死最多的传染病。结核分枝杆菌感染可分为原发性和继发性感染。原发性感染是指人体首次感染结核分枝杆菌，多见于儿童与青年人，由于刺激特异性免疫的发生，病原菌被清除，自愈倾向很大，而不进展为临床上的结核病。由于一些患者初感染时的病灶或初感染后早期扩散病灶内残存有结核菌，在宿主抵抗力低下时结核菌再度繁殖而发病，即为内源性复燃，由此引发继发性感染。保持正常的肠道及呼吸道菌群，维持系统免疫和人体对病原体的抵抗力，对抵抗结核分枝杆菌感染具有重要作用。利用广谱抗生素去除小鼠肠道菌群后，结核分枝杆菌的定植率更高，而受到结核分枝杆菌攻击后，其病理学表现更为严重。与此同时，结核分枝杆菌感染早期，肠道微生物群种类和数目减少。另外，结核病患者治愈后是否容易复发，可能也与肠道微生物群有关，而在此之前结核病治疗对肠道微生物群的影响可能是影响结核病复发的因素之一。

5. 肝炎病毒感染及发病与人体微生态有关吗？

目前肝炎病毒主要有甲、乙、丙、丁、戊五种类型，除乙肝病毒为DNA病毒外，其余均为RNA病毒。中国约有7000万例乙肝病毒携带者，数量占全球1/3。此外，中国丙肝患者约有1000万人。因此，病毒性肝病严重威胁着我国人民的健康和社会的发展。在生命早期，肝脏作为前肠的一个芽苞开始发育，成熟后两个器官通过门静脉、胆道和淋巴系统相互关联。肝脏约70%的血液来自门静脉，而肠道静脉血是门静脉血的主要组成。源自肠道的营养物质、毒素、微生物代谢产物等都通过门静脉首先进入肝脏，在清除内毒素、氨、吲哚、酚类、假性神经递质前体等有害物质并精细加工后运送到全身。肝脏还通过分泌胆汁酸等物质或传递各种物质到肠道，调节激素水平和免疫应答反应，来影响肠道及其微生态。肝脏感染肝炎病毒及随后的发病过程中，上述稳定状态被破坏，进而肠道微生态受到破坏，这种损害与肝病的发生、发展形成恶性循环。研究发现，肝病发生、发展过程中，肠道内的乳酸杆菌、双歧杆菌等有益菌减少，而肠杆菌等条件致病菌逐渐增多，可能对患者的健康造成不利的影响。因此，在肝病的防治过程中，除了常规治疗之外，还需要注重患者肠道微生态平衡，以便维护其肠道的正常功能，防治感染，减缓和抑制疾病的进程。

6. 人类免疫缺陷病毒感染与人体微生态有关吗？

人类免疫缺陷病毒（human immunodeficiency virus，HIV），即引起艾滋病（AIDS，获得性免疫缺陷综合征），造成人类免疫系统缺陷的一种病毒。全球艾滋病患者约4000万人，每年约100万人死亡。艾滋病患者的免疫功能会部分或全部丧失，免疫细胞数目减少，继而发生机会性感染、肿瘤等，临床表现多种多样。该病传播速度快，病死率高，且目前无法治愈，引起了各国政府和社会的关注。

HIV感染可导致肠道菌群改变，这与免疫激活和慢性炎症有关。正常肠道菌群对于免疫系统的平衡维持非常关键，肠道免疫的破坏会造成肠道生态失调，而这失调反过来又造成黏膜和外周的慢性炎症，HIV阳性个体一般都表现出肠道生态失调造成的黏膜和外周的慢性炎症。胃肠道是病毒复制的主要场所，HIV感染对肠道黏膜相关淋巴组织产生了深远的、也许是不可逆的损害，从而导致肠道免疫功能紊乱，并导致肠道生态失调。在HIV患者中，包括那些使用抗逆转录病毒药物控制疾病的患者，其肠道菌群与未感染HIV的患者相比有很大不同。最近的研究数据表明，对于这些患者来说，失调可能导致肠道免疫功能的崩溃、全身细菌扩散和炎症的发生。HIV感染相关的微生物特征已被证明可以诱导色氨酸分解代谢、影响丁酸盐合成途径、损害抗肿瘤免疫和影响氧化应激，这些都与癌症的发病机制有关。益生菌和益生元在逆转HIV患者肠道菌群变化方面发挥了很好的作用。

7. 流行性感冒与微生态有关系吗？

流行性感冒（简称流感）是流感病毒引起的传染性强、传播速度快的急性呼吸道感染。流感可分为甲（A）、乙（B）、丙（C）三型，甲型病毒，例如甲型H1N1病毒，经常发生抗原变异，其传染性大，传播迅速，极易发生大范围流行。流感属于自限性疾病，在发生、发展到一定程度后，靠机体调节能够控制病情发展并逐渐痊愈。一般来说，在没有其他严重并发症的情况下，只需对症治疗或不治疗。但在婴幼儿、老年人和存在心肺基础疾病的患者中，容易出现肺炎等严重并发症，进而导致死亡。流感患者，尤其是重症患者的肠道微生态与健康人相比发生了显著的变化，例如，在重症H1N1患者中，一些产丁酸的肠道细菌大规模下降，而链球菌的相对比例大幅度上升。因此，在对重症流感患者进行治疗时，可以考虑利用益生菌维护或纠正患者的肠道微生态失衡，促进患者的康复。一项临床研究显示，口服植物乳杆菌、副干酪乳杆菌12周组的受试者普通病毒性感冒患病率下降了12%，平均病程缩短2天，症状评分降低了11分，尤以咽喉症状改善最为明显。动物试验表明，双歧杆菌可增强流感病毒抗原特异性抗体的产生，对流感病毒的感染具有保护作用。

8. 身体出现感染或者有炎症就要使用抗生素吗？

炎症就是平时人们所说的"发炎"，是机体对刺激的一种防御反应，可以是感染引起的，也可以是非感染性的。感染也不一定有炎症，如果机体存在抗体或者在给予抗炎药物的情况下，感染可能不诱发炎症。因此，炎症不能作为感染的直接证据，更不能作为应用抗生素的证据。人体感染的病原可能是细菌，也可能是真菌或病毒等。病毒引起的感染，例如流感、轮状病毒引起的腹泻、手足口病等都不能用抗生素治疗。《抗菌药物临床应用指导原则》中指出：根据患者的症状、体征及血、尿常规等实验室检查结果，初步诊断为细菌性感染者以及经病原检查确诊为细菌性感染者方有指征应用抗菌药物；由真菌、结核分枝杆菌、非结核分枝杆菌、支原体、衣原体、螺旋体、立克次体及部分原虫等病原微生物所致的感染亦有指征应用抗菌药物。缺乏细菌及上述病原微生物感染的证据，诊断不能成立者，以及病毒性感染者，均无指征应用抗菌药物。同时，应根据病原种类及病原菌对抗菌药物敏感或耐药，以及药物的抗菌作用特点等选择用药。在临床上滥用抗生素是相当有风险的，有可能产生细菌耐药，而且还有可能杀死正常细菌，危害健康。

9. 抗感染过程中抗生素对微生态有影响吗？

抗生素在杀灭病原微生物的同时，往往会杀灭部分人体常驻菌群，使得人体尤其是肠道中微生物的种类和数量发生变化，甚至偏离正常结构和功能，发生微生态失衡。不仅如此，抗生素能降低机体对外源菌定植的抵抗力，也就是说长期大量应用抗生素能摧毁人体所拥有的正常菌群屏障，尤其是具有很强的生理作用的厌氧菌，使那些原来被正常菌群屏障所抑制的内源性条件致病菌或外源性致病菌得以大量的繁殖，造成感染。例如，抗生素的大量应用破坏了肠道微生态平衡，导致肠道菌群失调，从而引起腹泻、肠炎、伪膜性结肠炎等疾病。另外，在抗生素的作用下，通过选择和变异，不但可能引起目标病原菌产生耐药性，而且有可能促进正常微生物群对抗生素耐药性增加。一项研究表明，病人每天服用25mg四环素，就可以观察到细菌耐药性的显著增加。在肠道菌中，耐药性传递是相当频繁的，一种菌可有一种或多种耐药性。由于抗生素的滥用，近年来已经出现多种超级细菌（泛指临床上出现的耐受多种抗生素的细菌）。抗生素杀灭了敏感的正常菌群成员，耐药性成员取而代之，导致菌群失调，扰乱微生态平衡，从而引起易位，并引起感染。这是抗生素使用的弊端之一。不同种类和不同剂量的抗生素引起的菌群失衡的程度是不同的。

10. 既然抗生素可能破坏人体微生态，那么是否要坚决杜绝使用抗生素或减少相应的用量或疗程？

由于使用抗生素会不同程度地破坏人体微生态，那么要杜绝使用抗生素或者减少指导原则上的用量和疗程吗？抗生素是人类20世纪最伟大的发现之一，使人类的整体寿命提高了至少10年。细菌或真菌感染需要使用相应的抗生素治疗，以免造成感染持续加重，以致危及生命。因此，在符合抗生素应用的条件时，必须按照医生的指导和临床检验结果，严格应用抗生素。在治疗感染时，医生一般都会开一个疗程的抗生素，但有时候患者用了两三天后就感觉症状减轻了，自行停用抗生素，或者有些患者减少了药量。在没有临床检验证明感染已经消除前，这些做法都是错误的。一方面，这会导致治疗效果变差。若病菌没有被完全杀灭，很可能出现病情反复发作。另一方面，由于细菌在不断繁殖过程中会产生基因变异，有可能导致耐药。因此，对于抗生素既不能回避使用，也不能多用或少用，而应该用得恰到好处。

（吕龙贤　浙江大学医学院附属第一医院）

第五节　微生态失衡与代谢性疾病

1. 肥胖和肠道微生态失衡有什么关系？

在人的一生中，肠道平均要处理65吨食物和饮料，相当于处理了12头大象，而且人体99%的营养物质都由肠道吸收。在人体肠道微生态系统中，已知细菌种类有1000余种，这些细菌参与了人体的营养代谢、免疫等多种生理活动，和人体的健康息息相关。研究显示，肠道菌群参与了营养物质的吸收、能量调节和脂肪储存。肠道菌群失衡是肥胖人群的主要特征，同时也是发病原因之一，二者互为因果。

导致肥胖的肠道菌群分为两大类：第一类肠道菌群是"热心肠"，能够帮助人体多吸收能量。此类菌群引起的肥胖，称为"吸收型肥胖"。第二类肠道菌群是"捣蛋鬼"，能引起炎症，导致内分泌紊乱。此类菌群引起的肥胖，称为"炎症型肥胖"。通过肥胖人群与正常人群的肠道菌群比较研究发现，肥胖人群拟杆菌（易瘦菌落）的数量较少，而厚壁菌（易胖菌落）的数量较多。

针对吸收型肥胖者而言，吃得少也不一定瘦，这取决于有多少能量被身体吸收。决定吸收多少的关键在于——肠道菌群。如果从食物中吸收很多热量，一顿饭吃出三顿饭的效果，想不胖都难！对于炎症型肥胖者来说，其主要表现为肠道菌群失调，使肠漏（leaky gut）反应加重，增加了有害菌驻入的可能性。有害菌分泌大量内毒素，引起肠道细胞凋亡、肠黏膜破损，有害菌或毒素有机会侵入身体的血液循环中，继而引发全身性的炎症，进一步加重肥胖。

2. 补充益生菌可以减肥吗？

既然摄入的饮食，不仅为机体提供能量，还饲养着10倍于体细胞的细菌，那么发胖，当然也不仅仅是一个人的问题，想要减肥，更不能忽略肠道菌群的影响。研究发现肥胖人群通常具有较高的F/B值（厚壁菌门与拟杆菌门细菌的比值），随着体重下降，F/B值也随之下降，厚壁菌门的细菌与肠道内其他共生细菌相互作用，最终能够影响人的肥胖程度。

那么仅口服益生菌等微生态制剂是否可以起到减肥的作用呢？答案是不一定的。首先，益生菌的功效取决于具体的菌株，有的菌株可以减肥，有的菌株可以增肥，如果吃错了，可能起到相反的作用，因此，建议在临床医师指导下使用益生菌制剂。其次，调整饮食结构，多摄入富含膳食纤维、益生元的食物，因为，这些食物才是有益菌的"能量源泉"，能使其在肠道内更好地定植，并起到减肥的作用。最后，健康的生活方式，适量的运动，都能够促进肠道内环境向着利于有益菌生存的环境改变，促进肠道微生态系统的健康。此外，目前研究还使用过粪菌移植的方法来治疗肥胖，并取得了一定的疗效。但总的来说，减肥是一个系统工程，肠道微生态只是其中一个重要的环节，不可单纯地夸大某一种因素的作用。但相信通过不断研究，在不久的将来，靶向肠道菌群治疗肥胖将会是改善肥胖的有效途径。

3. 正常肠道菌群对血脂代谢有什么影响？

血脂是血液中所含脂质的总称，主要包含胆固醇、甘油三酯（即中性脂肪）、磷脂、脂肪酸等。高脂血症是指血脂水平过高，并因此引起的一系列代谢性疾病，如心脑血管疾病、胰腺炎、脂肪肝、胆结石等。那么，血脂与肠道微生态之间，又有什么关系呢？

肠道正常菌群可帮助降低血脂含量，其降低血脂主要有以下三种途径：

（1）胆固醇是体内血脂水平的重要指标。一部分正常肠道菌群可以产生胆固醇氧化酶，胆固醇在其作用下生成胆固烯酮，进而被降解成粪固醇和胆固烷醇，随粪便排出体外。

（2）肠道正常菌群在发酵碳水化合物，获取自身养料的同时，其主要产物短链脂肪酸可通过抑制肝脏脂肪合成酶的活性及调节胆固醇在血与肝脏中的重分布发挥调脂作用，从而使血清三酰甘油和胆固醇水平显著降低。

（3）一些肠道正常菌群（如双歧杆菌、乳酸杆菌和肠球菌）能产生结合胆汁酸水解酶，此酶可把结合胆汁酸转变成游离胆汁酸，从而影响胆汁酸的肠肝循环，促使肝脏利用胆固醇合成的胆汁酸增加，从而使得血液中的胆固醇更多地被转化，实现了降低血胆固醇的目的。而双歧杆菌、乳杆菌和肠球菌数量的减少可以削弱血中胆固醇被转化利用的强度，使血脂升高。

总的来说，补充益生菌、益生元、合生元等微生态调节剂，有助于机体脂质代谢的平衡，并起到预防脂代谢紊乱的作用。

4. 高脂饮食与高脂血症对肠道微生态又有什么影响？

自然环境与社会环境的变化时时刻刻影响着人类的发展，肠道环境与肠道菌群也一样。研究发现高脂饮食会导致肠道微生态失衡，患有高脂血症的人群肠道微生态普遍失衡。

饮食中脂类成分增多会产生两大后果：一方面，肠道内正常菌群可获得的养料（以膳食纤维为主）来源减少，这可能是肠道菌群失衡、厌氧菌数量下降的主要原因之一；另一方面，长期高脂饮食使得脂类代谢过程中产生的副产物（如次级胆酸、硫化氢等）损害肠黏膜屏障，导致黏膜慢性炎症，破坏肠道正常菌群赖以生存的微环境，并使致病菌等增殖，进一步释放内毒素（LPS）等有害物质，加重机体全身慢反应炎症，导致代谢紊乱加重。

患有高脂血症时，肠道微生物赖以生存的环境发生了改变，其理化性质及物质结构的改变，影响了双歧杆菌、乳杆菌和肠球菌等肠道正常菌群的新陈代谢及生长繁殖，使其数量明显减少，而肠杆菌数量则相对增多，从而加重肠道菌群失衡。因此，长期高脂饮食可使肠道微生态系统发生长期而持续的改变。

综上所述，肠道微生态长期失衡会导致血脂代谢异常，反过来，高脂血症亦会进一步加剧肠道微生态失衡，并因此恶性循环，由此，高血脂的防治离不开调节肠道菌群这一重要环节。

5. 高尿酸血症、痛风和肠道微生态失衡有什么关系？

当机体嘌呤代谢异常，尿酸产生过多或尿酸排泄减少时，可以导致血中尿酸水平升高，继而引发高尿酸血症。在此基础上，长期的嘌呤、尿酸代谢紊乱，可进一步导致尿酸盐结晶沉积在关节滑膜、滑囊、软骨及其他组织中，引起反复发作的炎性疾病，即痛风。

众所周知，尿酸是嘌呤代谢的终产物。健康人群的尿酸排出方式主要有两种，70%通过肾脏排出，30%通过肠道排出。人体肠道菌群参与嘌呤和尿酸的代谢。例如，负责嘌呤氧化代谢的关键酶黄嘌呤脱氢酶能够由肠道中的大肠杆菌分泌产生，乳杆菌属和假单胞菌属的细菌能够合成与尿酸分解代谢有关的一些酶。此外，肠道中的一些细菌还能够分泌尿酸转运蛋白，在尿酸代谢中发挥作用。当肠道菌群失调时，可导致嘌呤、尿酸代谢障碍。

通过对痛风患者的研究发现：一方面，其体内的丁酸合成大大降低。丁酸是肠道的直接供能物质，可促进肠黏膜的生长和修复，增强肠道免疫功能，促进有益菌、抑制致病菌的生长。另一方面，肠道有益菌代谢产生的黄嘌呤脱氢酶可降低痛风患者体内的嘌呤含量，尿囊素酶可以降低痛风患者排泄的尿酸的量。因此，肠道菌群失衡导致痛风发病，可能是因为黄嘌呤脱氢酶和有益菌的相对缺乏，导致尿酸代谢出现障碍，血中尿酸增加。

6. 补充益生菌是否可以治疗高尿酸血症和痛风？

肠道微生态系统参与机体嘌呤和尿酸代谢，已被大量研究证实。高嘌呤饮食可导致肠道微生态失衡，继而加重嘌呤和尿酸代谢异常，使尿酸水平升高，并引起痛风的发生、发展。既然肠道微生态系统是嘌呤、尿酸代谢的重要环节，那么通过补充益生菌就可以起到预防或改善高尿酸血症及痛风的作用。

益生菌到底如何降低高尿酸呢？

（1）益生菌可以调节肠道排泄尿酸的能力。肠道排泄尿酸的能力主要依靠肠道表面的尿酸转运体（ABCG2/BCRP）发挥作用，它可以把体内过多的尿酸排泄至肠道外，而肠道内益生菌正是保证转运蛋白发挥正常功能的关键因素。

（2）促进尿酸的分解。益生菌富含大量的尿酸水解酶，能够快速分解肠道内的尿酸。大连医科大学微生态教研室还筛选出了具有降嘌呤作用的益生菌，通过体外实验及动物实验证实，降嘌呤益生菌可以通过核苷酸水解酶发挥作用，改善高尿酸血症。

（3）减少尿酸合成。黄嘌呤氧化酶参与尿酸合成，肠道微生态失衡时，革兰氏阴性细菌大量增殖，产生内毒素，并释放炎症因子，继而引发一系列全身慢性炎性反应，这使得黄嘌呤氧化酶的活性增强，导致尿酸不断在机体内累积，最终发生高尿酸血症和痛风。因此，调节肠道微生态平衡，促进肠道有益菌增殖，抑制有害菌及慢性炎症，就可起到减少尿酸生成的作用。

（4）维持肠道内环境稳态。益生菌能够促进肠道蠕动，提高胃肠道动力，有效缓解便秘症状，对肠道中酸性物质的排泄发挥重要作用。

（5）调节机体免疫功能。痛风发作属于人体异常的免疫应答，而肠道是人体最大的免疫器官，益生菌可以调节肠道内的免疫活性物质的表达，从而起到增强人体免疫力，改善痛风的作用。

7. 肠道微生态失衡和代谢相关脂肪性肝病有什么关系？

代谢相关脂肪性肝病（metabolic associated fatty liver disease，MAFLD）是指肝活检组织学或者影像学甚至血液生物标志物检查提示脂肪肝，同时合并有超重/肥胖、2型糖尿病或代谢功能障碍等中任何一项条件的一类肝病，是非酒精性脂肪肝病的新名称。

MAFLD患者常伴有肥胖、胰岛素抵抗、代谢综合征等，但并不是所有的肥胖患者都可以发展为MAFLD，肠道因素在MAFLD的致病机制中发挥了很大作用。当肠道微生态失衡时，大量的革兰氏阴性菌在肠道内增殖并产生内毒素，导致患者发生代谢紊乱、肥胖、糖尿病、MAFLD以及相关性肝炎，甚至肝硬化。

"肠–肝轴"及"二次打击学说"等相关学说的提出，使人们对MAFLD等多种肝病又有了新的认识。第一次打击是指胰岛素抵抗引起脂质在肝脏中的堆积，而氧化应激以及脂质过氧化作用可能进一步引发肝脏的二次打击，而且越来越多的肠道因素在其中发挥重要作用。一系列研究表明，多种肝脏疾病都存在肠道菌群结构紊乱、肠道微生态失衡以及肠源性内毒素升高的现象，此外，将肥胖患者的肠内菌群移植给健康小鼠，发现小鼠出现胰岛素抵抗和脂代谢紊乱的现象。因此，在推动MAFLD二次打击的过程中，肠道因素是其重要环节。

由于肠道菌群和肥胖、胰岛素抵抗、MAFLD密切相关，使得通过调节肠道菌群防治MAFLD成为可能，现在大量研究也证实，MAFLD需从"肠"计议。

8. 肠道微生态失衡和糖尿病有什么关系？

糖尿病是以高血糖为特征的代谢性疾病，分为1型糖尿病和2型糖尿病，前者主要表现为胰岛素绝对缺乏，后者主要表现为胰岛素抵抗，胰岛素相对不足。随着人们生活习惯及方式的改变，糖尿病发病率日益增高，据统计数据显示，我国的糖尿病患病率已居世界首位，甚至许多人都到了"谈糖色变"的地步。人体微生态失衡和糖尿病的发病有着密切关系。

研究发现，无菌大鼠通过高脂饮食喂养无法诱导出肥胖和胰岛素抵抗等代谢紊乱；不过一旦在其肠道内接种了一种拟杆菌属的"坏细菌"后，再给予同样的高脂饮食，大鼠很快就出现了肥胖、胰岛素抵抗、血糖和尿糖升高的表现。这说明，在一定程度上，糖尿病（尤其是2型糖尿病）的发生、发展过程中，基因易感性只是一粒种子，而肠道菌群紊乱（坏细菌的参与）则是催化糖尿病"坏种子"发芽的因素之一。

在对1型糖尿病患者肠道菌群的研究中发现，患者肠道微生物组成受遗传因素的影响，而且也受免疫反应的影响，而通过靶向作用肠道微生物有助于预防1型糖尿病的发生。

2型糖尿病患者大部分是由于长期的高热量饮食，引起肠道微生态失衡、肠黏膜屏障功能障碍，继而诱发机体全身慢反应炎症、胰岛素抵抗，最终导致糖尿病的发生。通过研究证实，摄入多样化的膳食纤维，靶向作用肠道菌群，使肠道内特定的有益"生态功能菌群"增多，可促进胰岛素分泌和提高胰岛素敏感性，进而改善2型糖尿病。此外，调节肠道菌群还可以通过增加肠黏膜屏障功能，促进外周组织对糖的利用，增强糖代谢相关的神经活性等途径起到改善糖尿病的作用。因此，糖尿病的系统治疗离不开调节肠道微生态这一重要环节。

9. 肠道微生态失衡与心血管疾病有什么关系？

心血管疾病是由遗传因素、环境因素及二者共同作用的一系列疾病的统称，目前，很多证据表明肠道微生态在心血管疾病发病过程中发挥重要作用。肠道微生态失衡导致菌群结构紊乱，进一步加重机体代谢紊乱，从而诱导冠心病、高血压、心力衰竭等心血管疾病的发生、发展。其主要原因包括：

（1）肠道菌群参与调解体内胆固醇代谢、尿酸代谢、氧化应激及炎症反应等，诱导动脉粥样硬化和冠心病的发生、发展。

（2）肠道菌群亦参与体内胆碱代谢过程。我们平时饮食中的鸡蛋、动物肝脏、牛肉和猪肉中均富含胆碱，胆碱在肠道中经细菌代谢转化为三甲胺，并可经门脉循环进入肝脏，被黄素单加氧酶氧化生成氧化三甲胺，氧化三甲胺与动脉粥样硬化的发生关系密切。动脉粥样硬化是中老年人心血管病的发病基础，这类患者肠道中益生菌的数量减少，有害菌代谢产生大量的三甲胺，增加心脑血管疾病的发病风险。

（3）肠道微生态紊乱产生大量内毒素（LPS）及炎症因子。肠道微生态紊乱时产生的内毒素与心肌组织上的受体结合后可减弱心肌收缩力，诱导炎症反应和结构损伤；LPS可诱导TNF-α生成，后者与患者近期、远期生存率相关；LPS还可以通过促进儿茶酚胺的释放来影响肠道血流，兴奋已经激活的交感神经，进一步加重心力衰竭，使之进入恶性循环。

目前，通过膳食调节和抗生素、益生元、益生菌、合生元应用及基础疾病治疗等方式调节肠道微生态已成为心血管疾病的研究热点。研究提出胆碱结构类似物（3，3-二甲基-丁醇）可阻断胆碱代谢途径，减少三甲胺和氧化三甲胺产生，起到防治心血管疾病的作用。另外，粪菌移植在治疗代谢性疾病中也起到了一定作用。相信通过不断的研究，调节肠道微生态治疗心脑血管疾病将会成为新的途径。

（梅璐　郑州大学附属第五医院）

第六节　微生态失衡与呼吸系统疾病

1. 什么是呼吸道微生态学？

人类的呼吸道定植着特有的微生物群落，它们与人体之间始终处于动态平衡中。这些微生物不但对维持人体健康具有重要作用，而且与多种上呼吸道疾病的发生、发展有密切关系。呼吸道微生态学是研究呼吸道微生物之间及其与人体之间的相互作用、与人体疾病和健康关系的微生态学分支。呼吸道微生态系统和肠道、口腔、皮肤、泌尿生殖道微生态系统一样都是人体生理系统重要的微生态子系统。

2. 什么是肠–肺轴？

与健康人群相比，患慢性呼吸系统疾病的人群中大多数都伴有胃肠道功能紊乱，且超过一半的炎症性肠病患者伴有严重的呼吸道症状。胃肠道、呼吸道疾病的相互联系表明呼吸道黏膜与肠道黏膜之间具有一定的关联性，这即为肠–肺轴；因此，肠道的免疫健康对肺部健康会产生一定的影响。肠道和呼吸道微生物群在慢性呼吸系统疾病（慢性阻塞性肺疾病、哮喘等）中均会发生显著变化，二者在肠–肺轴中起关键作用。在疾病状态下，由于肠道和呼吸道微生态环境的改变，会产生相应的微生物组分变化。例如，在吸烟者的粪便和慢性阻塞性肺病患者的支气管肺泡灌洗液中可发现大量变形菌门的细菌。肠道微生物群通过调控肺部微生物的免疫应答对呼吸系统疾病的发生产生一定影响。肺对肠道微生物也有作用，肠–肺轴是肺部与肠道的双向连接。肺部发生疾病时，肠道微生物也会产生影响。有研究发现，呼吸道流感病毒感染会直接引起呼吸道和肠黏膜的免疫损伤并改变肠道微生物。

3. 呼吸道微生物群有何特征？

呼吸道分为上呼吸道和下呼吸道，主要功能是进行氧和二氧化碳的交换。成年人气道的表面积约为70m²，比皮肤表面积大40倍，整个表面都有特定细菌定植，其中上呼吸道的细菌丰度最高。呼吸道微生态是梯度变化的，肺部的菌群与上呼吸道的相似性很低，且多样性和丰度也随着距离口咽部距离的升高而逐渐降低。从上呼吸道开始，鼻孔以厚壁菌门的细菌和放线菌为主；口咽部以厚壁菌门、变形菌门和拟杆菌属为主；肺部则以拟杆菌属、厚壁菌门和变形菌门为主。其中鼻腔微生物群与皮肤的微生物群更接近，对肺部微生态贡献很小。

4. 肠道菌群如何影响呼吸系统免疫和健康？

肠道菌群与人体免疫系统相互作用，影响疾病的发展。最新的证据表明，肠道菌群在胃肠道及其他远端黏膜部位（如肺）的免疫适应和启动中起着关键作用。在对健康人群与患病人群的胃肠道和呼吸道中的微生物种类和丰度及其与肠-肺轴的相互作用的研究中发现，慢性呼吸系统疾病患者常有肠道菌群和肺部菌群的改变，肠道菌群通过肠-肺轴影响呼吸系统免疫及呼吸系统慢性疾病，肺部菌群的改变导致肺部疾病的同时亦会通过血流引起肠道菌群的变化。近年来，随着高通量测序及生物信息技术的发展，肠道菌群和肺部菌群微生态失衡对呼吸道疾病影响的研究也越来越被重视。人类呼吸道微生物与宿主始终处于动态平衡状态，为维护人体的呼吸道健康发挥重要的作用，这种平衡状态也与多种呼吸系统疾病的发生、发展有密切关系。因此，未来对这些微生物的基因进行全面测序及对其生理功能进行深入解析，可为呼吸系统疾病的预防和治疗带来全新的思路和方法。

5. 疾病状态下呼吸道微生态有何变化？

以往认为呼吸道感染仅仅是由致病菌造成的，随着医学技术的进步，尤其是利用非培养方法检测菌群技术的发展，现在认为呼吸道微生态与呼吸道健康状况密切相关。在急性或慢性肺疾病中，呼吸道微生物的生态因素均会发生显著变化，因此，在疾病状态下，肺微生物群将会发生很大的变化。研究者通过对支气管肺泡灌洗液、气管刷及痰中微生物分析发现，在慢性呼吸系统疾病状态下的呼吸道微生物与健康状态下的明显不同：肺微生物群落的丰度（物种数）明显增加；除拟杆菌门外，肺中其他微生物群的组成也发生改变（拟杆菌门在健康人群肺微生物组占主导地位）；肺微生物群中，变形菌门丰度显著增加，该细菌门包含常见的革兰氏阴性呼吸道病原菌，如嗜血杆菌属、假单胞菌、肺炎克雷伯菌。此外，肺微生物群的基线差异与慢性肺疾病的主要临床特征有关，会引起一系列临床病理改变：如，支气管扩张症发作频率增加，特发性肺纤维化死亡率增加，糖皮质激素反应性增加等。

6. 影响呼吸道微生态的因素有哪些？

呼吸道微生态受生命早期接触、遗传、宿主易感性、疾病等因素的影响，并通过对机体代谢、细胞增殖、炎症和免疫系统的作用，影响人体健康和疾病的发展及转归。影响呼吸道微生态结构的原因有很多，其中起决定作用的是微生物进入和被清除出气道（例如咳嗽或免疫防御）的速度，这对于解释健康的肺在中毒及精神状态改变的情况下，由于咳嗽减少而导致的肺炎有很大意义。除此之外，微生物的繁殖能力、肺部微环境（如温度、氧气张力、pH、营养密度、局部解剖结构和宿主防御能力）、微生物的早期定植以及年龄都对肺部的菌群结构有很大影响。

7. 婴幼儿期喘息的反复发作与肠道菌群有何种联系？

喘息样支气管炎是婴幼儿时期呼吸系统常见疾病，近年来发病率有逐年增高的趋势。流行病学调查显示，喘息性疾病患儿中50%～70%可反复发作，30%可发展为哮喘。喘息样支气管炎患儿肠道菌群的变化与免疫失衡间存在相关性，表现在肠道菌群B/E值与外周血单个核细胞Treg百分数和血浆TGF-β1水平呈直线正相关，表明喘息样支气管炎患儿肠道有益菌下降诱导机体免疫耐受失败，肠道有益菌对于免疫细胞起到了"调整"和"塑造"作用。因此，喘息样支气管炎的发作是建立在肠道菌群失衡和免疫耐受缺陷的基础之上的，同时也说明过敏性疾病儿童肠道菌群失衡是导致喘息样支气管炎的前期病理基础。喘息样支气管炎发病早期即存在肠道菌群紊乱；有益菌诱导免疫耐受失败，并且免疫耐受被打破贯穿整个疾病的病理过程。

8. PM$_{2.5}$暴露会导致呼吸道微生态失衡，引起呼吸系统损伤吗？

人类呼吸道定植着特有的微生物群落，呼吸道微生态是维持呼吸道健康的关键。呼吸道菌群能够抵抗呼吸道致病菌的定植，在维护呼吸道生理和维持免疫稳态中发挥作用。细菌或病毒感染、接触过敏原、污染空气暴露等都可引起气道炎症，从而改变呼吸道微环境；呼吸道微生物群的紊乱又会引发进一步的气道炎症。动物实验发现，大气污染物暴露可造成大鼠口咽部致病菌增加，气管及肺泡上皮的渐进性损伤且损伤随着污染物浓度增加而加重，大气污染物引起的呼吸道疾病与呼吸道菌群失衡有关。重度污染（雾霾）发生时，大气污染可导致环境微生物分布发生变化，亦可导致呼吸道口咽部微生态变化，并且伴有明显的炎症反应发生。

9. 肺癌和微生态失衡有关系吗？

研究者对肺癌患者肺组织微生态的研究显示：健康肺组织与肺癌组织微生态有显著差异，两组检出的细菌数量及种类也存在差异；鳞癌与腺癌的肺微生态有明显的差异。研究发现，细菌可以通过宿主产生的活性氧和氮化物直接或间接损伤DNA。当DNA损伤超过宿主细胞的修复能力时，细胞就会死亡或发生基因突变。肺炎支原体是常见的呼吸道病原体，可调节宿主细胞的凋亡和生长。目前已经发现三种肺炎支原体损伤宿主DNA的机制。

10. 肺纤维化和微生态失衡有关系吗？

肺纤维化是一种不可逆的肺部损伤疾病，最终可导致弥漫性间质性肺纤维化及肺功能的丧失，死亡率高达50%～70%。大量的动物和临床研究均证实，细菌感染是引起急性肺损伤纤维化的重要原因，可引起气道上皮细胞的损伤和凋亡，影响宿主对损伤的反应能力。在肺纤维化病人中，通过对细菌DNA高变区进行二代测序发现，患病组的细菌丰度是对照组的两倍，且嗜血杆菌、假单胞菌、链球菌、葡萄球菌、奈瑟菌和韦荣球菌的丰度显著上升，结果显示这些菌群可潜在推动疾病的发展。肺部微生态失衡是肺纤维化的一个致病因素。

11. 慢性阻塞性肺疾病和微生态失衡有什么关系?

慢性阻塞性肺疾病(COPD)主要表现为持续的气道炎症,小气道闭塞和肺泡破坏导致的肺功能受损。常见的定植细菌有流感嗜血杆菌、卡他莫拉菌和肺炎链球菌。由于细菌菌群在菌株和菌种方面通常会发生变化,因此认为定植细菌是动态变化的,且急性的细菌或病毒感染通常被认为是COPD 恶化的触发器。临床数据显示,在急性COPD恶化期间用抗生素治疗7～10天可以降低治疗失败和院内死亡的风险,说明细菌感染是导致COPD突然恶化的重要原因之一。

12. 支气管哮喘和微生态失衡有什么关系?

支气管哮喘是一种由多因素引发的疾病,主要特征是气道炎症升高,平滑肌增生和气道高反应性。传统观点认为室内的尘螨、蟑螂、老鼠、宠物以及室外的树木、草、花粉等过敏原都是导致儿童哮喘的危险因素。然而,最近从流行病学、临床资料以及小鼠模型中获得的研究数据均显示微生物在哮喘发病的过程中具有关键作用。诱发支气管哮喘的因素很多,目前认为主要与免疫、环境、宿主遗传等因素相关。近年研究发现,支气管哮喘的诱发与早期微生物暴露相关,若支气管哮喘患者幼年生活在丰富的微生物环境中,可使其支气管哮喘诱发风险降低,且认为在这一过程中先天免疫起到至关重要的作用。呼吸道微生态还可以从多个方面影响哮喘的发展以及转归。

13. 中医理论"肺与大肠相表里"与呼吸道微生态有什么关系?

许多慢性肺部疾病都会表现肠道疾病的症状。肺与肠存在的这种紧密的联系,中医对其早有论述,即"肺与大肠相表里"。"肺与大肠相表里"作为中医的特色理论,体现中医体系的整体观念。该理论也是中医脏腑表里学说的重要理论之一,它首载于《黄帝内经·灵枢·本输》:肺合大肠,大肠者,传道之腑。大肠是谷物消化停留的场所,谷物消磨成浊物,在肺气肃降作用下排出体外。肺与大肠有互为表里、相互为用的关系。呼吸与肠道组织的同源性为肺、肠微生态失衡的联系提供了病理结构基础。该理论可用于指导临床治疗呼吸系统疾病。肠道是人体微生物最密集的区域之一，而下呼吸道是人体定植菌最少的区域之一，但其菌群组成与肠道相似。共同黏膜免疫反应是指在一个黏膜部位接收抗原提呈细胞刺激后，淋巴细胞可以迁移至其他黏膜部位，从而影响较远的免疫反应。所以肠道菌群的微生态可以从局部影响全身的免疫反应，从而影响肺黏膜。患有肺囊性纤维化的儿童的肠道和呼吸道微生物群在出生后同时发育，随着时间推进，两个区域的微生物群种的变化相似，进一步表明了肠道微生物和肺部微生物关系密切。二者存在着类似于肠-肝轴、肠-脑轴之间的联系枢纽，现代学者将其称为肠-肺轴。肠-肺轴的理念和"肺与大肠相表里"的中医理论具有一致性。"肺与大肠相表里"的中医理论从脏腑、经络等方面，强调了呼吸系统和消化系统在生理及病理上的相互影响。

（袁杰力　大连医科大学）

第七节　微生态失衡与女性生殖系统疾病

1. 你知道每个女性的阴道都是一个小"江湖"吗？

正所谓"有人在的地方就有江湖"，而女性的阴道内因含有大量各种各样的微生物种群，同样也形成了一个小小的微生态"江湖"。如同武侠小说中的江湖一样，阴道里的各类菌也会"拉帮结派"，土著帮派主要包括乳杆菌、加德纳菌、大肠杆菌、消化链球菌、支原体及假丝酵母等。它们主要落户于阴道四周的侧壁黏膜褶皱中，其次在穹窿部，部分在宫颈。这些微生物在阴道内生长繁殖，免不了"打打杀杀"，此时"根正苗红"的乳杆菌（益生菌）作为主力菌，通过产生乳酸、过氧化氢（H_2O_2）和一些酶等，维持阴道正常酸性环境（阴道正常pH为3.8～4.5），从而抑制其他寄生菌的过度生长，维持阴道的微生态平衡，成为众菌不得不服的"正义大菌"。然而，乳杆菌的兴盛还受雌激素的影响，雌激素使阴道上皮增生变厚，细胞内的含糖量增加，也为乳杆菌提供制作乳酸的原料。随着雌激素的消退，阴道中的乳杆菌也相应减少。总之，在这个小"江湖"里，宿主和菌群之间、菌群与菌群之间相互制约、相互依赖，保持着动态平衡，当这一平衡被打破时，阴道炎等麻烦随之而来。

2. 传说中的洗洗是否会更健康？

既然"江湖"这么乱，是不是有病没病都应该多洗洗，由于此处结构复杂（前有尿道，后有肛门），具有多项功能（如性生活、分娩等），清洗还是有必要的，但是要注意的是如何清洗。普通的日常清洁用清水足矣，但是要注意清洗顺序，顺序不当易受污染，建议从前向后轻轻清洗即可。有些女性独宠市面上芳香四溢的各种洗液，为了解决外阴瘙痒及异味，经常灌洗阴道，殊不知过度冲洗可能导致洗后一时爽，平时一直痒。因为维持阴道微生态平衡的益生菌在过度冲洗中也被冲掉了，此时阴道那些平时不敢"惹事"的条件致病菌（加德纳菌、假丝酵母等）在一定条件下（频繁性生活、糖尿病、长期使用抗生素等）下发作，大量繁殖，释放毒素，诱发阴道炎。所以，当出现不适症状时，请到医院向医生求助。

3. 医生为什么建议阴道炎患者使用益生菌？

有些女性可能不理解为啥已患阴道炎，阴道中已有大量细菌，医生还要开菌剂？前已提到维持阴道微生态平衡的重要益生菌是乳杆菌，当它们处于劣势时，易患阴道炎。所以对于阴道炎的治疗主要为三步：一抗菌（抗生素驱逐致病病原体），二修复（修复受损的阴道黏膜），三恢复（请外援益生菌恢复阴道微生态，其实就是缺啥补啥）。看似不重要的第三步，却在治疗效果中起决定性作用。同土著益生菌一样，外援益生菌（目前大多是乳杆菌阴道胶囊）主要通过维持阴道酸性环境及产生多种抑菌物质杀灭多种病原微生物，同时形成阴道黏膜的"保护伞"，阻止病原微生物的入侵；大量定植于阴道中的外援乳杆菌再次成为微生态中的优势菌，制约其他菌群。所以，对于阴道炎的治疗，益生菌的使用必不可少。

4. 阴道微生态失衡会导致不孕吗?

你可能知道内分泌失调、子宫内膜异位症、输卵管堵塞会造成女性不孕症,却想不到阴道微生态失衡也可能是女性不孕的一个重要因素。阴道微生态失衡后,致病微生物借机顺着阴道上行造成宫颈炎及盆腔炎,其中最常见的致病微生物是支原体、沙眼衣原体、假丝酵母和淋球菌等。常见的解脲支原体可导致慢性宫颈炎,限制精子活动的同时对其进行"坑杀",即便精子侥幸存活也是质量堪忧。这些致病微生物入侵子宫内膜后会造成子宫内膜微生态失衡,导致慢性子宫内膜炎。这让本来肥沃的子宫内膜"土壤"变成了一块贫瘠的"盐碱地",出现受精卵反复种植失败及反复流产的可能。长期的慢性炎症亦会导致输卵管积水,通而不畅,阻塞,甚至导致异位妊娠等。由此可见,女性不孕症与阴道微生态失衡有一定的相关性,阴道微生态调节剂在改善阴道微生态的情况下,为受孕提供了绿色健康的环境。

5. 孕期阴道微生态失衡会让你遇到哪些后果?

大多数孕妇可能听说过流产、早产、胎膜早破这些不良妊娠结局,却不知道阴道微生态失衡在其中有煽风点火的作用。妊娠期女性体内雌激素的升高,使阴道上皮细胞内糖原不断增加和堆积,在促进乳杆菌增殖的同时,也为支原体和假丝酵母等条件致病菌提供营养。妊娠期阴道前庭腺体和阴道分泌物增加,有些孕妇因为分泌物增多,依赖使用护垫,助长了细菌的生长和繁殖,有些孕妇为了缓解不适症状,过度自行冲洗阴道及外阴,减少了乳杆菌的存在,打破了阴道微生态的平衡,此时那些得以增殖的条件致病菌及其他致病源(B族链球菌、加德纳菌、滴虫等)开始泛滥。对阴道炎治疗的不及时以及孕期免疫力低下可能使这些致病菌有机会上行感染宫腔,释放毒素及各种酶,导致流产、早产、胎膜早破、绒毛膜羊膜炎、死胎、新生儿感染等不良结局。研究表明,使用阴道微生态调节剂(乳杆菌胶囊)对调节孕晚期细菌性阴道病患者的阴道微生态有一定帮助,同时对改善胎膜早破、早产、产褥感染、子宫内膜炎等妊娠结局有一定的积极作用。所以在药物治疗阴道炎的同时调节阴道微生态失衡或许会减少相关不良妊娠结局的发生，保障母婴的安全。

6. 绝经后就不再需要关注阴道微生态了吗？

绝经后的女性是否就可以与阴道炎绝缘了？并非如此！相反，绝经后人群往往更煎熬。在她们看来，绝经后性生活少，再加上自己多年的自我护理经验，怎么会得阴道炎呢？当出现阴道炎时，导致不少丈夫成为"背锅侠"，造成家庭关系不和谐。绝经后为什么会患阴道炎呢？前面曾提到雌激素对阴道内乳杆菌有重要影响，乳杆菌是抵御致病菌的主力，是维持阴道微生态平衡的关键。所谓"基础不牢，地动山摇"，由于绝经后女性体内雌激素水平不断下降，造成阴道黏膜萎缩，阴道上皮细胞内糖原减少，失去了营养来源的阴道乳杆菌，数量自然就减少了，阴道内微生态失衡。此时，其他定植菌群数量趁势增加，其中致病性微生物的增加导致阴道炎的发生，于是出现外阴灼热不适、瘙痒、淡黄色分泌物增加等症状。目前补充雌激素、抗生素抑菌是治疗的主要方法，然而抗生素虽能抑菌，也容易带来耐药性，加重菌群失衡，造成老年性阴道炎复发。有研究表明，阴道微生态调节剂（乳杆菌胶囊）联合雌激素治疗老年阴道炎具有良好的效果及安全性，在抑制致病菌的同时还能有效维持阴道内正常微生态，降低复发率。所以，关注绝经后阴道微生态，有助于拥有健康的老年生活。

7. 你知道阴道微生态与宫颈病变的复杂关系吗？

你可能听说过高危型HPV病毒可以导致宫颈病变，但可能不知道阴道微生态与它们之间的复杂关系。研究表明，阴道微生态失衡与高危型HPV感染和宫颈病变密切相关，微生态失衡后，致病菌肆意破坏生殖道黏膜组织，从而给HPV病毒提供可乘之机；HPV感染可能通过改变宿主的免疫功能，导致阴道菌群结构变化，进而打破微生态平衡，造成阴道炎发生，其中合并细菌性阴道病比较常见。宫颈病变的患者往往存在明显的阴道微生态失衡，宫颈病变程度越重，微生态失衡情况也越重。有研究显示，宫颈癌治疗后的患者存在一定比例的阴道微生态失衡，而同步放化疗更易导致阴道微生态失衡。使用阴道微生态调节剂（乳杆菌胶囊）重建失衡的阴道微生态，可以减少细菌性阴道病的发生，维护阴道微生态平衡，从而有效地降低高危型HPV的感染，同时改善宫颈癌患者的生活质量。

8. 优秀的益生菌，是否多多益善？

益生菌如此优秀，是不是应该多多使用，有备无患呢？答案当然是否定的，不能像平时囤货一样多多使用益生菌，要知道益生菌（乳杆菌）也有"反叛"的时候。有研究表明当乳杆菌过度生长时，会打破阴道微生态平衡，阴道上皮内的糖原分解加快，大量乳酸和H_2O_2产生，使阴道上皮细胞溶解，过量的乳酸使得阴道内环境过酸，刺激机体产生外阴瘙痒、阴道灼烧感、性交疼痛、排尿时外阴不适等症状。这就是细胞溶解性阴道病，该病的症状与假丝酵母阴道病相似，于是有些患者以为假丝酵母阴道病复发，开始自行医治，只是往往治疗效果不佳，反复发作。所以，益生菌虽好，切勿滥用，有症状时应及时就诊，谨遵医嘱，适当使用。

9. 口服益生菌能改善阴道微生态吗？

酸奶中有益生菌，多喝酸奶是否能改善阴道微生态？我们在此提到的益生菌大多是药用益生菌制剂，并非来自酸奶。酸奶中的益生菌虽然也有乳杆菌，但成分含量是不能与益生菌制剂相比的，而且没有经过特殊加工的益生菌经过胃液的作用，已所剩无几。即便是肠溶益生菌制剂，经过复杂肠道菌群的影响和同化，其最终也几乎不能影响阴道微生态。阴道给药不受胃肠吸收的影响，并且有如下特点：减少用药剂量、局部使用传递效率更高、比口服药物的日用频率更低。所以临床上用来调节阴道微生态的益生菌制剂的常规使用方式是阴道给药。希望大家认清益生菌的使用说明，珍爱阴道。

（邓燕杰　大连市妇产医院）

第八节 微生态失衡与老年疾病

1. 老年人群肠道菌群有变化吗？

肠道菌群是我们人体后期建立的一个重要的"生理器官"，它与我们的年龄、饮食、运动习惯、感染、手术、应激等关系非常密切。研究发现，随着年龄的增长肠道菌群结构会发生变化，拟杆菌门细菌不断减少，厚壁菌门细菌显著增加，其中双歧杆菌、乳杆菌等有益细菌显著减少，而产内毒素的细菌（如肠杆菌科细菌）等有害菌显著增加，菌群整体结构上显示出一种菌群失衡的改变。正是这种改变，导致人体的衰老和众多疾病的发生，譬如炎性反应性疾病、代谢性疾病、肿瘤、自身免疫性疾病。但是，我们也不必过于紧张这种因为年龄增长所带来的菌群改变，这是人体肠道菌群的一种正常的生理性演替，我们可以通过改变生活习惯，如规律作息、增加运动、平衡膳食结构、适当摄入益生菌等方法调节肠道菌群，维持肠道微生态的平衡，纠正个体微生态系统的失衡，增强机体免疫，抵抗各种疾病，最终达到延年益寿的目的。

2. 长寿老人肠道菌群是不是更健康？

随着老龄化社会的到来，越来越多的高龄老人甚至百岁老人出现在我们的身边，这些老人不仅高龄，而且活动自如，非常健康，让我们不禁感叹随着科技的发展，长生不老可能不再是一个梦想。长寿与许多因素有关，包括遗传、饮食、社会和环境等。最早被国际自然医学会认定的世界五大长寿之乡的新疆南疆和广西巴马均位于我国，这些长寿之乡均是环境优美、山清水秀、空气清新的山区。但近年来研究发现，肠道菌群被认为是长寿的一个可能的决定因素。通过最新的研究技术发现，健康的衰老状态与肠道菌群密切相关，长寿老人肠道菌群多样性更高，提示身体更加健康。在长寿老人肠道菌群中，梭菌XIVa、瘤胃菌科细菌和阿克莫氏菌等的相对丰度均较高，这些细菌可作为无创性的长寿信号来看待，换而言之，如果老年人肠道中这些细菌明显增多，则可以有效预测该老人可能会更加长寿。尽管年龄增长是不可逆转的，但高纤维饮食、不间断劳作、心情舒畅等可帮助老年人建立新的结构平衡的肠道菌群结构，可能有益于长寿老人的健康。

3. 老年人骨骼肌量减少是否与肠道菌群改变有关？

老年人骨骼肌量减少是一种常见的老年衰老肌肉表型的标志。人类衰老与骨骼肌质量和功能的减少密切相关，老年人骨骼肌量减少可导致独立性下降及生活质量降低，引起跌倒、骨折、虚弱甚至死亡。近年来研究发现，人体胃肠道中存在的微生态系统如细菌、真菌、病毒和古细菌的改变，可能是与年龄相关的肌肉衰退的潜在因素。研究发现，老年骨骼肌量减少患者肠道菌群显著失衡，肠道黏膜屏障功能被打破，肠道通透性增加，菌群分析发现，肠杆菌科细菌的量是非骨骼肌减少老年人的7倍，这些增加的肠杆菌科细菌可以产生大量的内毒素和其他微生物产物（例如，吲哚酚硫酸盐），这些微生物产物可穿过破损的肠道黏膜屏障进入血液，一旦进入循环，这些微生物产物就会触发促炎性信号传导，可能是促进骨骼肌萎缩并伴随有害成分变化的关键因素。此外，老年肠道菌群可影响维生素的合成，维生素B_{12}的缺乏是骨骼肌量减少的一个促进因素。除了维生素B_{12}，肠道菌群可影响维生素D的吸收。老年肠道菌群还可以通过增强肌酸降解，导致肌酸含量减少。因此，有研究通过添加益生菌（如乳杆菌活菌制剂）或合生元（如菊粉和低聚果糖等）修复老年人肠道菌群，进而可显著改善骨骼肌量减少。

4. 老年人慢性便秘如何调节？

老年人慢性便秘是一种常见的老年综合征，患病率随着年龄的增长而不断升高，在60岁以上的老年人群中便秘的发生率高达22%，女性比男性更容易便秘。长期便秘，不但患者非常痛苦，而且对人体危害很大，已成为诱发心肌梗死、卒中、慢性结直肠癌的重要因素。另外，患者多合并焦虑、抑郁、睡眠障碍等精神心理问题。排除器质性病变以外，多数老年人是功能性便秘，主要与脏器功能退化，结肠神经细胞、肠壁的起搏细胞数量随年龄增加而减少，神经元退行性改变，结肠蠕动减慢等有关。此外，老年人膳食纤维和水分摄入不足、活动量下降，合并其他慢性基础疾病均与慢性便秘的发生有一定关联。近年来研究发现，便秘患者常伴随肠黏膜菌群拟杆菌属丰富度增加，乳酸杆菌及双歧杆菌含量减少，这种菌群变化通过改变短链脂肪酸和5-羟色胺引起胃肠动力障碍，因此肠道菌群在老年人慢性便秘中扮演着重要角色。治疗慢性便秘除生活方式调整，使用泻药、润滑性药物、促分泌药物之外，微生态制剂也是常用的治疗药物。微生态制剂如双歧杆菌活菌制剂，能发酵低聚寡糖等益生元，产生醋酸和乳酸等生理酸性物质，促进肠道蠕动，促使粪便排出体外，进而缓解便秘。目前，通过益生菌、益生元或合生元调节肠道菌群，进而实现老年人群慢性便秘的治疗，已得到医学界的广泛认可。

5. 老年人免疫力低下是否与肠道菌群有关？

老年人常常出现精神不振、容易生病、失眠和肠胃不适等症状，这是免疫力低下的表现。免疫力是人体自身的防御机制，是人体识别和消灭外来侵入的任何异物（病毒、细菌等），处理衰老、损伤、死亡、变性的自身细胞，以及识别和处理体内突变细胞和病毒感染细胞的能力，是人体识别和排除"异己"的生理反应。免疫力低下的身体易于被感染，也较容易生病。免疫力高低主要受机体免疫器官的调控。肠道不仅仅是人体最大且最重要的吸收和排毒器官，还是人体最大的免疫器官，负责70%以上的免疫调节能力，是人体免疫系统的最前线，而在肠道里兢兢业业工作的就是肠道菌群。可以说，免疫力的高低是由肠道菌群决定的。是否会生病的关键，也可以说取决于肠道菌群。肠道菌群随着人体年龄的增长而发生显著的变化，老年人群肠道菌群中双歧杆菌数量明显减少，需氧的肠杆菌、肠球菌数量明显增加。肠道定植抗力下降，肠黏膜免疫功能降低，与双歧杆菌的减少呈显著正相关关系，这也是老年人免疫力差些的缘由。因此，通过膳食调控肠道菌群，可有效改善老年人群的免疫力，帮助预防多种老年慢性疾病。

6. 老年人皮肤老化是否与皮肤菌群失衡有关？

皮肤是人体最大的器官，是机体和环境接触的主要保护屏障。人体皮肤上遍布着细菌、真菌、噬菌体等"微生物居民"。1000多个不同种类，总计1000多亿个微生物构成了复杂的皮肤微生态。一方面，人体皮肤微生态伴随人的一生，与婴儿期初始免疫系统的形成、个体发育、疾病发生、衰老等息息相关。另一方面，人体皮肤微生物群的分布随所在部位不同存在差异，同时也受每个个体的基因型、免疫系统、成长过程、生活方式以及气候、季节、周围环境、地理位置等因素的共同影响，形成每个人独特的"生物指纹"。人体皮肤微生态与人体为共发育、共代谢、互调控的关系。皮肤微生物群落组成和动态分布与皮肤表面组织细胞乃至宿主健康免疫状态之间存在着整体平衡，这种动态平衡一旦被打破，可能会对人体健康产生影响。

皮肤微生态主要由细菌和真菌组成，其中最主要的两大优势菌为表皮葡萄球菌和丙酸杆菌，这二者也是很多皮肤生理活动的物质基础。随着年龄的增加，老年人皮肤菌群中某些细菌不正常增加、减少甚至消失，会导致一些皮肤问题，如皮肤抵抗力降低，容易发生感染和发炎；皮肤异常敏感，反复长痘；皮肤屏障作用降低，易出现干燥、紧绷、发痒的现象；水油失衡，致使多种皮肤疾病的发生等。湿疹与金黄色葡萄球菌相关，含抑制该菌的药膏有不错的临床效果；痤疮丙酸杆菌的某些菌株可产生引发皮肤炎症的卟啉，或可能成为治疗痤疮的靶点；特定表皮葡萄球菌可生成$6-N-$羟氨基嘌呤，或能抗皮肤癌。通过口服益生菌或者使用皮肤微生态制剂可显著改善菌群失衡，有效治疗老年皮肤疾病，有些益生菌可以显著降低淀粉样蛋白积累形成的老年斑。

7. 老年危重症是否与肠道菌群失衡有关？

我国已逐步进入老年化社会。衰老导致老年人群身体各个器官组织机能均发生不同程度的衰退，因而在老年患者身上往往表现出多种疾病并存和病情复杂的特点。老年危重症患者早期临床特征不典型，病情进展迅速，给患者带来巨大威胁。此外，患者免疫功能低下，营养状况不佳，多器官功能障碍发生风险高，临床规范化诊治难度较大，对药物反应性较差，因此临床上治疗老年危重症患者时效果欠佳，早期有效预防对老年危重患者的救治具有十分重要的意义。老年危重症患者应早期进行临床营养支持治疗，有针对性地采取个性化方案，加强基础护理和心理护理，说服老年患者接受规范化治疗，避免感染和多器官功能障碍的发生，这对老年危重症患者的救治至关重要。研究发现，老年危重症患者肠道微生态特征是共生菌群破坏和潜在的致病菌过度生长，导致对院内感染的高度易感性。益生菌可保护肠道屏障，减少病原菌过度生长，减少细菌易位和内源性感染，改善患者免疫功能，有效预防多器官功能障碍。临床常用的相关制剂是酪酸梭菌活菌制剂，双歧杆菌三联活菌制剂，双歧杆菌、乳杆菌、嗜热链球菌三联活菌片等。

8. 粪菌移植是否适用于老年人艰难梭菌感染的治疗？

粪菌移植是将健康人粪便中的功能菌群移植到患者肠道内，重建新的肠道菌群，实现肠道及肠道外疾病的治疗。粪菌移植最早文字记载要追溯到我国东晋时期葛洪的医学著作《肘后备急方》中，目前粪菌移植已用于艰难梭菌感染等多种菌群相关性疾病的治疗和探索性研究，并被认为是近年来的突破性医学进展。艰难梭菌相关性腹泻占抗菌药物相关性腹泻的30%，老年人群，尤其是老年危重症人群，在长期服用抗生素后，容易诱发艰难梭菌相关性假膜性小肠结肠炎，治疗难度较大，复发率极高。艰难梭菌相关性腹泻患者肠道菌群中产丁酸的细菌显著减少，产乳酸的细菌显著增多，这就提示这部分患者出现了显著的肠道菌群失衡。国内外已经进行了多项评估益生菌防治老年人群艰难梭菌相关腹泻有效性的研究，结果显示益生菌（如酪酸梭菌活菌制剂等）在预防和治疗方面均有疗效。而对于复发性艰难梭菌感染，欧洲及美国、中国专家推荐粪菌移植治疗。老年人群免疫抑制状态并非粪菌移植治疗艰难梭菌感染的禁忌证。单次粪菌移植治疗艰难梭菌感染失败的危险因素包括：年龄超过65岁、病情严重或合并严重并发症、接受粪菌移植时的住院状态及既往艰难梭菌感染相关的住院次数。粪菌移植途径包括：经鼻空肠管、空肠造瘘管或回/结肠造口端、结肠途径肠道深部植管等。

（凌宗欣　浙江大学医学院附属第一医院）

第九节　微生态失衡与儿科疾病

1. 孩子的肠道菌群是怎么来的？

孩子与细菌的接触，早在羊水里就开始了。孩子肠道中的第一批"不速之客"，通常是羊水中来自母亲的细菌。这些细菌对胎儿成长有什么作用，科学家们还不是很明确，但随着研究越来越多、越来越深入，我们将知道它们的确切功能。不过，需要注意的是，羊水中如果存在某些"坏"物质，对胎儿的健康会有不好的影响。比如，羊水中存在的支原体和脲原体（注意，它们不是细菌），与新生儿的坏死性小肠结肠炎等发病相关。

新生儿出生的过程中，还有一部分新的细菌会迁居到他们的体表和体内，这主要是母亲阴道和肠道里的菌群，以及皮肤菌群，再有就是混迹在医院里的各种微生物。随着时间的推移，婴儿体内菌群的多样性会因饮食和环境的影响而逐渐增加。

2. 母亲怀孕时菌群会有变化吗？这会影响宝宝的菌群吗？

怀孕期间，孕妇的肠道菌群已经开始影响胎儿的发育，而在孩子出生时和出生后，母亲的菌群也会通过与婴儿朝夕相处而直接或间接地影响到他们。因此，了解孕妇肠道菌群的变化，保持健康的肠道菌群对母亲和婴儿都非常重要。

有实验在妊娠的早期、中期和晚期分别采集孕妇粪便，分析妊娠不同时期粪便中细菌的组成，借以了解孕妇肠道菌群的变化。结果发现，孕妇肠道菌群的多样性随孕周的增加逐渐减少，其中对健康有益的细菌随着孕周的增加逐渐减少，与疾病有关的细菌则逐渐增多。一方面，这些变化导致孕妇代谢状况的改变，促进身体储存更多的能量，为胎儿生长创造条件。另一方面，孕妇肠道的炎性反应会随着怀孕的进程逐渐增加。有两个和代谢最相关的改变就是身体脂肪增加以致体重增加和机体对胰岛素敏感性降低，导致糖尿病样变化。故此，肥胖和糖尿病成为常见的妊娠综合征。这些研究亦显示孕妇的身体通过与微生物群体协作，并把肠道细菌作为一种调节身体代谢的工具来帮助孕妇获取更多的能量以支持胎儿的发育。

孕妇总会被劝：你不吃，肚子里的孩子也得吃啊；为了孩子，多少吃点；等等。但是，为了保证生一个健康的孩子，孕妇首先需要保证拥有健康的肠道菌群，应该尽可能地维护肠道的健康，不要让肠道微生态在整个孕期的不同阶段发生太多的改变。

如果因为疾病的原因，在怀孕期间甚至怀孕前必须使用抗生素，就应该在饮食上做出调节，必要时还需要服用益生菌和益生元，帮助肠道尽可能重建健康的肠道菌群，把抗生素的副作用降到最低。

维生素D对保持一个健康的肠道菌群结构也非常重要。维生素D可以保护肠黏膜，防止肠漏，防止有害物质进入血液。怀孕期间孕妇应该检查维生素D的水平，并注意补充维生素D。维生素D不仅对孕妇很重要，对孩子建立健康的肠道菌群也很重要。

3. 孕妇的各种疾病对婴儿的肠道微生态有哪些影响？

围产期孕妇肠道菌群紊乱会引起婴儿肠道菌群失调，出生后婴儿易发生腹泻、便秘、消化吸收不良等消化道症状。例如，孕妇孕期增重过多，出现超重、肥胖或妊娠期糖尿病的症状，就可能破坏婴儿肠道菌群的稳定状态，而且这些因素的影响可能会持续至成年。例如，研究表明患有妊娠期糖尿病的孕妇不但自身的肠道菌群发生改变，子代的肠道菌群也受其影响发生相应的变化，进而影响孩子的生长发育，并在成年后发展成肥胖或糖尿病的概率增加。值得关注的是，妊娠期糖尿病的产妇，其母乳微生物和母乳成分（如母乳聚糖）也与健康产妇存在明显差异，而这些差异也直接影响孩子的肠道菌群，进而影响孩子的免疫应答水平和免疫耐受的形成，这也与一些过敏性疾病的发生密切相关。因此，孕妇一定要调理好自身肠道环境，为孩子的健康打好基础。

美国一个研究团队的最新研究发现，母亲怀孕期间的饮食习惯可能会对婴儿肠道菌群组成产生影响，这种影响因分娩方式差异而有所不同。这项研究成果可能会对孕妇及哺乳期妇女的健康饮食起到指导作用。研究人员对美国东北部新罕布什尔州145名婴儿的粪便样本进行了分析。他们在97名顺产婴儿的肠道中发现了3种不同组成的菌群，其中1型群落含有大量双歧杆菌，2型群落有大量链球菌和梭菌，3型群落含有丰富的拟杆菌。另外48名剖宫产婴儿的肠道中也发现了3种不同组成的菌群，但剖宫产婴儿的肠道菌群组成不同于顺产婴儿，例如，剖宫产婴儿的3型群落中肠杆菌含量较高。研究人员发现，母亲孕期每天多吃一份水果，顺产婴儿肠道菌群是2型的概率会提高2.73倍；每天多摄入一份乳制品，剖宫产婴儿肠道菌群是2型的概率会提高2.36倍。如果孕妇食用较多水果，顺产婴儿肠道内的双歧杆菌含量就会上升；如果食用红肉和加工肉制品较多，剖宫产婴儿肠道内的双歧杆菌含量则会下降。

此外，在精神层面，研究发现孕妇产前压力水平与婴儿出生后肠道菌群之间也存在密切关系，产前压力水平和皮质醇水平分别或者同时都比较高的情况下，婴儿肠道菌群会存在异常。母亲产前压力水平和皮质醇水平较高的婴儿，其肠道中含有更多的变形菌门细菌（主要是致病性的沙雷菌、大肠杆菌和其他肠杆菌），而乳酸菌（如乳杆菌、乳球菌、气球菌）和双歧杆菌较少。我们都知道乳酸菌和双歧杆菌都是益生菌，这意味着这些孩子肠道中有益菌的数量少，致病菌数量多，也预示他们炎症的水平会更高。这些异常的细菌定植模式还与母亲报告的婴儿较高的消化道和过敏发病率相关。这项研究结果表明母亲在怀孕时的压力会影响婴儿的发育和健康，其可能机制是因为婴儿的肠道微生物受到影响。如果在母亲怀孕期间，或者婴儿出生之后给予益生菌补充，可能有助于减少母亲孕期情绪对婴儿的不良影响，有利于这些婴儿的发育，减少他们的胃肠道疾病和过敏症状的发生。

4. 怀孕期间或哺乳期母亲使用益生菌对孩子有好处吗？

孕妇肠道菌群菌种和含量的平衡，对于维护孕妇体内正常的新陈代谢至关重要。由于体内激素的影响，很多孕妇在孕期内常会发生便秘，补充益生菌可以促进肠道蠕动，帮助孕妇缓解便秘症状。另外，怀孕和哺乳是女性两个特殊的时期，如果这时生病，很容易陷入无药可用的窘境，因此，在这两个时期补充益生菌，可以提高抵抗力，减少生病的概率。

孕妇补充益生菌有如下好处：

① 降低婴儿出生后患湿疹和过敏的概率；② 婴儿出生时可通过产道和母乳获得有益菌；③ 缓解孕妇怀孕期间肠胃不适以及便秘症状；④ 提高孕妇免疫力，防止感冒发烧；⑤ 婴儿出生后免疫力更好；⑥ 降低出生后黄疸发生率。

5. 哺乳期吃益生菌有什么好处？

因为生命开始之后的1000天（三岁前）是婴幼儿构建微生态的关键时期，母乳喂养的婴儿从母亲那儿得到足够的益生菌，可以帮助他建立最初的健康微生态。另外，部分孕妇在生产时出现会阴撕裂或进行侧切、剖宫产，产后都需要休养很长一段时间，长时间卧床休养以及伤口的疼痛，都会影响到产妇的排便，导致其肠道内废弃物堆积，出现便秘的现象，此时继续补充益生菌，有利于调解肠道菌群，促进肠道蠕动，从而缓解便秘。此外，有研究显示，在怀孕晚期及哺乳期口服双歧杆菌可降低母乳中一些炎症因子的水平，这些因子水平的降低与母乳喂养婴儿的低敏感性有关，也就是说这些婴儿发生湿疹和其他过敏性疾病的概率会降低。

6. 从出生一直到断奶，孩子的身体菌群变化是怎样的？

孩子出生时的肠道微生物的数量和种类均较少，处于几乎无菌状态，在出生2小时内，大肠杆菌、葡萄球菌等需氧菌进入肠道，这些微生物帮助营造了肠道内的厌氧环境并为后来的"殖民者"提供了营养因子；出生1~2天，双歧杆菌、乳杆菌等厌氧和兼性厌氧菌进入，双歧杆菌、乳杆菌产生醋酸和乳酸等物质抑制需氧菌生长，达到以厌氧菌为主的平衡状态。这一宿主从出生时的几乎无菌到其体表、体内正常微生物群达到第一次高峰的阶段被称为初级演替。

随着时间的推移，孩子体内的肠道菌群多样性随时间而上升，多样性越高，可能代表孩子的肠道越健康。

在母乳喂养时期，婴儿的肠道菌群以厚壁菌门的细菌为主，其中有很多乳酸菌，所以此时没有必要给孩子补充乳酸菌。对于剖宫产出生的婴儿来说，母乳喂养超过4个月和少于4个月其肠道菌群差异显著。

在断奶后，随着摄入的食物与成年人的越来越类似，孩子的肠道菌群种类及多样性也与成年人的越来越像，菌群可能能证明你和孩子是一家人哦。

另外，疾病会暂时改变孩子肠道菌群的组成和多样性；抗生素对肠道细菌的影响很大，正常微生物群可能在抗生素或其他因素的影响下被全部或部分排除，因此出现的微生态系或微群落的重建过程被称为次级演替。次级演替过程比想象的要漫长，且不能完全恢复之前的菌群结构。因此千万不要滥用抗生素，特别是孩子生病的时候，一定不要盲目使用抗生素，需听专业医生的指导建议。

7. 顺产和剖宫产婴儿肠道菌群有什么区别？有办法调节吗？

很多研究发现剖宫产婴儿患肥胖症、哮喘或其他疾病的风险比顺产婴儿要高些，同时剖宫产和顺产婴儿皮肤、肠道及其他地方的微生物群也有差异，这可能与孩子体内菌群的差异有关系。顺产和剖宫产婴儿肠道菌群的主要区别如图2-1所示：

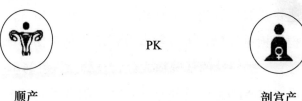

顺产   PK   剖宫产

顺产：

◎婴儿体内第一批肠道微生物与母亲肠道微生物
更相关，益生菌（乳酸杆菌、双歧杆菌等）随顺
产过程附着在婴儿身上；

◎益生菌更早出现在婴儿体内，成为主要菌群，
延迟中性菌及有害菌的出现时间。

剖宫产：

◎婴儿体内第一批肠道微生物与母亲皮肤表面微
生物相关，中性菌（棒状杆菌、葡萄球菌等）
随剖宫产过程附着在婴儿身上；

◎中性菌更早期出现在婴儿体内，成为主要菌群，
延迟益生菌的出现时间。

图2-1　顺产和剖宫产婴儿肠道菌群的主要区别

虽然说剖宫产母亲可以省很多事，但科学家们相信，剖宫产会给婴儿带来一些和肠道菌群相关的影响：顺产婴儿能从母亲的阴道、肛门附近得到极其重要的"出生第一菌"，这对肠道菌群的建立至关重要。剖宫产婴儿只能从空气和母亲皮肤表面获得出生后的第一批细菌，这可能是婴儿肠道菌群失调的主要原因之一。

因此，在欧美国家许多剖宫产的新生儿身上都会涂抹母亲的阴道分泌物，以模拟顺产儿的出生环境，增加其肠道益生菌含量和多样性，这种方法称为"微生物浴"。但是这种方法能否给孩子带来长久的益处，如能否降低过敏性疾病的发生率，仍需深入和广泛的长期研究。

8. 母乳喂养对孩子肠道微生态有哪些益处？

新生儿肠道益生菌的定植和健康菌群结构的建立显著影响其生长发育。婴幼儿的肠道菌群是在出生后伴随着婴儿发育成长而逐渐建成的。这一过程首要支持来自母亲，包括分娩时婴儿接触到的阴道微生物、出生后喂养的母乳。母乳是塑造婴儿健康肠道菌群结构的营养支撑。研究发现，母乳喂养婴儿肠道菌群构成相对简单，形成以双歧杆菌为优势菌的肠道菌群，其原因在于母乳中含有一类特殊的低聚糖成分，被称为人乳寡糖（human milk oligosaccharides，HMO），这些寡糖在其他哺乳动物的乳汁中含量非常少，而在人乳中种类多（200多种）且含量丰富。HMO是肠道微生物，特别是婴儿双歧杆菌赖以生存的营养物质，有着抵御肠道病原微生物感染、维持肠道微生态平衡的双重作用，有利于婴幼儿生长发育。

9. 母乳中有微生物吗？对孩子有什么样的影响？

对母乳组成成分的研究是了解新生儿如何建立免疫系统和预防成长过程中的疾病的关键部分。最初认为，除非受到感染，否则母乳中不含细菌。但最新研究表明，母乳中含有数以百万计的微生物（包括细菌、病毒和真菌）。

在母亲分娩前，微生物已经开始从母亲转移到子宫内的胎儿身上；婴儿出生后，每天有数百万微生物通过母乳转移到婴儿肠道中。这个转移很重要，因为母乳中的微生物在婴儿肠道中发挥重要作用：① 保护婴儿免受疾病和成长过程中的某些急性感染（包括耳部感染、脑膜炎、尿路感染、哮喘、1型糖尿病和肥胖等）的侵扰，减少感染的发生率和严重程度；② 通过增加黏液分泌改善肠屏障功能；③ 建立和训练免疫系统，区分好菌和坏菌；④ 产生抗炎物质来保持肠道活力；⑤ 消耗能量，决定婴儿脂肪存储量，并分解糖和蛋白质。

母乳的细菌组成受到一系列因素的影响，包括母亲的分娩方式、饮食、运动和生活环境、地理位置等。

分娩方式对母乳微生物有影响，但是这些影响在不同的国家有差异。之前认为，分娩过程中释放的激素可以影响母乳的细菌群落，剖宫产不会释放分娩激素，因此不会引起母乳细菌群落的变化。孕期良好的饮食习惯和规律运动也至关重要。饮食差异对母乳微生物群有显著影响。

增加母乳喂养率可以减少产妇和新生儿死亡率。对母乳微生物组成及其在婴幼儿健康中核心作用的研究，可以获得更多关于母乳中细菌的信息来改善婴儿健康。无论是医护人员还是孕妇及其家人都需要了解相关知识，以更好地实现母乳喂养。

10. 母亲的分泌型或血型会影响孩子的肠道菌群吗？

（1）分泌型与非分泌型母亲的母乳成分不同，对孩子肠道菌群的影响也不一样。

母乳中含有多种生物活性因子，包括HMO和形成婴儿肠道微生物群的微生物。研究发现HMO的类型和含量由母亲的分泌类型决定。分泌型母亲的母乳中主要的HMO为2′-岩藻糖基乳糖（2′-FL）和乳糖-N-岩藻五碳六糖Ⅰ，而非分泌型母亲的主要HMO是乳糖-N-岩藻五肽（LNFP）Ⅱ和乳糖-N-二岩藻五碳六糖Ⅱ。

母乳菌群的构成和数量亦有不同。非分泌型母亲的母乳中乳酸杆菌、肠球菌和链球菌的含量低于分泌型母亲。双歧杆菌属和种在非分泌型母亲的母乳中不太常见。尽管在多样性和丰富度上没有差异，但非分泌型母亲的母乳中的放线菌属较少，肠杆菌科、乳杆菌科和葡萄球菌属的相对丰度较高。

因此，与非分泌型母亲相比，分泌型母亲喂养的婴儿体内双歧杆菌定植更早、丰度更高，且长双歧杆菌的相对丰度非常高。相反，在非分泌型母亲喂养的婴儿中，短双歧杆菌较丰富。长双歧杆菌中的长双歧杆菌婴儿亚种在婴儿体内的定植非常有利于其健康成长。

（2）母亲的Lewis血型对其母乳成分和婴儿肠道菌群可能有影响。

研究表明，母亲的Lewis血型对其母乳成分有一定影响，但其程度没有分泌型与非分泌型的影响大。Le（a$^+$b$^-$）母亲的母乳中，乳糖-N-四糖（LNT）和LNFP Ⅱ占比超过55%，Le（a$^-$b$^+$）母亲的母乳中则以LNT、2′-FL、LNFP Ⅰ和双岩藻糖基乳糖为主（>60%），而Le（a$^-$b$^-$）母亲的母乳中，80%的低聚糖由LNT、2′-FL和LNFP Ⅰ构成。这些差异可能对新生儿的肠道菌群产生一定影响。

（3）ABO血型可能与肠道菌群差异无关。

在一项以1503人为样本的研究中，英国科学家发现ABO血型对这些人的肠道菌群无显著影响，无论是整体的群落结构、微生物多样性，还是一些特定菌群的相对丰度均无明显差异，据此推测可能不同ABO血型母亲的母乳HMO和母乳菌群差异较小，但因相关研究较少，仍需深入探讨。

11. 婴幼儿肠道菌群有哪些特点？

新生儿出生以后即暴露于产道和有菌的环境中，皮肤以及与外界相通的腔道（消化道、呼吸道、泌尿生殖道等）很快被种类繁多的细菌所定植，其中肠道是细菌定植的主要场所，此后到2～3岁是婴幼儿肠道菌群建立和形成的关键时期，经历了出生后初始建立期、哺乳期、添加辅食期和断奶期四个阶段。断奶以后，随着婴幼儿食物多样化的增加、食物成分逐渐接近成年人，其肠道菌群的数量和多样性快速增多，基本上接近成人。婴幼儿肠道菌群从无到有、从简单到复杂、从不稳定到稳定的演变过程称为肠道菌群的演替。

由于婴幼儿的肠道菌群是随着婴幼儿的生长发育成熟，处于不断演替过程中，所以与成年人相比，婴幼儿肠道菌群的特点是稳定性差、多样性少、受影响因素多，比较脆弱。比如成年人肠道中有1000余种菌群，而婴儿大概只有400多种。鉴于以上婴幼儿肠道菌群的特点，我们应该特别注意保护婴幼儿的肠道菌群，维护婴幼儿的健康。

12. 哪些因素会影响婴幼儿肠道菌群？

婴幼儿的肠道菌群比较脆弱，多样性差，其建立和形成过程非常容易受到胎龄、分娩方式、喂养方式、饮食结构、生活环境、使用抗菌药物或益生菌、疾病等因素的影响，进一步影响儿童的健康。剖宫产是影响婴幼儿肠道菌群的首要因素，研究发现相对于顺产婴儿，剖宫产婴儿肠道菌群中双歧杆菌、拟杆菌减少，而艰难梭菌等其他菌种数量增高，这些变化可能与剖宫产婴儿容易发生湿疹、哮喘等过敏性疾病和肥胖、糖尿病等代谢性疾病有关。喂养方式是第二个重要因素，配方奶喂养的婴儿肠道菌群的多样性少，成熟也较母乳喂养婴儿慢，容易发生过敏性疾病、消化道和呼吸道感染。使用抗生素也是一个影响因素，特别是1岁以内多次使用同样会影响婴幼儿肠道菌群的构成。最近几年国际上进行的大样本流行病学调查显示，围产期孕妇使用抗生素或出生以后1岁内婴儿使用抗生素能够增加日后患哮喘、过敏性鼻结膜炎、湿疹、炎症性肠病和肥胖的风险。其他的影响因素还有儿童生长过程所处的生活环境及其饮食结构。很有意思的是，科学研究发现，婴幼儿生活在农村等所谓"卫生状况差"的环境，摄入较多的高纤维素食物（薯类），肠道菌群的多样性更多，也更健康，患哮喘和过敏性疾病、感染性疾病更少。

13. **肠道菌群为什么对婴幼儿特别重要？**

我们身体中的正常菌群大约78%在肠道，肠道是人体菌群定植最为主要和最重要的场所，肠道中庞大的菌群之间相互依存、相互制约，与人体处于动态的平衡状态。实际上肠道菌群已经成为人体的一个不可分割的组成部分。一方面，人体为正常菌群的生长和繁殖提供了场所和营养，并且把它们当作自身的一部分，免疫系统不对它们引起有害的免疫反应（免疫耐受）；另一方面，正常菌群对宿主发挥着必要的生理功能。最新的微生物组学和代谢组学研究表明，人体正常微生物编码的基因是人体自身基因数目的50～100倍，它们与人体自身基因共同作用，影响着人体的免疫、营养和代谢过程。

与成年人不同，肠道菌群在婴幼儿的一些重要的生理功能（如免疫、代谢、营养等）的发育成熟过程中起着决定性作用，可以说肠道菌群与婴幼儿是"共发育、共成长"。更令我们惊讶的是，最近的研究发现，正常菌群对免疫系统和肠道代谢模式的"教育和塑造"作用具有"年龄窗口期"，即在婴幼儿发育过程中起作用，一旦发育成熟了则作用不太明显，也就是说"过了这个村就没有这个店了"。这就是肠道菌群对婴幼儿特别重要的原因。

14. 肠道菌群失衡与哪些儿童疾病有关？

正常菌群对人体非常重要，但任何事物都是一分为二的，如果正常菌群变得不正常，出现了紊乱，就会引起疾病，这些正常菌群紊乱或与其有关的疾病，最近有了一个新的名称，即"微生物群疾病"或"菌群相关性疾病"。菌群相关性疾病虽然也是由细菌引起的，但与我们以前的观念不同，以前的"细菌—感染—疾病"模式多是由人体以外的致病性强的单一细菌引起，如痢疾杆菌引起痢疾，且治疗上以抗细菌感染为主。而菌群相关性疾病是人体内的一群细菌紊乱造成的，不仅会引起感染性疾病，还可以引起代谢性和免疫性疾病，治疗上以调整菌群使其达到平衡为主。

肠道是人体中微生物群定植的主要部位，但肠道菌群不正常引起的疾病不仅限于肠道，如肠道菌群失调、腹泻、慢性炎症性肠病、肠易激综合征和内源性感染，还能够引起过敏性疾病、代谢性疾病，如肥胖、糖尿病、高脂血症、非酒精性脂肪肝等，甚至还会引起神经系统疾病，如孤独症等。

15. 肠道菌群与孩子的抵抗力有关吗？

我们通常说的人的抵抗力，在医学层面可以认为是人的免疫力，实际上免疫是人体的一种生理性保护功能，如同一个社会需要一支警察部队维持秩序一样，人体的免疫系统就充当这一角色。人体免疫系统的正常运转依赖于这个系统的发育成熟。与人体其他的系统一样，出生以后免疫系统也需要不断地发育和成熟，现在已经知道人体的免疫系统的发育完善是离不开正常细菌群的刺激。针对无菌动物的研究证实，出生以后没有接触细菌，动物的免疫系统发育低下，比如肠道相关淋巴组织发育差，免疫细胞数量少，产生和分泌免疫球蛋白SIgA的细胞数明显减少，而在重新接种正常细菌群以后，这些缺陷可以恢复。人体出生后免疫系统持续的发育与成熟需要不断地接受外界微生物，在菌群的刺激中得以"学习"和接受"教育"，正常菌群就好比是"老师"，教育和训练人体的免疫系统，教会免疫系统如何识别"敌我"，如何向正确的方向发展。因此，正常菌群是驱动出生后免疫系统发育成熟和协调发展的动力，"肠道菌群可以使我们的免疫系统运转得更好"。

16. 肠道菌群与孩子的过敏有关吗？

过敏性疾病包括过敏性鼻炎、过敏性结膜炎、过敏性哮喘、特应性皮炎（湿疹）、荨麻疹、食物过敏等，近几十年来在全球范围内发病率逐年增加，已受到高度关注。之所以称为过敏性疾病，是因为孩子对环境中的一些物质即过敏原，出现了异常高的免疫反应。过敏原普遍存在于我们的生活环境和食物中，而大部分人群对它们处于耐受的状态，不会引起过高反应性，所以通俗一点说，过敏就是孩子对过敏原的耐受出了问题。

接触同样的过敏原，为什么有的人会过敏，而有的人不会？这是由基因决定的。同样是过敏性体质的一家人，处于同样的环境中，为什么有的人会出现过敏性疾病，而有的人不会出现？这是由后天的免疫系统发育决定的。所以一个人是否出现过敏性疾病，是由遗传、环境和自身的免疫系统发育共同作用的结果。正常肠道菌群是驱动人体免疫系统发育成熟和完善的最主要的因素，也是调节免疫反应（如在哪种情况下耐受，在哪种情况下起反应等）的重要因素。现在我们已经知道，患有过敏性疾病孩子的肠道菌群出现了紊乱，而使用益生菌药物调整肠道菌群可以防治过敏性疾病。

17. 为什么腹泻的婴幼儿要常规补充益生菌？

婴幼儿是人的一生中生长发育最快的时期，这个时期需要大量的营养素，因此，肠道负担比较重。然而婴幼儿的胃肠功能在这个时期发育还不完善，所以容易出现胃肠功能紊乱，发生腹泻。还有很重要的一点是，婴幼儿的肠道菌群处于形成和建立时期，正常菌群比较脆弱、稳定性差，容易受到自然环境、生理、病理、药物等因素的影响，出现菌群紊乱，引起腹泻等疾病。大量的科学研究证实，大多数腹泻都存在着肠道菌群的紊乱，有益菌减少，有害菌增加，所以对于腹泻的婴幼儿，都常规使用益生菌药物。

腹泻的治疗主要是预防和纠正脱水，补充营养（包括继续进食）等。在用药方面，特别需要注意控制使用抗生素，因为抗生素可以造成菌群失调，进一步加重腹泻。益生菌能够直接补充肠道有益菌，促进肠道功能恢复，明显缩短腹泻的病程，降低腹泻的严重程度。

18. 为什么要特别强调在婴儿期少用或不用抗生素？

我们都知道抗生素是目前治疗细菌感染最有效、最主要的药物。越来越多的研究证实，抗生素对婴儿的长远影响贻害无穷。母亲分娩时及新生儿、婴儿期接受抗生素治疗，可延缓正常菌群建立与形成，并改变正常菌群组成，从而增加某些疾病风险。动物试验显示，特应性皮炎、哮喘、1型/2型糖尿病、自闭症、自身免疫性脑炎、沙门氏菌肠炎、艰难梭菌相关性腹泻等均与使用抗生素有关。国外大量的人群研究证实，1岁以内使用抗生素能够增加五六岁时发生哮喘、过敏性鼻结膜炎、湿疹和炎症性肠病的风险，并且具有剂量效应，也就是说，使用的次数越多，使用的种类越多，风险越大。

此外，近期幼年小鼠试验证实，幼年使用抗生素可改变结肠微生物群的组成，进一步改变肠道的代谢，易导致肥胖。人群流行病学调查显示，出生6个月以内的婴儿使用抗菌药物，超重比例比未使用者高22%，而肥胖与成年高血压、冠心病、糖尿病等关系密切。因此，婴幼儿使用抗生素对其一生的影响是长远的，也是显著的，尽量少用或不用。

19. 使用益生菌能够预防儿童呼吸道感染吗？

儿童特别是婴幼儿，处于不断生长发育过程中，各器官的功能（包括呼吸系统功能和免疫系统功能）均比大龄儿童和成年人低，一年中发生3～4次呼吸道感染是正常的现象，家长不必紧张和担心。但是如果频繁发生感染，每次持续的时间过长，超过1周，就应该到医院检查一下，看看有无免疫缺陷或一些基础疾病，如果没有这些疾病，可以使用提高免疫力的药物来预防呼吸道感染。益生菌是人体中的有益菌，能够促进肠道免疫功能的发育、成熟，进一步提高全身的免疫力。目前已经有许多研究证实，婴幼儿服用益生菌2个月以上，能够明显减少呼吸道感染的发生频率，缩短呼吸道感染的持续时间，减少喘息的发生率，减少抗生素的使用率，因此对于"体弱多病"

的儿童，较长时间使用益生菌具有明显的益处。

20. 儿童能够长期服用益生菌吗？

儿童服用益生菌的时间取决于使用益生菌的目的，如果是治疗或辅助治疗急性病，如腹泻等，一般用7～10天即可；如果是辅助治疗一些慢性疾病，如湿疹等，则需要使用至少1个月以上；如果是预防呼吸道和肠道感染，至少用2个月以上。这么长时间使用益生菌，安全吗？

益生菌类药物中使用的菌种（如乳杆菌、双歧杆菌、粪链球菌和酪酸梭菌等）主要分离自健康人群的肠道，作为人体微生态的一部分，这些正常肠道菌群是人类进化过程中形成的，并且其中一些菌株作为发酵菌种，已有上百年的应用历史。来自肠道以外的菌株如布拉迪酵母、蜡状芽孢杆菌和地衣芽孢杆菌也有几十年的临床应用历史，因此益生菌的安全性得到了时间的验证。迄今为止，在全球范围内极少有益生菌药物引起严重毒副反应的报道。但是将活的微生物作为药物使用，益生菌药物的安全性应该始终重视和关注。

目前在全世界范围内有极个别患者服用益生菌以后引起感染的报道，但这几乎都见于免疫功能受损或有严重基础疾病的人群，这部分人群使用益生菌时应遵医嘱。有关益生菌会不会携带和传递细菌耐药性的问题，目前只是理论上的担心，没有证据证实。

21. 酸奶能够代替益生菌吗？

酸奶是指在常规牛奶中加入乳酸菌（主要有嗜酸乳杆菌、保加利亚乳杆菌等）发酵获得的产品。它一方面更易于营养的吸收，另一方面增加乳制品的风味。虽然有些酸奶也含有某些益生菌，但是属于食品添加剂，其活菌数量及活性的要求低。而作为药物的益生菌，其中含有的菌株数量、活性及作用等都要经过国家相关的药物审批机构的审核批准才能上市，其中益生菌的质量标准要高很多。因此用酸奶代替益生菌药物是不可取的。

（郑跃杰　深圳市儿童医院）

第十节　微生态失衡与神经系统疾病

1. 什么是肠道菌群–肠–脑轴？

肠–脑轴是大脑和肠道的双向信息交流系统。由于肠道菌群在肠–脑轴中的重要作用，肠–脑轴又称为肠道菌群–肠–脑轴。大脑信号影响肠道运动，外源信号（如嗅觉、视觉等）或情感信号可以通过神经系统影响胃肠道的感知、运动及分泌功能，改变的肠道环境和信号分子直接影响肠道菌群，而肠道菌群的信号又反过来影响中枢神经系统功能（感知和情绪）。大脑与肠道菌群直接联系看似不可思议，但又真实存在，临床发现不良情绪会引起一些胃肠道疾病，如肠易激综合征、功能性腹泻、功能性消化不良、功能性便秘等，同时临床中还发现胃肠道疾病患者经常伴有抑郁、焦虑、恐惧等症状。脑和肠道，正是通过肠–脑轴共同调节我们的情绪反应、新陈代谢、免疫系统、大脑发育和健康。肠道菌群–肠–脑轴的研究还刚刚起步，具体作用和机制还需今后进一步阐明。

2. 肠道菌群对中枢神经系统有影响吗？

肠道菌群对中枢神经系统的作用研究尚处于起步阶段。据报道，肠道菌群不仅可以调整肠道的疾患，还能通过肠–脑轴影响脑功能。肠道菌群在肠道与脑的相互作用中占据重要地位，菌群及其代谢物有可能参与调节脑的行为和活动，包括压力反应、情绪、痛觉、进食行为和脑神经递质。试验发现，肠道菌群能够影响无菌小鼠情绪、性行为、压力和疼痛调节系统以及大脑神经递质系统，甚至抗生素造成的菌群紊乱也会影响成年小鼠的脑部疾病。

3. 肠道菌群对脑发育有影响吗？

围产期压力、母婴分离对婴儿的肠道菌群有很大的影响，肠道微生物参与围产期应激相关的大脑行为变化。研究发现，与母体分离的猴子的肠道菌群变化主要为乳杆菌变化。另外，围产期应激对成年中枢神经系统有影响，包括下丘脑-垂体-肾上腺轴，与情绪、痛觉有关的大脑系统功能等。据报道，在小鼠模型中观察到影响围产期大脑和行为的一系列疾病表现，产前和产后的压力可以改变动物出生后的肠道菌群组成和总生物量，直至影响动物成年后的内脏疼痛敏感性和代谢。

4. 肠道菌群对血脑屏障和大脑结构有作用吗？

肠道菌群和大脑的信息交流离不开一个重要通道——血脑屏障。血脑屏障是血与脑之间的屏障，能够阻止有害物质进入大脑，从而保证大脑的正常发育。多种疾病，如焦虑、抑郁、自闭症谱系障碍、帕金森病、阿尔茨海默病，甚至精神分裂症等与血脑屏障功能障碍有关。肠道菌群失调可改变血脑屏障的保护功能，包括通过紧密连接相关蛋白的表达影响通透性或进一步的行为改变。据报道，异常的肠道微生物会导致啮齿动物模型的血脑屏障通透性增加；放线菌的相对丰富与杏仁核、下丘脑和丘脑显微结构的良好组织有关，而大脑结构的改变是与运动功能、注意力和认知功能相关的。

5. 肠道菌群是怎么影响大脑的？

有句话说"肠胃不好顺带着心情和脑子也不好了"，这句话说明了肠道菌群可以影响大脑，但是作用途径是极其复杂的，肠道菌群可通过神经、免疫等途径来影响中枢神经系统；通过直接激活神经元、内分泌、代谢和免疫途径来控制中枢神经系统的活动；还可以通过将菌群代谢产物直接释放到体循环中，改变外周免疫细胞，促进与血脑屏障的相互作用，并最终与神经血管单元的其他元素相互作用影响大脑。

6. 肠道菌群与自闭症有关系吗？

自闭症是沟通和社会行为的异常，始于儿童早期的神经发育。有肠道或肠胃紊乱病史（如感染）和在儿童早期摄入抗生素，可能是导致自闭症发生的因素之一。自闭症患者的胃肠道不适通常被认为是神经系统的原因，而不是胃肠原因。然而，最近的研究表明，与肠道菌群改变相关的胃肠道症状与黏膜炎症有关，与对照组相比，自闭症患者的抗炎和合成短链脂肪酸的肠道微生物丰度减少。在自闭症儿童体内发现较低丰度的双歧杆菌，而拟杆菌、普雷沃菌等的丰度较高，与有类似胃肠道症状的正常受试者相比，有胃肠道症状的自闭症儿童体内脱硫弧菌、拟杆菌和梭状芽孢杆菌的比例过高。据报道，口服益生菌可以改善肠道的通透性，并改善自闭症的症状。虽然目前还没有直接的因果证据表明调节肠道菌群可以治疗自闭症，应用益生菌治疗还是可以改善自闭症儿童的胃肠道症状的。

7. 肠道菌群与帕金森病有关系吗？

帕金森病是一种典型的神经退行性疾病，65岁以上老年人中有超过1%的人会受到影响。帕金森病被认为是环境和遗传因素相互作用的结果，以运动障碍和非运动症状为特征。据报道，肠道微生物与帕金森病密切相关，帕金森病患者肠道中产生丁酸和抗炎的细菌数量显著减少，而产生内毒素的肠道微生物数量显著增加。还有报道，肠道微生物的改变和运动表型还可用于帕金森病的诊断。食用发酵奶能改善帕金森病的并发症，如便秘等胃肠道症状。目前，应用益生菌治疗帕金森病的有益临床证据是非常有限的，还需要今后进一步的证据。

8. 肠道菌群与阿尔茨海默病有关系吗？

阿尔茨海默病是最常见的神经退行性疾病，临床症状为认知能力下降，包括记忆、语言和解决问题能力的下降。阿尔茨海默病的病理特征是脑部神经炎症、β淀粉样蛋白沉积和τ蛋白磷酸化缠结。阿尔茨海默病患者肠道菌群的数量和种类均发生了显著变化，而且肠道菌群对消极的生活方式（如饮食、睡眠不足、昼夜节律紊乱、慢性噪声和久坐行为）高度敏感，这些因素是阿尔茨海默病发生的重要危险因素，它们可能通过影响肠道菌群，进而影响阿尔茨海默病的发生、发展。据报道，幽门螺杆菌可以触发阿尔茨海默病患者炎症介质和淀粉样蛋白的释放，幽门螺杆菌根除治疗可改善阿尔茨海默病患者的认知损伤。益生菌对阿尔茨海默病是有益的，乳酸菌和双歧杆菌对改善啮齿动物模型的记忆和学习障碍是有效的。

9. **肠道菌群与多发性硬化症有关联吗？**

多发性硬化症是一种自身免疫诱导的脊柱和中枢神经系统退行性疾病。环境因素如肥胖、吸烟、病毒等对多发性硬化症的发病机制有深刻的影响。多发性硬化症患者的肠道菌群发生改变，假单胞菌属、嗜血杆菌属、布鲁氏菌属和拟杆菌属增加，而副杆菌属、克雷伯氏菌属和普雷沃菌属明显减少。据报道，梭菌与多发性硬化症复发是相关的。口服抗生素可延缓多发性硬化症的发病，而且益生菌和粪菌移植也可以达到延缓多发性硬化症的效果。

10. **肠道菌群与脑卒中有关联吗？**

中风是最常见的脑血管疾病，中风患者的肠道菌群发生改变，脑卒中和短暂性脑缺血发作的患者中，肠杆菌、巨型杆菌和脱硫弧菌等机会性肠源性病原菌数量丰富，而拟杆菌、普雷沃菌等则较少，牙龈卟啉单胞菌暴露与缺血性脑卒中的风险增加有关。有趣的是，肠道微生物相关的梗死模型可以通过粪菌移植进行传播和复制；并且持续静脉注射革兰氏阴性菌可能会加速自发性高血压脑卒中大鼠的脑卒中，这可能与肠道微生物产生脂多糖有关。

11. **肠道菌群是否对抑郁症有作用？**

抑郁症和肠道菌群存在着微妙的关系。抑郁症患者的肠道微生物结构发生改变。据报道，相较于正常人，抑郁症患者的肠道菌群缺乏粪球菌属和小杆菌属；肠道菌群移植可以改善抑郁症状。肠道菌群的变化可以导致体内炎性因子水平升高，并且炎性因子可以通过多种途径影响中枢神经系统。肠道菌群的紊乱还可以影响神经递质（如5-羟色胺、多巴胺等）的释放。另外，肠道菌群紊乱可以改变血脑屏障的通透性和完整性，使得肠道菌群产生的有害物质进入大脑，进一步使抑郁症恶化。

12. **益生菌对脑病如何发挥作用？**

益生菌对肠黏膜屏障的保护有阻拦有害物质进入血液循环的作用。益生菌可以促进5-羟色胺的产生，5-羟色胺只有5%是从大脑分泌的，其余95%

都在肠道中合成，益生菌起到诱导5-羟色胺产生的作用。据报道，益生菌（如乳杆菌）的代谢产物能够作用于神经末梢的离子通道，通过神经系统的传导来改善一些神经症状。在小鼠焦虑模型中，长期给予鼠李糖乳杆菌治疗，可以减轻小鼠的焦虑症状。目前，益生菌治疗脑病的研究还刚刚起步，具体作用和机制需要今后进一步阐明。

（刘佳明　温州医科大学）

第十一节　微生态失衡与皮肤相关疾病

1. 湿疹与皮肤微生态失衡有关吗？

特应性皮炎（也称为湿疹）是一种慢性复发性炎性疾病，具有多种促成因素，包括表皮屏障损伤、免疫细胞活化和相关皮肤微生物群落的改变等。当斑块发展时，受影响区域的金黄色葡萄球菌数量增加，并且皮肤微生物群的总体多样性下降。患有严重湿疹的患者皮肤上，金黄色葡萄球菌数量增加很多。研究发现，金黄色葡萄球菌是一种可引起严重感染的致病菌。某些金黄色葡萄球菌菌株，包括耐甲氧西林金黄色葡萄球菌，已经对多种抗生素产生抗性。表皮葡萄球菌产生的抗微生物化合物会杀死引发炎症的微生物，抑制金黄色葡萄球菌的生长，这一发现可以用于治疗或预防特应性皮炎。

从世界各地有关益生菌治疗特异性湿疹的研究结果来看，益生菌可降低肠道黏膜的通透性，并有利于患者症状的改善。一项有关特异性湿疹儿童饮食和生长状况的研究中，对有过敏性疾病或家族史的母亲，从妊娠的最后1个月开始补充益生菌。在婴儿出生后持续补充益生菌6个月，观察这些儿童从出生到4岁时的生长、饮食摄入等情况，并分析这些因素与特异性湿疹的关系。结果显示，与给予安慰剂的儿童相比，2岁时益生菌组儿童的湿疹发病率下降一半；特异性湿疹儿童的平均身高低于健康儿童。分析其原因可能是，患儿因为肠黏膜功能受损而影响蛋白质吸收；因瘙痒影响睡眠和食欲下降等。患儿刚开始还仅对牛奶过敏，但逐渐可能发展为对许多常见食物过敏，因此如不及时阻断过敏的发生，将严重影响儿童的生长发育。

2. 痤疮与皮肤微生物有关吗？

科学家们已经知道痤疮丙酸杆菌在痤疮患者的皮肤上大量生长，影响了多达85%的青少年。痤疮丙酸杆菌会抑制维生素B_{12}的生物合成并促进卟啉化合物的合成，进而诱导皮肤炎症及痤疮的发生。现研制的药物力图通过消除痤疮丙酸杆菌的毒力株或瞄准卟啉来帮助痤疮患者。尽管还没有很多证据支持这种治疗方法，一些公司已有相关药物销售，并表明其作用是通过杀死痤疮丙酸杆菌，恢复皮肤微生物群平衡来解决痤疮问题。

3. 慢性伤口感染与皮肤定植微生物有关吗？

除了传统的皮肤病之外，在皮肤上定植的微生物也会影响老年人、糖尿病或肥胖症患者慢性伤口的愈合。例如，微生物对糖尿病足溃疡的作用已经得到了很好的研究。有趣的是，不稳定性的菌群与伤口更快的愈合呈正相关，但这一观察结果是违反直觉的，因为许多其他身体部位的研究都将疾病与菌群不稳定性联系起来。

4. 皮肤疾患与肠道微生态失调有关吗？

皮肤疾病往往表明人体的毒素正试图从皮肤找到排出的通道，这些毒素在排出体外时会引起炎症和刺激。肠道正常菌群在微生态平衡时有助于毒素的分解并经过肠道将其排出体外，如果经常发生便秘，肠道中的腐败菌就会大量繁殖并产生各种毒素，在结肠中停留时间越长，进入体内的毒素越多，毒素随血液流遍全身，而这些毒素透过皮肤分泌出来，会引起皮肤发炎或形成痤疮。欧洲学者研究发现，大部分痤疮患者在服用益生菌两周左右，痤疮基本消失。皮炎和湿疹是过敏性皮肤常见的皮肤病，通过饮食调整（如服用益生菌或益生元）可缓解或治愈，这与益生菌的免疫调节作用有关。有研究者用痤疮丙酸杆菌和表皮葡萄球菌制剂治疗青春型痤疮和黄褐斑等皮肤病。还有报告服用乳杆菌制剂治疗青春型痤疮并取得良好疗效。还有研究者用青春双歧杆菌粉治疗局部溃疡，如鼻黏膜溃疡、疖肿伤口不愈溃疡、结核菌素引起的溃疡等，38例全部愈合，无不良反应。

5. 什么是肠道–大脑–皮肤轴？

皮肤疾病与精神疾病具有共病性，基础和临床研究发现精神心理因素对皮肤病发病有影响作用，如心理应激会加重多种皮肤疾病，特别是特应性皮炎、银屑病、脂溢性湿疹、结节性痒疹、扁平癣、慢性荨麻疹、斑秃和瘙痒等。此外，肠道微生物可影响皮肤疾病的发生，并且精神状态与肠道微生物状况可反映皮肤健康状况。研究发现，患有心理和精神疾病的人群同时患有皮肤问题的比例非常高，通过检测肠道微生物组成发现，这些人的肠道共生微生物的组成与健康人存在明显不同。在实施了针对肠道微生物的干预措施后，随着肠道共生微生物良好状态的恢复，患者的精神状态和皮肤症状均会随之改善。科学家将肠道状态、肠道微生物以及心理疾病与皮肤疾病的关联称作肠道–大脑–皮肤轴，简称肠–脑–皮轴。

6. 如何利用微生态防治通过肠道–大脑–皮肤轴治疗皮肤疾病？

不当饮食可直接引起痤疮，而通过服用乳杆菌可抑制由压力引起的皮肤炎症。益生菌能改善肠道屏障功能、恢复肠道微生态健康、刺激宿主免疫系统和对抗炎症等，在皮肤疾病的防治方面有一定作用。研究提示，皮肤不仅是人的一道免疫防线，也是精神状态和肠道微生物健康状况的晴雨表。肠道微生物、肠道、大脑和皮肤并不各自独立，而是相互密切关联的复合系统。未来皮肤病的治疗趋势是采取多种影响肠–脑–皮轴的干预措施，综合运用饮食、益生菌、益生元、药物和心理干预等方式。微生态防治方面的研究为日益增多的皮肤和精神疾病提供了新颖而清晰的干预和治疗方向。

7. 什么是微生态护肤？

微生态（益生菌）之所以在化妆品领域"走红"，归根结底在很大程度上得益于基因组技术的成本降低，以及对微生物看法正在发生的转变。例如，近年来，已有不少专业文章报道了微生物组与肠–脑轴之间、与自身免疫性疾病之间（在肠道内以及皮肤上）的关联。"把微生物组看作人体生理活动的一个参与者，更像是一个新器官"的说法已得到学术界的普遍认同。

平衡的微生物组与健康的皮肤之间存在密切相关性。虽然化妆品业对基于"微生态（益生菌）"这一概念的措辞用语仍显含糊，但已经开始看到了机会：化妆品的目的是保持肌肤处于良好的健康状态并加以保护，而不是治愈或治疗。因此，维持皮肤上健康的微生物组和益生菌效果，成为新产品宣称的基础。皮肤的健康与微生物组的多样化之间存在关联，维系和促进多样化的微生物群，意味着要重新开始思考化妆品配方，在考虑产品安全性时，不仅要考虑人体细胞，还要考虑微生物细胞。例如，在配方中普遍使用的具有抗菌性的成分，对于我们微生物"小伙伴"们的影响需要进行评估。事实上，2016年美国食品药品监督管理局（FDA）对洗手液中的抗菌成分如三氯生的管制，可以说是在这个方向迈开了重要的第一步。

目前，化妆品相关微生态的宣称主要包括：

（1）微生物组友好：相比健康空白对照组，测试显示所调查的微生物群没有明显变化；

（2）益生菌效果：改善微生物群，活菌和（或）其提取物对改善微生物群有积极效果；

（3）益生元效果：改善微生物群，以活性物质而非活菌来调节（恢复）微生物群的平衡。

（袁杰力　大连医科大学）

第十二节　微生态失衡与肿瘤

1. 肠道菌群和肿瘤的发生、发展有关系吗？

近来有大量研究阐明了人类肠道微生物组和结肠癌之间的关联，癌症患者粪便中的细菌组分发生了改变，常见的口腔微生物梭杆菌及卟啉菌出现了过量的改变。肠道微生物群落可以影响肠道远端的癌症的发生，这似乎是通过免疫调节相关机制来完成的。还有几种机制在菌群影响癌症的发生过程中起作用：

（1）人体肠道内的一些共生菌的代谢产物具有遗传毒性，从而促进结直肠癌的发生；

（2）肠道微生物产生的多种具有代谢活性的酶类可将前致癌物质转化为致癌物；

（3）肠道菌群参与一些化学致癌剂和诱变剂在人体内的代谢，引起DNA损伤，导致肿瘤的产生；

（4）肠壁通透性增加，细菌易位引发慢性炎症，促使细胞因子和趋化因子释放，影响细胞内信号转导通路，从而促进结直肠癌的发生。

2. 什么是基于肠道菌群变化的结直肠癌发生和治疗？

外源微生物在肿瘤发生中的致癌作用、在肿瘤发展中的促进作用已经有较多报告，某些病毒、细菌及寄生虫被确定为某些肿瘤的高度危险因素。2008年全球一共有肿瘤新发病例1270万例，其中因感染导致的肿瘤约200万例，占16.1%，提示人类有1/6的肿瘤起源于微生物感染。经济不发达地区，感染因素导致的肿瘤比例更高，在所有的致瘤微生物中，以幽门螺杆菌、乙型及丙型肝炎病毒、人乳头状瘤病毒导致的肿瘤最多，约190万例。

内源细菌——肠道菌群在肿瘤发生、发展及治疗中的作用是近年来肿瘤研究的一个热点领域。尽管致病性是一些微生物的本质特征，但是研究发现，共生微生物只有在机体免疫环境偏离稳态时才会致病。宿主遗传缺陷或后天因素导致的炎症失调及菌群失调将共生微生物由共生生物变为病理生物。最近的研究发现：肠道微生物群不仅不是致癌因素，反而是抗癌因素，肠道菌群有益于肿瘤治疗，在肿瘤本身或其并发症的治疗中发挥重要作用。由于肠道菌群在机体免疫系统中扮演重要角色，在肿瘤治疗中可发挥重要作用。例如，由此应运而生的粪菌移植疗法，即通过将粪便从一个个体移植到另一个个体，将健康供体液化的粪便引入受体的肠道中，从而使健康的菌群在受体肠道中重新定植。粪菌移植目前已经用于治疗严重的感染性疾病，如艰难梭状芽孢杆菌感染等，与标准抗生素疗法20%的有效率相比，粪菌移植的疗效可以达到85%～90%，粪菌移植展现出绝对优势。此外，粪菌移植目前也在试用于其他疾病，如肥胖、糖尿病、肠易激综合征等。鉴于肠道菌群在肿瘤发生、发展及治疗中的重要作用，我们有理由相信：不久的将来，粪菌移植将会被用于肿瘤治疗，从而产生一个崭新的肿瘤治疗方法——肿瘤粪菌疗法。

3. 肠道菌群在抗肿瘤药物治疗中有什么作用？

肠道菌群维持宿主免疫系统功能，在抗肿瘤药物治疗的过程中可发挥关键作用。肠道菌群的组成影响抗肿瘤免疫治疗药物的疗效，控制肠道菌群将对抗肿瘤免疫治疗有改善作用。肠道菌群通过干扰全身代谢、免疫系统和炎症反应来影响抗肿瘤药物的治疗效果。宿主的遗传背景以及饮食等生活方式影响肠道菌群的多样性，调节着抗肿瘤药物治疗的过程。越来越多的证据表明，抗肿瘤药物治疗效果很大程度上取决于肠道菌群的平衡，影响肠道及肠道外组织对抗肿瘤药物治疗的反应。肠道菌群作为预测抗肿瘤治疗反应的潜在生物标志物，为开发基于肠道菌群的对于肿瘤患者的营养干预和治疗策略提供新思路。

4. 为什么放化疗后肠道微生态失衡是治疗肿瘤必须要考虑的问题？

放化疗是治疗恶性肿瘤的主要手段，目前这种治疗手段变得更有效、更有针对性，但是其产生的副作用却无法完全避免。放化疗对胃肠道的损伤主要包括：严重损伤肠黏膜，造成肠黏膜免疫功能紊乱，以及肠道菌群失调，引发腹泻或便秘，更多的患者出现了肠道微生态失衡。放疗还能导致肠道细胞凋亡和肠道屏障功能破坏。这些改变影响肠道免疫反应，导致肠道炎症和肠道菌群调节的系统功能的改变。研究发现，益生菌可用于防治放化疗对胃肠道的损伤，减轻及治疗放化疗引起的肠道菌群紊乱、放化疗相关性肠炎及相关性腹泻（CID）等或避免不良反应的发生。

5. 肠道菌群对肿瘤放疗有影响吗？

关于肠道菌群是否调节以及如何调节机体对电离辐射治疗反应的研究较少，但某些益生菌对于降低电离辐射治疗的毒性作用还是有很大帮助的。益生菌有益于阻止辐射诱导的肠下垂。在放疗和化疗期间，用短乳杆菌CD2治疗有头部和颈部癌症的患者，可以减少其口腔黏膜炎的发生，并且提高治疗完成率。肠道菌群可通过激活体内的Toll样受体（TLRs），进而调节机体的免疫反应。由此可见，揭示肠道菌群减轻放疗不良反应的具体机制和作用靶点，将对提高癌症治疗效果、减少放疗引起的并发症、开发新型抗肿瘤药物意义重大。

6. 肠道菌群在化疗过程中扮演什么角色？

一些药物的代谢和生物利用度依赖于进入血液之前接触到的各种宿主和微生物产生的酶。肠道菌群可直接影响抗肿瘤化疗药物的药物代谢动力学、抗肿瘤活性和细胞毒性，调节化疗药物的疗效。菌群和药物之间的相互作用影响着药物疗效。

化疗可导致患者肠道失调并引起焦虑、抑郁等行为合并症，患者亦出现同样的负性行为变化和同步的胃肠道症状，这些化疗合并症持续时间长，会降低患者生活质量和对治疗的依从性；化疗还能增加肠道炎症、削弱屏障功能，伴随肠道菌群组成改变，使菌群多样性下降、抗炎细菌减少，可经肠-脑轴影响大脑炎症和功能。肠道菌群可激活外周免疫，经肠-免疫-脑轴介导化疗相关的行为合并症。靶向调节肠道菌群，可望减轻化疗导致的相关行为合并症。

7. 如何调节肠道菌群以缓解化疗毒性？

目前通过改变肠道菌群的组成进而缓解化疗毒性的方法主要有3种：① 饮食干预；② 益生菌调理；③ 抗生素治疗。禁食同样可以减轻化疗的不良反应。某些食补品也被证明可以缓解化疗后肠道菌群紊乱导致的不良反应，如人参是一种被广泛认可的具有治疗化疗毒性的补品。大量研究数据支持益生菌具有缓解化疗毒性的能力，如小麦干酪乳杆菌、鼠李糖乳杆菌和双歧杆菌均可通过抑制小鼠模型中TNF、IL-1b和IL-6 mRNA的表达减轻化疗导致的腹泻。化疗引起肠道菌群的易位可以引起全身性炎症反应及败血症的发生，目前抗生素被广泛用作预防败血症的药物，但微生物耐药性大大降低了其治疗效果，故前景不容乐观，用新的替代性药物及疗法缓解化疗毒性已成为医学研究的前沿问题。

8. 肠道菌群失衡与肿瘤耐药有什么关系？

目前在临床上肿瘤的治疗有化学疗法、生物疗法、免疫疗法等，但使用这些治疗方法在临床上常常会出现耐药性，这是临床上亟待解决的问题之一。肠道菌群失调与肿瘤耐药的机理已引起学者高度重视。

有研究报道肠道菌群失调能够激活固有免疫系统，发挥作用的是Toll样受体，它主要表达于某些免疫细胞、上皮细胞、成纤维细胞表面，与配体结合以后可通过接触蛋白传递信号，诱导炎症因子、生长素、细胞黏附分子、白介素等引起一系列炎症反应，促进肿瘤的发生，甚至引起肿瘤耐药。

微生物通过作用于机体的物质代谢过程影响肿瘤细胞发生，此外，特定的菌群影响肿瘤的化疗效果，使肿瘤发生耐药。

代谢综合征是人体氨基酸、糖类、蛋白质等物质代谢发生紊乱，引起糖尿病、高血压、心血管疾病和腹型肥胖的一类代谢疾病。肠道菌群可通过产生内毒素和影响能量代谢基因来导致代谢综合征的发生。例如，肠道末端的一种优势菌——多形拟杆菌（*Bacteroides thetaiotaomicron*）的基因产物会影响其他共生菌的物质代谢，此菌若发生紊乱，不仅不能水解食物中未被消化的多糖，还会影响与胰岛素抵抗有关的过氧化物酶增殖物激活受体 γ（PPAR-γ）。此外，经研究表明，腺瘤中具核梭杆菌的数量也明显高于正常的组织，并且腺瘤有关的细胞因子（IL-10，TNF-α）基因表达也升高，与具核梭杆菌的数量成正比，这更进一步表明梭杆菌属能够促进肿瘤的发生。

肠道菌群失调导致化疗产生肿瘤耐药的研究发现，通过对大肠癌术后化疗后复发及不复发患者黏膜组织DNA的测序分析，结肠癌组织中存在大量梭杆菌属DNA，并发现在肿瘤复发患者的肠道菌群中，具核梭杆菌含量明显升高，此菌能够增加胶原酶-3的产生，促进上皮细胞迁移，使肠道肿瘤细胞转移。研究还发现，该菌通过诱导癌细胞自噬而导致化疗耐药，从而导致大肠癌患者五年生存率降低。所以具核梭杆菌可通过一系列复杂的机制导致大肠癌细胞对化疗药物的抵抗，故检测大肠黏膜组织中的具核梭杆菌浓度很有可能为肿瘤预后和预警化疗耐药风险提供证据。

9. 肠道菌群对肿瘤免疫治疗的效果有影响吗？

近年来肿瘤领域中以PD-1/PD-L1抑制剂为代表的免疫治疗引起极大的关注。免疫治疗给予肿瘤患者一种新的希望，越来越多的证据支持肠道微生物会影响肿瘤免疫治疗，尤其是免疫检查点抑制剂的疗效。虽然在各种恶性肿瘤中观察到PD-1/PD-L1抑制剂的显著临床疗效、持久反应性和低毒性，但仍有许多肿瘤患者不能对免疫治疗产生反应，单一免疫检查点抑制剂在实体恶性肿瘤中的应答率只有20%～40%，甚至部分患者会发生超进展，所以筛选出对免疫治疗有效的患者一直是免疫治疗的关键所在。PD-L1表达、肿瘤突变负荷（tumor mutation burden，TMB）、非同义突变、错配修复缺陷基因MMR（mismatch repair）或高微卫星不稳定性（MSI-H）可以作为免疫治疗的预测因子。

为了确定与治疗反应性相关的微生物，对接受抗PD-1抑制剂治疗的112例转移性黑色素瘤患者的口腔和肠道菌群进行研究。有趣的是，对此疗法有反应的30名患者的粪便中，具有较高相对丰度的是艰难梭状芽孢杆菌和根瘤菌科、粪杆菌属细菌；粪杆菌丰度高的患者与丰度低的患者相比，无进展生存期（progression-free survival，PFS）明显延长。Matson等也通过分析接受免疫治疗的转移性黑色素瘤患者，同样发现反应组患者肠道菌群中有8种微生物的丰度增加，其中包括长双歧杆菌、产气柯林斯菌和粪肠球菌。推测微生物多样性和组成是肿瘤患者免疫治疗的预测指标。

除了针对黑色素瘤的研究有相关发现以外，在肺癌、肝癌、胰腺癌等其他肿瘤也有相似研究，肠道菌群可以介导对免疫疗法的多种反应，并可能充当潜在的预测生物标志物。研究者为了探索基于PD-1抑制剂的抗生素与免疫治疗的相关性，纳入249例上皮癌患者，涉及非小细胞肺癌（non-small cell lung cancer，NSCLC）、肾细胞癌（renal cell carcinoma，RCC）、尿路上皮癌。研究发现，与未使用抗生素治疗的患者相比，在免疫治疗之前或之后使用抗生素治疗的患者出现的PFS 和总生存期（overall survival，OS）缩短，在实验鼠模型中也是如此。这表明，生物异质性可能影响抗PD-1/PD-L1治疗的效果。根据这些结果，对NSCLC和RCC患者进行了粪便微生物组分析，通过比较接受免疫治疗的反应者和非反应者，NSCLC和RCC患者中与免疫疗效受益最显著相关的肠道细菌是嗜黏蛋白-艾克曼菌（*Akkermansia muciniphila*）。另外，在中国人群中，从CheckMate 078和CheckMate 870研究纳入37名接受纳武单抗（nivolumab）治疗的晚期NSCLC患者，使用16S rRNA基因测序来评估肠道菌群谱，结果显示，与微生物多样性较低组患者相比，多样性较高组患者的PFS明显延长。这些发现为肿瘤患者免疫治疗的预测提供了重要的启示。

10. 益生菌可提高肿瘤患者的免疫治疗效果吗？

有研究人员收集了黑色素瘤患者的粪便标本，并将粪便微生物组移植到无菌小鼠中，研究发现，免疫治疗反应者的粪便具有控制肿瘤生长的能力，而无反应者的粪便则没有类似效果。与移植无反应者粪便相比，移植反应者粪便之后，不仅在小鼠的脾脏中而且在其肿瘤组织中肿瘤特异性T细胞都增多了，表明有益细菌的定植可局部引发肿瘤抗原特异性免疫。此外，向小鼠移植反应者粪便增强了免疫治疗效果，而无应答者粪便的移植则消除了这种效果。在上述小鼠研究中还发现，包括长双歧杆菌在内的几种细菌的定植，与该研究队列中基于PD-1疗法的抗肿瘤功效有关。

有研究同样发现，给接受无反应者粪便移植的小鼠口服嗜黏蛋白-艾克曼菌可改善免疫治疗的疗效。对在无特定病原体（specific pathogen free，SPF）条件下饲养的黑色素瘤小鼠，单独使用嗜黏蛋白-艾克曼菌或联合使用大肠杆菌均可恢复小鼠PD-1抑制剂的抗癌作用。另外，通过局部放疗和PD-1抑制剂进行联合治疗的肺癌小鼠模型，用嗜黏蛋白-艾克曼菌和大肠杆菌进行口腔管饲处理后，影像学评价表明同样增加了PD-1抑制剂控制肿瘤生长的效果。因此，证实了SPF小鼠与无反应组的病人进行粪便移植后，可使用嗜黏蛋白-艾克曼菌或联合使用大肠杆菌逆转免疫治疗的折中疗效。

最新研究表明，通过改变生活方式习惯来改变肠道菌群，可影响肿瘤患者免疫治疗的效果。研究者前瞻性地收集146例黑色素瘤患者的粪便样本，并通过16S rRNA进行测序，发现肠道菌群在年龄、性别和BMI方面无明显差异，但饮食习惯确有一定的影响：肠道微生物群落结构的差异性在于患者的纤维摄入量，高纤维饮食比低纤维饮食的患者对免疫治疗的反应率更高。这些研究给予我们一种新的探索：肿瘤患者的基因改造可能会受到某些肠道微生物的不利影响，但可以通过饮食操作而使其成为有利靶点。这需要进行更大的前瞻性和干预性研究来评估患者生活方式因素，更深层次发掘肠道菌群和肿瘤免疫治疗之间的关系。

11. 高脂饮食会诱发癌症吗？

目前普遍认为，高脂饮食的生活方式所引起的肥胖和运动缺乏是胃肠道恶性肿瘤发生的危险因素之一。因为饮食能显著影响肠道菌群的组成，肠道菌群紊乱和胃肠道恶性肿瘤发生的关系也十分密切。

最近《自然》在线发表的一项研究探讨了高脂饮食通过肠道菌群紊乱促进肿瘤发生的分子机理。研究者使用一种肿瘤易感基因工程小鼠K-rasG12Dint，证明高脂饮食通过肠道菌群紊乱促进肿瘤发生是不依赖肥胖的独立因素。换而言之，无论是否肥胖，高脂饮食影响的肠道菌群紊乱能促进肿瘤发生。研究发现，当*K-ras*基因发生突变时，高脂饮食通过改变肠道菌群组成抑制帕内特细胞启动的宿主抗微生物反应，这种反应涉及树突状细胞和肠相关淋巴细胞MHC二型抗原分子表达。如果给这种动物补充丁酸盐，树突状细胞招募和淋巴细胞MHC二型抗原分子表达异常情况就可以被纠正，促进肿瘤发生的现象被抑制。如果模式识别受体和Toll 样受体信号转接分子*MYD88*基因缺乏，也能阻断肿瘤发生的现象。给健康K-rasG12Dint小鼠移植高脂饮食喂养的小鼠的粪便，能促进该小鼠产生肿瘤。使用抗生素也能完全阻断高脂饮食诱导的肿瘤高发。

这一研究说明，如果存在基因突变等肿瘤高危因素，高脂饮食通过影响肠道菌群组成，导致丁酸产生下降，影响肠道免疫功能，进而导致肿瘤的发生。

12. 吃素是不是能预防癌症？

很多人认为患肠癌是因为吃肉太多。在引发肠癌的公认危险因素中，提到了"两高一低"，指的是高脂肪、高蛋白和低纤维素，经常吃素、很少吃肉通常不会有这些担忧。但实际上，很多素食者会有低纤维饮食的现象，而低纤维饮食也是肠癌的公认因素。如果一点富含膳食纤维的食物都不吃，即便是经常吃素、很少吃肉，也容易增加肠癌的发生概率。研究表明，低纤维饮食会引起肠道菌群失调，并易诱发消化道癌症。因此，解决问题的关键是均衡饮食，提高膳食纤维的摄入。

按照世界卫生组织给出的健康标准，每人每天摄入膳食纤维的含量应该在25～35g的范围内。这个范围如果要做起来真的很简单，对于每顿饭都要吃的我们来说，只要把一部分主食替换成粗粮就可以了，如全谷物、豆类。遗憾的是，最新公布的数据显示：中国居民的每日纤维摄入量远远达不到世界卫生组织推荐的标准，每日人均膳食纤维的摄入量仅为11g，城市与农村基本一致。有些人的饮食虽然看起来比较"素"，但很可能是只吃精米、精面，很少食用粗粮。长期低纤维饮食很大程度会导致肠道菌群失调，而肠道菌群失调与癌症发生、发展的密切关系在之前的内容中就有所介绍。

13. 如何通过饮食途径改善肿瘤患者肠道菌群多样性？

放疗、化疗均可导致肠道菌群多样性下降，严重影响抗肿瘤免疫检查点抑制剂治疗药物的疗效，并增加抗肿瘤化疗药物的不良反应。改变饮食习惯可快速显著重塑肿瘤患者肠道微生物种群。近年的研究表明，饮食可在1天内显著影响肠道微生物的种群，改变种群表达的基因类型。在摄入变化的新膳食的数日之内，可塑造不同的肠道微生物群落，且这种变化可逆。建议肿瘤患者经常性食用富含膳食纤维且脂肪含量中等、碳水化合物含量较低的饮食。膳食纤维来自蔬菜、豆类、坚果和水果等植物性食物，因其可作为肠道细菌的"食物"，能促进肠道益生菌的增长。

（张凤民　哈尔滨医科大学）

第十三节　微生态失衡与病毒性疾病

1. 什么是病毒微生态？

人体微生态系统包含正常的病毒群，人体的肠道、口腔、呼吸道及阴道中已分离出各种病毒，在机体免疫功能正常时这些病毒没有致病性，并与人体的正常菌群相互作用，保护机体免受各种感染。病毒作为细胞内的分子寄生物，在感染宿主细胞后以核酸的形式，在细胞内的微环境中存在，并借助细胞的生化结构在细胞内进行复制，合成蛋白质外壳，包装成熟为子代病毒颗粒。病毒可以整合形式或游离形式随细胞的增殖而增殖。在感染细胞内的整个生命活动过程中，病毒需依赖于其生存的细胞内的微生态环境，研究这种互相依存和相互作用的分子水平的生态层次的科学称为病毒的分子生态学。

2. 胃肠道菌群失调可引起病毒感染性腹泻吗？

腹泻是指大便次数增多和大便性状改变的症候群。腹泻病是影响婴幼儿健康成长的一大威胁因素，发展中国家5岁以下儿童由于急性腹泻导致的死亡率高达25%～30%。腹泻的致病因素有很多，包括细菌和病毒。外源性病原体进入肠道后，降低有益菌的肠道定植能力，破坏肠道黏膜屏障功能，病原体得以穿过肠上皮细胞引发炎症，导致腹泻。研究发现，轮状病毒感染患儿的肠道菌群种类和数量，较健康儿童发生了显著的变化，在临床上可以通过补充益生菌来缩短腹泻持续时间和住院时间，对于胃肠道病毒感染引起的急性水样腹泻效果尤其明显，这一治疗措施也被写进了很多腹泻诊疗指南中。

3. 人体胃肠道微生态包括病毒吗？

肠道微生态是指寄生于人体肠道内的微生物与人体之间相互作用，共同构成的一个生态环境。人体的微生态主要涉及眼睛、口腔、皮肤、胃肠道、泌尿生殖道等，其中人体胃肠道微生态的微生物种群最多，有1000余种，包含了细菌、病毒、真菌等微生物，统称为肠道菌群。样本宏基因检测显示，拟杆菌门、厚壁菌门、放线菌门、变形菌门和疣微菌门的细菌为人体主要的肠道菌群。在正常人体内，乳酸杆菌及双歧杆菌数量占优势，它们保护宿主免受众多慢性炎症性疾病的影响。肠道微生态和人体之间是一种共生的关系，离开了肠道微生物的作用，人则无法生存。

4. 肠道微生物能抗流感病毒感染吗？

流感是一种急性传染性呼吸道疾病，严重威胁着人类健康与生命安全。全球每年有近10亿人遭受流感影响，其中包括300万～500万例严重病例以及高达50万例的死亡病例。肠道微生物在保护宿主免受流感病毒感染方面起着重要作用。研究发现，将流感感染后存活小鼠的粪肠菌群移植给健康小鼠，可以显著提升后者对流感感染的抵抗能力，表明流感感染后存活小鼠的某些肠道细菌能够增加宿主对流感感染的耐受。

5. 滥用抗生素破坏肠道共生菌群，还会增加病毒感染的风险吗？

滥用抗生素能引起肠道菌群失调，导致肠道黏膜屏障受损。存在胃肠道内的病毒乘虚而入，引发病毒感染相关性疾病。此时进行抗病毒治疗，可能发生不良反应。IFN-α/β信号传导能够平衡抗病毒反应的正面与负面影响，在最大限度抵御病毒的同时又能把过度炎症反应的危害降到最低。

6. 微生态制剂对病毒感染引起的腹泻有作用吗？

病毒感染性疾病可导致体内微生态环境的改变，同样微生态失衡亦加剧病毒感染和致病，二者之间的相互作用是导致病毒性疾病发生、发展的重要因素之一。目前，微生态制剂已应用于病毒性腹泻，如轮状病毒性腹泻的治疗。轮状病毒侵袭小肠黏膜，使黏膜绒毛缩短，细胞结构破坏，双糖酶活性降低，肠道内水、电解质运转失调，葡萄糖吸收功能障碍引起渗透性腹泻，使正常微生物赖以生存的环境遭到破坏，肠道内有益厌氧菌数量下降。应用益生菌制剂能平衡肠道菌群，修复肠道黏膜，缩短病程。

7. 微生态制剂对病毒性肝炎的治疗有帮助吗？

肝炎病毒引起的肝脏慢性炎症和肝功能衰竭常伴有肠道微生态失衡。研究证明，慢性重型肝炎肝功能衰竭患者肠道内双歧杆菌、拟杆菌数量显著减少，肠道内肠球菌、肠杆菌科细菌、酵母菌显著增加，其肠道微生态失衡程度与肝脏病变严重程度相当。其原因是肠道菌群失调、有益菌减少所导致的微生态失衡使得肠道黏膜受损，造成潜在致病菌直接黏附在肠上皮细胞繁殖并产生大量内毒素，引起内毒血症，加重肝脏损伤。应用微生态双歧杆菌和乳酸杆菌制剂能降低慢性肝炎患者的内毒素水平，促进机体免疫功能恢复，增加SIgA分泌，增强肠道局部免疫力。

8. 短链脂肪酸能调节肠-肺轴吗？

短链脂肪酸主要来源于发酵膳食纤维，在肠道细菌作用下发酵生成的代谢产物包括乙酸、丙酸和丁酸，酪酸梭菌（产生丁酸）为结肠上皮细胞提供能量，进入肠道固有层影响免疫细胞。短链脂肪酸调节抗菌肽等相关抗微生物肽的合成，增强组蛋白乙酰化，激活转录因子Foxp3的表达，促进调节性T细胞分化；通过影响树突状细胞分泌炎性细胞因子，从而调节肠道巨噬细胞的活性、促进B细胞的激活/分化以及抗体（IgM、IgA）的产生。未被代谢的短链脂肪酸能进入外周血液循环系统和骨髓，进一步影响免疫细胞的发育。在骨髓中，造血干细胞分化为多能干细胞，生成多种免疫细胞前体，再通过血液循环迁移至肺部，在肺组织中发育成熟，参与肺部的免疫反应。

（黄志华　华中科技大学附属同济医院）

第十四节　微生态失衡与新冠肺炎

1. 新型冠状病毒影响肠道微生态平衡吗？

菌群失调是多种疾病发生的病因或相关因素，新型冠状病毒（以下简称"新冠病毒"）自2019年12月流行以来，给我国乃至世界各国带来严重的感染风险和疾病负担。尽管目前没有新冠病毒影响肠道微生态的确切研究，但以往资料显示，其他病毒感染会影响肠道微生态平衡，新冠病毒感染的患者，除了发烧、咳嗽等症状以外，大约30%的患者会出现消化道症状（最主要的是腹泻），并在新冠肺炎患者的粪便中检测到了新冠病毒。这是因为新冠病毒的靶点ACE2受体不仅存在于肺中，也存在于肠黏膜细胞中。

2. 肠道菌群能预测健康人对新冠肺炎易感性及重症可能性吗？

据世界卫生组织（WHO）报告，新冠肺炎患者80%症状较轻，但在缺乏医疗资源的情况下，新冠肺炎患者的重症转化率可高达20%，并且重症患者整体死亡率可超过50%。通过构建了一个基于20种血液生物标志物的蛋白质组风险评分系统，预测重症新冠肺炎易感性，机器学习模型证明，肠道菌群可以准确地预测上述血液生物标志物，如肠道菌群诱发的促炎细胞因子与重症新冠肺炎易感性高度相关。

3. 肠道菌群与肠-肺轴在预防病毒性呼吸道感染中起什么重要作用？

近年的研究表明，肠道菌群通过调节机体免疫系统，可增强机体抵抗多种病原引起的呼吸系统急慢性感染。动物实验证明，流感病毒A引起的肺部感染，其肠道菌群能够影响机体分泌促炎细胞因子（如IL-1β以及IL-18因子），在机体清除流感病毒中起到关键作用。实验显示，用抗生素清除了肠道菌群的小鼠对流感病毒具有高的易感性，且小鼠免疫反应功能受损，更难清除机体的病毒感染。因此，肠道菌群对预防病毒性呼吸道感染有重要作用。

4. 微生态调节剂对新冠肺炎有免疫调节作用吗？

微生态调节剂包括益生菌、益生元、合生元和后生素。虽然目前应用微生态调节剂干预新冠病毒的临床研究和系统性综述较少，但是既往研究支持微生态调节剂对其他呼吸道病毒感染的预后有益。其主要调节机制在于：① 肠道益生菌主要作用靶点是黏膜下的抗原提呈细胞，如树突状细胞和循环单核细胞。这些细胞通过释放各种细胞因子并循环到远端黏膜下的淋巴细胞群，发挥双向免疫调节作用。例如，产丁酸的细菌能够降低造血干细胞移植后的呼吸道病毒感染。② 一些益生元和膳食纤维的补充可促使肠道微生物发酵产生短链脂肪酸（包括乙酸、丙酸和丁酸）。在直接调节肠道局部免疫的同时，一些未被代谢的短链脂肪酸可进入外周血循环系统和骨髓影响免疫细胞的发育。在骨髓中生成的多种免疫细胞可通过血液循环迁移至肺部，并在肺组织内发育成熟并参与肺部的免疫反应。③ 微生物的一些代谢产物通常被称为后生素，也具有一定免疫调节作用。如脱氨基酪氨酸（DAT）可通过增强I型干扰素来保护宿主免受流感病毒感染。

5. 益生菌能减轻新冠肺炎引起的细胞因子风暴吗？

目前研究显示，益生菌制剂能下调促炎细胞因子IL-6水平，减轻细胞因子风暴过度反应。免疫细胞在炎症初始能产生促炎细胞因子（如TNF和IL-6），其生物效应是激活多种免疫细胞，促进炎症反应；当机体促炎症反应强烈时，引起部分免疫细胞和免疫分子过度活化、免疫网络失衡，进而引起严重炎症。在机体免疫能力正常时，促炎细胞因子和抑炎细胞因子协同作战，使机体达到免疫适宜。酪酸梭菌、长双歧杆菌婴儿亚种及复合微生态制剂（双歧杆菌三联活菌制剂）等益生菌能下调IL-6，减少促炎细胞因子的分泌，增加T细胞调节能力，抑制NF-κB的活化，降低TNF-α和IL-1β的表达，提高IL-10的表达，降低血液中IL-6水平，减轻炎症反应，抑制炎症风暴的发生，避免肺严重损害及多器官功能衰竭。

6. 调节肠道菌群能减轻新冠肺炎内毒素血症吗？

感染新冠病毒后，由于体内应激反应、营养障碍和抗生素的使用，易造成肠道微生态失调及肠黏膜屏障功能障碍，引起肠道黏膜通透性增加，促使肠道来源促炎症因子及肠源性内毒素进入全身，加重全身的炎症反应，进一步引起机体免疫力紊乱，导致炎症风暴发生。微生态调节剂长双歧杆菌婴儿亚种通过MAPK途径介导，对紧密连接蛋白产生影响，通过减少密封蛋白2（claudin-2）表达，增加ZO-1和闭合蛋白（occludin）表达，增强肠道屏障功能；并能抑制核转录因子NF-κB的表达；增加肠道内乳杆菌的生长，抑制肠球菌的生长。新冠肺炎部分患者不仅有呼吸道感染症状，同时也存在消化道症状（如腹泻、便秘等），胃肠道病理变化见肠黏膜损伤。益生菌能增强肠道上皮细胞间紧密连接并产生黏液素等改善肠道屏障功能；产生短链脂肪酸、黏附素、细菌素等增强肠道的拮抗作用；产生淋巴因子、IgA和防御素等参与Th2、Treg细胞的应答，促进机体的免疫调节作用。

7. 怎样应用微生态调节剂防治新冠肺炎？

在新冠肺炎病程早期，选用免疫类调节益生菌制剂，刺激单核吞噬细胞产生TNF-α和IL-6。产生免疫应答的程度取决于益生菌菌株特异性，不同种类的益生菌诱导生成TNF-α、IFN-γ和IL-10的量不同。布拉迪酵母能增强吞噬细胞的活性，提升多核白细胞、中性粒细胞的数量以及多种细胞因子的水平，增加SIgA浓度，乳杆菌能增加血液中IFN-γ水平；双歧杆菌具有抗感染功能；鼠李糖乳杆菌菌株能减少T细胞的增殖，减少成熟树突状细胞分泌IL-2和IL-4。新冠肺炎重型、危重型患者存在细胞风暴风险，在对症治疗的基础上，积极防治并发症，治疗基础疾病，预防继发感染，进行器官功能支持，这时应选用大剂量具有抑炎类作用的益生菌制剂。长双歧杆菌婴儿亚种能增加Foxp3 Treg细胞的数量，抑制TNF-α、IL-6生成；酪酸梭菌通过抑制NF-κB信号通路抑制IFN-γ信号通路，上调PPAR-γ水平，调节黏膜下血管内皮细胞黏附因子表达，抑制黏膜炎症，促进细胞因子IL-10分泌，抑制CD4$^+$辅助T细胞群的增加并下调炎性细胞，发挥免疫调节作用。两歧双歧杆菌、长双歧杆菌、短双歧杆菌等双歧杆菌属益生菌通过促进成熟树突状细胞分泌IL-10发挥抗炎作用；乳杆菌也具有促进树突状细胞成熟分泌IL-10的作用。在疾病恢复期选择免疫调节类益生菌制剂也是一项重要手段。

（黄志华　华中科技大学附属同济医院）

第十五节　微生物群移植

1. 什么叫微生物群移植？

我们的身体，像一颗小小的星球。上面"居住"着数以万亿计的细菌、病毒和真菌，组成了微生物群落，它们主要存在于肠道和皮肤。肠道菌群中有1000余种细菌，它们在我们的身体中扮演着不同的角色。其中大部分对健康极为重要，而一些则可能导致疾病。在生命的不同时期，这些细菌的比例会有变化，但是总体会稳定在一种相对平衡的状态。由于手术、自身免疫攻击、酒精以及抗生素的滥用等因素，肠道菌群的比例会失去平衡，出现反复腹泻或者腹痛等症状。临床医生为了改善患者的肠道菌群组成，缓解肠道微生态失衡导致的相关临床症状，开始尝试微生物群移植这一项技术。

微生物群移植（human microbiota transplantation，HMT），又称为肠菌移植、肠道微生物移植等，是指将健康人粪便中的功能菌群通过肠菌处理系统制成混悬液或胶囊，利用空肠营养管或者灌肠的方式移植至患者胃肠道内，通过重建患者正常功能的肠道菌群，以实现肠道内外疾病的治疗。微生物群移植也因此被认为是一种特殊的"器官移植"。目前临床上采用的微生物群移植主要有两种方式：粪菌移植（fecal microbiota transplantation，FMT）和益生菌调节剂。粪菌移植的途径主要包括三种：上、中、下消化道途径。具体实施方式有应用消化道内镜、鼻胃肠管及胶囊等。

2. 使用微生物群移植对供体有什么要求？

高质量的微生物群移植供体是治疗成功的关键所在，由于治疗疾病不同，在供体选择上各有侧重，但基础的筛查是一致的。最好选择青中年（年龄18～40岁）体型中等（BMI18～23）的健康人群，本身大便规律，每天1～2次黄软的香蕉状大便，胃肠功能良好，不会不时出现便秘、腹泻等情况。生活作息规律、定期运动，没有吸烟、嗜酒等不良习惯，尽可能排除因生活习惯引起肠菌紊乱的因素。需要强调的是，很多人喜食鱼生或醉虾、醉蟹（生）等食物，这类食物携带寄生虫风险极高，喜食者不宜作为供体入选。供体应没有慢性病史，如高血压、糖尿病、痛风、肝病、肾病、精神疾病、恶性肿瘤等，也没有相关疾病的家族史。比如家中父辈罹患恶性肿瘤，即使本人目前身体健康，也不适宜作为微生物群移植供体。过敏性疾病也是关注的要点，有研究认为该类疾病与肠道菌群紊乱密切相关，或许在未来也会成为微生物群移植治疗的适应证之一。在备选供体的筛查中，还会重点问询以下情况：近半年是否曾出现胃肠道感染、近3月是否服用抗生素、近6月是否曾到卫生条件差或有流行腹泻的国家地区旅游等。

经过以上步骤的筛选后，需对备选供体做进一步检查，包括血常规、尿常规、粪便常规、肝肾功能，以及肝胆超声、肝脏硬度测定（该检查主要是为了排查脂肪肝）等。上述检查结果正常（或没有临床意义）是供体入选的必备条件。合格的供体还需排除常见传染性疾病如HIV、梅毒、乙肝、丙肝等，其他病原体筛查还包括巨细胞/EB病毒、产酶肠杆菌等。在日常工作中还需定期对满足上述要求的供体进行复查，以保证每一次治疗前选择的供体都是合格、安全的。

3. 供体不一样，疗效是不是会不一样？

来自供体的特质对微生物群移植疗效差异一直是研究者感兴趣的话题。但目前仍没有完美的证据证明供体的某些菌种组成、比例会明确加强移植效果。以代谢综合征为例，2005年曾有研究表明，肥胖人群中的厚壁菌门/拟杆菌门相对更高。而后研究表明肥胖人群经过一段时间饮食控制后，拟杆菌门比例升高，两者差距缩小。10年后又有研究指出肥胖人群厚壁菌门和拟杆菌门相对丰度并无统计学差异。研究人群不同，所展现的结果也截然不同，甚至出现一本杂志同期发表了两篇结论完全相反的研究成果。所以筛选供体去治疗疾病时必然要面对上述困扰。在一项针对微生物群移植治疗艰难梭菌感染（CDI）① 的研究中，研究者收集了2014年1月至2016年4月期间在美国267个医疗中心接受微生物群移植治疗CDI的患者数据，确定了51名供体，其中有一名供体X粗略有效率仅有70%，平均供体治愈率为85.3%，然而再进一步分析该供体的微生物群，发现与其他人没什么不同，经过一系列质控后，研究人员发现供体X在预测CDI的临床结果方面不再具有统计学意义。同样有很多研究表明，不同供体对CDI疗效并无显著差异，这似乎说明供体的个人差异对微生物群移植疗效并没有显著差异。但必须指出的是，尽管很多疾病都发现其发病原因与肠道微生物群有千丝万缕的联系，但疾病本身的发病机制完全不同，因此供体差异所展现的疗效也不应一概而论。如治疗炎症性肠病更倾向于选择与患者有密切关系的个体，如父母、配偶、兄弟等，这些个体与患者生活环境、饮食习惯相似，拥有相似的肠道菌群，可使移植后菌群更容易存活并维持更长时间。这种观点认为移植前受体和供体有相似的微生物环境，分享了相似的"基线"，似乎可以更好地避免移植后的肠道黏膜适应性免疫应答。可以想象当两个生活、饮食习惯完全不同的微生物群相遇（比如一个来自西藏、一个来自海南），它们的"语言"是否完全不同？

---

① CDI是微生物群移植治疗的主要适应证。

人们更希望通过深入的研究找到一个"万能供便者"（当然他不是一个人），通过受体–供体之间的肠型匹配，如同血型匹配一样，就能获得令人满意的肠菌存活率并诱导病情缓解。这就是粪便银行的建立，同质化地解决不同受体、不同疾病之间的差异，让微生物群移植的过程更为简洁。

4. 哪些人适合微生物群移植？

对于许多疾病，菌群失调的改变可能并不是其唯一的发病原因，但是菌群失调往往发挥着核心作用，重建肠道菌群平衡通常能够显著改善症状。那么微生物群移植究竟适合于哪些人呢？

（1）艰难梭菌感染（CDI）。艰难梭菌是一种肠道厌氧菌，各种疾病或大量使用抗生素会使患者肠道菌群组成失衡，肠道内艰难梭菌过度繁殖，产生毒素，进而导致患者出现严重腹泻和伪膜性肠炎，死亡率可达5%～40%。2012年Brandt等的研究显示，粪菌移植（FMT）治疗复发性CDI的总治愈率高达98%，而且91%患者通过1次移植即可治愈。2013年FMT治疗方案在美国被列入治疗复发性CDI的临床指南。指南指出，对反复发作（3次）的CDI病人，应考虑使用FMT治疗。

（2）炎症性肠病（IBD）。IBD是一种慢性非特异性肠道炎症性疾病，包括溃疡性结肠炎（UC）和克罗恩病（CD）。药物治疗复发率高，且有严重的不良反应。南京医科大学张发明教授等的一项研究结果显示，单次FMT治疗30名难治性CD患者，1个月的有效率为86.7%，缓解率为76.7%，但是由于IBD导致肠道黏膜屏障受损，通透性增加，FMT可能会增加菌血症的风险，因此对于病情严重的活动性IBD慎用FMT，而对于传统治疗无效或无严重并发症的患者可尝试FMT治疗。

（3）肠易激综合征（IBS）。IBS是一种慢性功能性胃肠道疾病，以持续或间歇发作的腹痛、腹泻和便秘为临床表现，累及全世界人群的10%～20%。最近的一项关于FMT治疗难治性IBS的研究包括13例患者（9例为腹泻型IBS，3例为便秘型IBS，1例为便秘腹泻交替型IBS），FMT治疗后随访长达18个月，9例（70%）症状消失。FMT有可能成为IBS的一种治疗方案，既可以改善患者的生活质量，也可以减少长期治疗成本。

（4）功能性便秘（FC）和功能性腹泻（FD）。FC表现为粪便干结，排便困难，粪便量和次数减少。FD表现为持续或反复地出现排稀便或水样便，不伴有腹痛或腹部不适症状。对于传统药物治疗无效或反复发作的患者，应考虑运用FMT。

（5）肝性脑病（HE）。HE是终末期肝病的常见严重并发症，与患者的死亡率相关。肠道产氨的细菌是HE发病因素之一。研究表明，常规治疗无效或收效甚微的情况下，FMT可不同程度地增加肠道菌群的多样性和有益菌数量，最终改善患者认知，并减少再发次数或延长再发时间间隔。

（6）其他肠道外相关疾病。如肝脏疾病（慢性乙肝、肝硬化、非酒精性脂肪肝）、帕金森综合征、抑郁症、孤独症等，若传统治疗无效，特别是当肠道菌群失衡（如病原菌感染、抗生素使用等）是引起疾病或诱发症状加重的因素时，可考虑尝试包括FMT的肠道微生态治疗。

5. 微生物群移植所使用的粪菌是怎么得来的？

粪便微生物群移植最早可以追溯到公元4世纪的中国，当时称为"黄龙汤"，用于治疗严重的食物中毒和腹泻。东晋葛洪所著的《肘后备急方》记载了当时用粪清治疗食物中毒和严重腹泻，"绞粪汁，饮数合至一二升，谓之黄龙汤，陈久者佳"，还记载了用动物粪便治疗疾病，如"驴矢，绞取汁五六合，及热顿服，立定"。明代李时珍在《本草纲目》中也记载了口服粪水治疗严重腹泻、发热、呕吐和便秘等疾病。《本草纲目》和《医事别录》分别称为金汁、人中黄、还元水或粪清。关于金汁，《本草纲目》记载了几种制法："近城市人以空罂塞口，纳粪中，积年得汁，甚黑而苦，名为黄龙汤，疗温病垂死者皆瘥。""腊月截淡竹去青皮，浸渗取汁，治天行热疾中毒，名粪清""浸皂荚、甘蔗，治天行热疾，名人中黄。"还有一种制法是用棕皮棉纸铺上黄土，浇粪汁于土上，滤取清汁，倾入瓮中密封，埋藏入土中一年取出，其清若泉水，全无秽气，年久弥佳。

随着医学的进步，科技的创新，微生物群移植越来越被重视，制备粪菌的方法也在不断改进。传统的粪菌制备方法包括粗滤法、粗滤加离心富集法，现在我国医疗科研团队研发出的"GenFMTer"智能粪菌分离系统，采用微滤加离心富集法，比传统的制备方法有了更大的改进。理解其区别，就可以理解FMT到底移植了什么物质。

（1）粗滤法：是指将供体粪便加溶液搅拌后，经简单过滤，收集粪便悬液的过程。该方法为粗加工，操作简单，但无法除去粪便中的细小颗粒与可溶性物质，也无法富集粪便中的细菌。

（2）粗滤加离心富集法：是指在粗滤法的基础上进行离心，通过反复离心清洗，去除粪便中大颗粒和可溶性杂质，收集离心得到的粪菌沉淀。

（3）微滤加离心富集法：是在微滤装置的基础上，经多级过滤，并直至微滤，然后反复离心洗涤，能去除粪便中未降解的食物残渣、虫卵、与细菌密度不相近物质和可溶性物质，在1小时内实现粪菌的富集和纯化。"GenFMTer"智能粪菌分离系统即为该方法关键环节所依赖的设备。此方法的另一重要特点是缩短制备时间。我们都知道粪便菌群以厌氧菌为主，长时间暴露会增加功能菌群的死亡，因此缩短粪菌处理时间和氧气暴露时间，是保存菌群功能的关键。

微生物移植所使用的不仅有瓶装的菌液，还有一种更加小巧的粪菌胶囊。平常我们都是从中消化道或下消化道途径给药，而上消化道途径则是通过口服粪菌胶囊。那么粪菌胶囊又是如何制备的呢？基于"GenFMTer"智能粪菌分离系统所获得的微生物群悬液，离心去上清液，加入冻干保护剂，用振荡器混匀，制成菌悬液预冻，迅速将冻结样品移入冷冻干燥机中冷冻干燥，将冻干后的菌粉进行胶囊包装，胶囊壳采用当前通用的耐酸羟丙甲纤维素胶囊（0号），密封包装后在−20℃冰箱中保存。

6. 粪菌是怎么移进身体里面的？

粪菌进入身体主要通过两种路径：一种经口或鼻，自上而下；一种经直肠，自下而上。

（1）自上而下有两种方式：

① 把分离的粪菌冻干，做成粪菌胶囊，进行口服；

② 通过胃镜手术，医生会提前留置一根小而柔韧的管子，从鼻子进入十二指肠，留置成功之后，患者需要妥善固定，之后便可以多次输入粪菌液。医生通常会在手术之前使用镇静药物，因此不会感到任何疼痛或不适。

（2）自下而上的方式：

利用肠镜，将一根小而柔韧的管子通过患者直肠插入结肠，向结肠送入粪菌液，医生通常会在手术之前使用镇静药物，因此患者不会感到任何疼痛或不适。但做一次肠镜只可以送入一次粪菌液。我们还可以利用一根小而柔韧的管子插入直肠，通过灌肠机用一定的压力把菌液送入肠道。

7. 微生物群移植还有哪些作用？

自然界中广泛存在许多微生物，人的体表以及外界相连的腔道，如口腔、呼吸道、肠道、泌尿生殖道等都存在不同种类和数量的微生物。所谓正常微生物群是指在人体正常生理状态下，寄居在其体表和体腔中的微生物。

当人进食后，食物穿过漫长的胃肠道系统，经过机体正常加工，其中的营养被吸收后，最终成为残渣，以粪便的形式排出体外。粪便由75%的水和25%的固体物质组成。大部分固体物质是有机物，包括活的或死亡的微生物（细菌、古细菌、真菌、病毒）、原生生物、结肠上皮细胞、代谢物等。其中，细菌占粪便固体物质的25%～54%，占粪便总质量的6.3%～13.5%，说明细菌在肠道环境中扮演着重要角色。研究人员发现，从粪便中分离出的毛螺菌科细菌和不产毒的艰难梭菌，均可明显降低肠道内产毒素的艰难梭菌数量，这给利用细菌治疗相关疾病带来了一定启示。

相比于粪便中的其他成分，病毒受到的关注则较少。值得一提的是，粪便中的病毒/细菌只有0.13，与其他自然环境中的1.4～160相差较大。这说明粪便中的病毒大多较为温和。事实上，在健康人的肠道内，白色念珠菌与细菌保持着竞争共生，然而当平衡被打破时，即会出现一系列问题。真菌往往能够通过肠上皮细胞的屏障，诱发炎症，导致疾病。结肠上皮细胞构成了肠道内的物理屏障，但当它们大批死亡时，隔离粪便和人体的功能也就随之分崩离析。此外，免疫球蛋白A（IgA）也是肠道的一道防线。病理学研究表明，与不分泌IgA的肠细胞相比，分泌IgA的肠细胞能有效抑制艰难梭菌的繁殖。此外，肠道细菌可以将纤维素转化成短链脂肪酸。这些短链脂肪酸在抗炎、诱导T细胞生成等方面作用显著。事实上，粪便中很大一部分是纤维素，它们对肠道菌群的多样性有着重要意义。如此说来，细菌并不是粪便移植中唯一起作用的成分。粪便复杂的成分及其相互作用还有待进一步探索，而研究结果势必将对相关疗法起到至关重要的推动作用。目前，粪菌移植已经显示出在减轻一些难治性疾病症状方面的作用，这些疾病包括肠易激综合征、结肠袋炎、精神疾病、肥胖、胰岛素抵抗以及自身免疫性疾病等。

8. 微生物群移植有不良反应吗？

医学技术是一把双刃剑，人们在关注它在疾病治疗上的重大贡献的同时，也不可忽视可能会带来的不良反应。在关于微生物群移植的研究中，7562篇关于粪菌移植的文章有50篇文章报道了78种不良事件（AE），总发生率为28.5%。其中40篇文章有5种不良事件肯定与粪菌移植有关，有38种可能跟粪菌移植有关。第一个常见的可归因AE是上、下胃肠道不适，包括腹痛、腹胀、大便频率增加、胀气、腹部抽筋和其他非特异性症状。12篇文章涉及上消化道给药途径，其中29.9%的患者在粪菌移植后出现腹部不适。因此，与下消化道相比，上消化道途径更容易发生腹部不适。第二个常见的可归因AE是短暂性发热，分别发生于3.4%和2.8%患者的上、下胃肠道给药途径，在所选的50篇文献中，大多数报道了轻微到中度的症状，如腹痛、腹部抽筋、胀气、大便频率增加、便秘、呕吐、嗳气、发热和C反应蛋白（CRP）的短暂增加，通常没有引起任何不良临床结果。因此，我们重点需关注严重不良事件（SAE），列出的27篇文章中报道了44种SAE，其中18种与粪菌移植的流程有关。上、下胃肠道的SAE发生率分别为2.0%和6.1%，这表明粪菌移植给药的下胃肠道途径比上胃肠道途径诱导更多的SAE。与粪菌移植相关的SAE包括死亡、病原体感染、炎症性肠病复发、自身免疫性疾病和粪菌移植灌注相关的损伤等，而粪菌移植无关的SAE包括由潜在条件引起的死亡或住院。最常见的SAE是艰难梭菌感染和炎症性肠病所致的死亡、严重感染和复发。

2019年6月13日，美国FDA发出警告，粪便移植微生物群治疗可能会传播多重耐药菌，导致严重感染，继而危及生命。FDA表示，已发现有两名免疫力低下的患者在进行粪菌移植治疗后，因多重耐药菌（大肠杆菌产生的超广谱β–内酰胺酶）引发严重感染，其中一人已经死亡。FDA生物制品评估和研究中心认为仍需要支持粪菌移植这一领域应用于临床治疗疾病的科学发现，但值得注意的是，粪菌移植并非万无一失、没有风险。因此，仍需提醒在粪菌移植研究领域的医护人员，对粪菌移植的安全性、可靠性应高度重视，避免一些潜在风险的发生。

目前很多粪菌移植患者都未能进行长期随访，虽然短期内粪菌移植确实没有很严重的不良反应发生，但通过长期的随访来确定粪菌移植的长期安全性仍然是十分必要的。

9. 微生物群移植可以到哪里做？

2012年底世界上首个非营利性粪菌库（OpenBiome）在美国建立，迄今已完成面向北美地区及邻近国家约2万例次的治疗。2012年，南京医科大学第二附属医院建立了医院粪菌库，最初仅用于院内患者的救治和临床研究。2015年，由南京医科大学第二附属医院和第四军医大学西京医院共同发起中华粪菌库紧急救援计划（www.fmtbank.org），在国家消化系统疾病临床医学研究中心项目（空军军医大学西京消化病医院牵头）等的支持下，通过建设粪菌移植体系，并作为特殊生物样本库面向全国提供临床救治服务。现在国内约70余家三甲医院陆续开展了粪菌移植的临床应用，包括广东药科大学附属第一医院、广州市第一人民医院、同济大学附属第十人民医院、上海儿童医学中心、上海交通大学医学院附属第九人民医院、中国人民解放军总医院、第三军医大学大坪医院、树兰（杭州）医院、山东省儿童医院、安徽省立医院等。

[高海女　树兰（杭州）医院]

第三章　益生菌是最好的药

第一节　益生菌的作用机理

益生菌是人类的好朋友，被全球科技界所认知和医学界所认可的作用机理是怎样的呢？

1. 益生菌可对人体内有害物质或毒素进行解毒或排毒吗？

益生菌（菌种或菌株）的使用具有一定的解毒效果（antitoxin effect）。世界各地从事益生菌领域研究的科学家发现：经临床证实的益生菌能够有效去除或降解有害菌如艰难梭状杆菌产生的毒素、大肠杆菌和霍乱（cholera）弧菌产生的肠毒素等。这些毒素实际上是这些病菌产生的多功能蛋白酶、磷酸酶或多功能蛋白。经典的益生菌（例如，乳杆菌或布拉迪酵母等）的解毒效果在于它们可通过阻断病原微生物毒素的受体部位（位点），充当毒素的诱饵受体（decoy receptor）或通过直接破坏（摧毁）病原微生物的毒素而起解毒作用。

2. 人体内正常菌群能在肠道内形成保护层或微生物屏障吗？

益生菌可在人体内形成微生物屏障，起到生理性防护作用，表现为维护肠内细胞间紧密连接，对抗外来有害菌的黏附，减少有害菌的入侵。人体的菌群是人体重要组成部分之一，肠道菌群是其中最大的部分。近些年来，全球人体微生物组学的深入研究揭示，人体肠道菌群可能包含40 000多种微生物。全球科学和医学界把此菌群视为人体内额外的器官。人体内菌群所包含的基因数约是人类自身基因数的100～150倍，在肠道中寄生的菌群90%是厚壁菌门、拟杆菌门、放线菌门、梭杆菌门、变形菌门和疣微菌门。肠道菌群或益生菌群在肠道内壁表面附着和定植，形成人体肠内的天然屏障，可抑制病原体的黏附、生长和入侵，发挥对人体（机体）长久而持续的保护功能。人体正常菌群（或益生菌群）可与有害菌或外来病原微生物竞争营养成分和肠内黏附位点，产生细菌素或抑制病原微生物生长的酶类。

3. 益生菌能对人体的菌群失调起调整和修复作用吗？

益生菌维护人体肠内微生态的平衡，对人体正常菌群起调节作用。益生菌的使用可避免和改善因抗生素应用所引起的肠内正常菌群或益生菌群数量的减少（或称菌群失调）。使用抗生素和外科手术等常常扰乱了体内正常菌群屏障，使有害病原微生物易于在体内定植的主要因素。恰当益生菌的使用是恢复人体（特别是肠道内）被扰乱的微生态平衡（或称人体内菌群平衡）、修复人体内菌群组成的重要手段。一个人自出生到成年，体内菌群有可能会经历一定的变化或波动，但正常肠道菌群的建立和定植主要是在婴幼儿时期的前3年完成，即3岁以前婴儿体内或肠道内开始形成了稳定的、相对永久的正常菌群，并伴随和贯穿人的一生。稳固而正常的肠道菌群在婴幼儿期的成功建立与人体免疫和肠道代谢功能的发展密切相关，对短期和长期的健康都有着深远的影响。肠道菌群失调常被定义为："健康个体中常驻菌群或其菌群的重要组成部分如益生菌的数量减少或肠道内定植微生物（细菌）的多样性发生了改变"。菌群紊乱常常也是相关疾病的原因或结果。

4. 在人体内微生物富集的结肠，益生菌代谢时起怎样的作用？

结肠中含氮有机化合物来源丰富。估计每天有3～25g蛋白质和肽类从小肠进入结肠，少量来自食物残渣，大部分来自宿主（人体）本身，如口腔、消化道、胰腺和小肠分泌的酶、黏蛋白及其他糖蛋白。大肠也能提供包括细菌分泌物、自溶产物、结肠黏蛋白和脱落的黏膜细胞在内的蛋白质。结肠中不同类型的蛋白质，如弹性蛋白、血清蛋白、结缔组织胶原蛋白，以及来自不同植物和细菌的蛋白质等可为细菌利用。益生菌可通过体内代谢调整发挥作用，它可产生短链脂肪酸，支持正常的结肠功能。人体大肠（结肠）内的微生物或细菌种类繁多，有1000种以上，复杂的碳水化合物可被微生物发酵和水解成简单的糖，最终生成众多的发酵产物，如短链脂肪酸（SCFA）等。结肠发酵的生理意义重大，比如肠切除后会丧失吸收营养物质、电解质和水的能力所产生的症候群，通常被称作短肠综合征（short bowel syndrome）。因肠道缩短而使得碳水化合物停留时间减少，不能被很好地吸收和降解，常采用高脂膳食来维持体内能量平衡。

5. 益生菌在体内（肠道内）有哪些营养效果或干预效果？

益生菌的营养效果或干预效果表现在：益生菌在肠道内增加双糖酶的活性，对抗病毒性腹泻，支持肠内上皮细胞的成熟；益生菌可降低黏膜炎的发生，恢复流体运输路径，刺激蛋白和能量的产生；释放精胺和亚精胺，或其他有助于肠内上皮细胞成熟的酶类。

6. 益生菌如何影响人体免疫系统？

益生菌对免疫系统的调节作用表现在，增加SIgA水平，提升肠道免疫防御功能。益生菌可充当一种免疫调节剂或降低促炎症反应（应答），在人体各腔体内（胃肠道、口腔、呼吸道、女性阴道等）和人体全身起系统免疫作用。肠内上皮细胞会不断地暴露在微生物和外来抗原面前，通过不断整合衍生自微生物的信号，进行恰当的抗菌和免疫调节作用。

7. 益生菌能起到抗生素的效果吗？

某些或部分经临床验证的益生菌及其代谢物具有类似抗生素效果。此类益生菌常对外来病原体起到抑制和抗菌作用：益生菌能直接或间接地干涉或抑制肠道内病原体（微生物）的生化和繁殖，常见的病原体有白色假丝酵母、鼠伤寒沙门氏菌、耶尔森氏菌（Yersina）和气单胞菌（Aeromonas）等，益生菌还可通过调节细胞信号通路发挥作用，减少炎症细胞因子的合成。

8. 能举例说明世界上著名的临床益生菌菌株的作用机理吗？

不同益生菌菌种和菌株很可能有着不同的作用机制，仍需要大量的研究和临床应用来验证。以世界知名益生菌罗伊氏乳杆菌DSM17938为例，其关键作用机理主要表现在：

（1）产生罗伊氏抗生素（reuterin）。作为人体来源的益生菌，罗伊氏乳杆菌DSM17938可产生抗菌复合物质——罗伊氏抗生素，可杀死细菌、真菌和原生动物，并抑制病毒活动。多位学者研究并发表文章认为，大多数动物来源的罗伊氏乳杆菌菌株不具备从人体分离得到的罗伊氏乳杆菌菌株的这种产抗生素的能力。该抗生素被认为是复合3-羟基丙烯酸酯（3-hydroxypropionaldehye，3-HPA），也是从丙三醇（glycerol）转变为1，3-丙二醇（1，3-propanediol）的媒介。目前已有研究显示，罗伊氏抗生素在人体菌群中的作用是调整人体内食源性病原细菌的抵抗，并可能有助于其他代谢活动。

（2）产生人体所需的维生素。人体来源的罗伊氏乳杆菌菌株能在体内代谢产生一定数量的维生素，包括氰钴胺素（维生素B_{12}）、叶酸和硫胺素（维生素B_1）。特别是维生素B_{12}与人类的恶性贫血有关。

（3）对人体免疫系统的调节作用。进入21世纪的近20年间，益生菌对人体免疫系统的影响一直是研究的主要领域。作为"免疫益生菌"的代表菌株，在欧美各国针对罗伊氏乳杆菌进行了大量的研究和临床试验，并证实其对人体的免疫功能具有调节和提升作用。尽管组胺在过敏应答中通常被认为是一种促炎症反应的细胞因子，但它同时也在肠道中起到抗炎的作用。2015年，几位科学家进行的研究调查了罗伊氏乳杆菌菌株产生的组胺在鼠大肠炎（colitis）模型中改善肠道炎症的作用。结果显示，罗伊氏乳杆菌通过利用膳食产生组胺来抑制大肠炎的产生。此研究表明，通过肠道内微生物代谢产生的代谢物将对人体或宿主健康有很大的影响。

综上所述，了解和明白了益生菌的各种作用机理，对我们更好地应用和使用益生菌大有好处。

（崔岸　普百氏生物科技有限公司）

第二节　益生菌的菌种选择

益生菌的食用和药用的历史已超过千年，广泛的工业化应用和大众广泛认知在全球范围内经历了超过100年的变迁和沉浮。

目前全球益生菌市场菌种和菌株变化万千，五花八门，特别是在欧洲、美洲的美国和加拿大、亚洲的日本和韩国等益生菌流行和进行了大量民众普及的发达国家市场。中国也紧跟时代潮流和发展趋势，有后来居上的潜力和推陈出新的机遇。大众消费者和非专业人士在选择全球和中国市场的各种益生菌产品时，要了解和注意哪些有关益生菌菌种和菌株的问题呢？

1. 用于人类健康的益生菌菌种和菌种选择的来源是怎样的？

用于人类健康，或者说可用于预防和治疗疾病的益生菌菌种和来源极为关键。

一方面要保证益生菌对人体的安全性，另一方面又要有一定功效或对人体的确切益处。目前国际上用于食品、膳食补充剂和药品的大多数菌种或菌株都来自人体或食品。当然国内也曾有小部分过去获批的生物制品类药品或微生态制剂的菌株来自自然界（如土壤）或来源不明等。这些益生菌菌种（菌株）现主要保藏在各国微生物保藏中心、国际性研究机构、国内外菌种和益生菌以及生产商的菌种库内。其中较知名的和为行业所熟悉的菌种保藏机构有：中国典型培养物保藏中心（China Center for Type Culture Collection，CCTCC）；美国典型培养物保藏中心（America Type Culture Collection，ATCC）；健康加拿大国家微生物实验室（National Microbiology Laboratory，Health Canada，NMLHC）；法国国家微生物菌种保藏中心（Collection Nationale de Culturesde Microorganismes，CNCM）；德国微生物保藏中心（Deutsche Sammlung von Mikroorganismen und Zellkulturen，DSMZ）等。当代科学界和医学界较为认可人体来源或食品来源（如发酵奶制品或发酵蔬菜等）的益生菌菌种和菌株，毕竟益生菌源自人体或人类食品意味着这些有益人体的微生物已经与人类相互依存、互惠互利地存在了很长时间，安全性更可能有充分的保障，不过相应的动物试验和人体临床研究进行验证某些确切的功效也是必要的。

2. 酸奶中常用和添加的乳酸发酵菌种（菌株）都是益生菌吗？

益生菌和乳酸菌定义和内涵不同。人类健康领域的益生菌通常是指活的微生物，当给予或摄入充足数量（比如10亿或以上活菌数）时，对人体产生一定的健康益处（需要通过临床研究来证实）。乳酸菌则是指能发酵糖类并产生乳酸的细菌的总称，不是一个严格的微生物分类名称。并非所有的乳酸菌都是益生菌。有些奶制品或肉制品发酵菌种（比如嗜热链球菌、乳酸乳球菌等）仅是作为食品发酵剂使用，产生风味和产生食品的质构。但不可否认的是，乳酸菌种中的双歧杆菌［例如，长双歧杆菌、短双歧杆菌、动物（乳）双歧杆菌、两歧双歧杆菌等］和乳杆菌（例如，鼠李糖乳杆菌、嗜酸乳杆菌、植物乳杆菌、罗伊氏乳杆菌、发酵乳杆菌、干酪乳杆菌、副干酪乳杆菌和瑞士乳杆菌等）这两大属类中不少菌种（菌株）是益生菌的重要组成部分，也是目前应用最广和研究较为深入的常见益生菌种类。非乳酸菌类益生菌在世界各地的典型代表菌种有大肠杆菌（EcN 1917）和酵母（布拉迪酵母）等。

3. 益生菌菌种和菌株的差别和作用有何不同？

如前所述，常规的含益生菌的产品在确保使用一定剂量以上，除了有明显调节人体胃肠道菌群的常见作用外，其他特殊功效和特定功能都高度依赖于菌株的特定性或特异性。换句话说，从细菌分类学的角度，比如鼠李糖乳杆菌是一类重要的益生菌菌种，即便都是鼠李糖乳杆菌，但在该菌种下的不同菌株的具体功效和作用可能差异很大或明显不同。比如世界著名益生菌菌株鼠李糖乳杆菌GG（简称LGG，即菌株ATCC 53103），临床研究证实其对胃肠道疾病（如腹泻等）和儿童湿疹等都有一定的效果，但在女性阴道健康方面，如细菌性阴道炎缓解和治疗方面没有确切和明显的效用。而另一知名菌株鼠李糖乳杆菌GR-1则有明显改善女性阴道菌群平衡的功能，并对细菌性阴道炎有较好的作用。

4. 各类含有益生菌菌种和特定菌株的产品彼此有差别吗？

市场上有各类含益生菌的产品，常表现为奶制品（酸奶等）、饮品/固体饮料、膳食补充剂和保健食品、药品等。即使产品含有同样的菌种和菌株，产品诉求和产品效果也可能不同。首先，益生菌菌种和特定剂量或数量以及货架期内产品的稳定性（活菌数）都有可能不同或发生明显变化，进而可能影响产品质量和效用。其次，产品中除益生菌菌种和菌株外的其他成分也很关键。例如，益生元或其他功效成分有可能对益生菌在人体的作用起到促进作用；反之，也有可能其他辅料成分会抑制或影响益生菌的功效。对于保健食品和药品而言，往往需要动物试验和人体试验验证其功效才能获批上市，宣传或声称其相应的功能或适应证等。

5. 如何选择适合婴幼儿和儿童的益生菌？

如前述章节已提到和论述了益生菌和儿童疾病的关系，在婴幼儿期（3

岁以下），人体建立或形成了组成相对固定的肠道菌群。这就意味着3岁或更小的婴幼儿的肠道菌群处于相对娇气和不稳定状态，因此，对摄入的菌种和菌株的安全性要求更高。临床证实其安全性和功效的部分益生菌菌株，且通过与婴幼儿和儿童相关的临床试验证明其安全性和功效的益生菌菌株才可能是婴幼儿和儿童摄入或补充益生菌的首选。

国家卫生健康委员会（原卫生部）在2011—2019年底公布的9个益生菌菌株位列在可用于婴幼儿食品的益生菌种（菌株）名单内，这是个重要的参考名单之一。

6. 世界著名的商业化超级（优质）益生菌菌种（菌株）的选择标准是什么？

从人体来源筛选或从自然界得到一个优质益生菌菌种或菌株并最终实现工业化和商业化，的确是一个耗时耗力的过程或系统工程。优质益生菌菌种和菌株的选择通常要经过体外试验、活体/动物试验和人体口服试验等严格的筛选、研究和验证步骤。① 体外试验包括菌株的选择和安全性评价两个核心部分。菌株的选择至少要经过菌种（菌株）鉴定，菌株耐酸和耐胆汁性能、在肠内上皮细胞的黏附性检验，技术特性和规模化生产可行性分析等诸多步骤。安全性评价包括检查是否有急性口服毒性、细菌易位、抗生素耐药性、自动免疫疾病的风险等。② 活体动物试验和人体口服试验重点考察和验证益生菌菌株能否通过免疫调节来增加对感染的抵抗，提升先天和后天获得性免疫应答的能力等。人体临床研究还要考察人体肠道微生态平衡是否因益生菌摄入有所改变，包括婴幼儿在内的各个年龄段人群的菌群调整和健康益处改进。

7. 益生菌产品使用单个益生菌菌种（菌株）和多个菌种（菌株），哪种好？

目前在市场上添加或使用单个或多个菌种（菌株）的益生菌产品都常见。但并不是说多个菌种（菌株）就一定比单个好，关键在于该菌种（菌株）是否属于经过临床证实的益生菌菌株或组合。

市面上已出现了含有多菌株的益生菌，有时为5～10个，亦有更多的，但未有任何研究证实多个益生菌菌株的组合就一定比单个或2～4个益生菌菌株组合的产品更有效。

相反，若将很多没有安全使用历史，或未经充分临床研究的菌株混合使用，不同的细菌之间是否会发生对抗或在人体肠道中是否会产生不期望的效果还不得而知。举例来说，世界知名的益生菌补充剂品牌Culturelle，中文名为"康萃乐"，该产品系列中目前仅使用单一的著名的益生菌菌株LGG，辅之以其他不同辅料和剂量（因年龄差别如儿童、成人和老人而有差异），也有着很不错的益生菌功效和良好的消费者口碑。

8. 益生菌产品中益生菌菌种（菌株）的剂量（活菌数）是否越高越好？

同种益生菌的不同菌株的功效不仅可能差异很大，起作用的剂量（活菌数）也明显不同。多数临床证实，每人每天安全摄入并发挥微生态调整、特定功效或其他日常维护保健作用的菌株剂量（活性益生菌数量）一般在1亿～100亿个之间。也有个别或极少数的药用益生菌产品每日（每袋）添加和建议服用剂量高达数百亿或千亿个活菌以上，并建议给病人（如肠易激综合征患者）持续摄入以减轻病痛，直至起到一定的治疗作用。

以前面介绍的LGG为例，该菌株应用于胃肠道健康（如腹泻改善）的有效剂量或活菌数约为100亿个/天，多摄入更高剂量（例如1000亿个以上）并没有更明显的效果。这说明不同的临床验证益生菌菌株都有其一定的发挥作用的起始剂量。更重要的是，近些年来，在世界各地，若干经临床验证的新的益生菌菌株不断出现并开始商业化，已不再局限于常见的乳酸菌（双歧杆菌、乳杆菌等）和酵母菌中，其他非乳酸菌类的细菌或有益微生物作为新型功效的益生菌菌种和菌株正加快登上历史舞台，应用于日用品、食品和医药工业，对人类健康发挥着更多作用。

（崔岸　普百氏生物科技有限公司）

第三节　益生菌的适应人群

1. 益生菌的适用人群有哪些？

（1）剖宫产儿、早产儿、人工喂养儿。这些婴儿分娩时未经过母亲产道或在母体内未足月或未经母乳喂养，而分娩途径和母乳喂养对肠道菌群的最初来源和菌群定植起到至关重要的作用。由于这些婴儿未能从母亲那里获得足够多的益生菌，不利于肠道微生态系统的建立，因此无法获得足够的免疫力。孩子们的健康成长离不开益生菌的陪伴，这些孩子更需要补充益生菌，以提高免疫力。

（2）腹泻或便秘人群。不管是感染性腹泻，还是非感染性腹泻，抑或是便秘患者，都可以通过补充益生菌来恢复和改善人体肠道内的微生态环境，缓解腹泻或便秘。

（3）接受放疗或化疗的肿瘤患者。化疗药物或放疗射线会杀死益生菌，导致肠道菌群失调，造成有害菌增多，并分解产生更多的致癌物质。补充益生菌能够帮助机体恢复肠道菌群平衡，对肿瘤治疗也有一定的帮助。

（4）肝硬化、腹腔炎患者。这些患者不仅会出现菌群失调，还有轻重不等的脂源性内毒素血症。补充益生菌可以抑制肠道内产胺腐败菌的滋生，降低肠道内的酸度和血液中内毒素的含量，对疾病治疗有一定辅助作用。

（5）肠炎患者。肠炎是细菌、病毒、真菌和寄生虫等引起的肠道炎症。作为机体对感染的防御反应，炎症可以对抗损伤因子，但同时也会伤害自身组织，而益生菌能够激活先天性免疫系统，发动抵抗炎症的免疫应答，有助于恢复肠内健康。

（6）中老年人。随着年龄的增长，肠道内的益生菌减少，补充益生菌是老年人的一种保健方法。

2. 乳糖不耐受或牛奶过敏者不能喝牛奶吗？

许多人肠道乳糖酶水平较低或活性不高，导致消化乳糖的能力差，乳糖经异常发酵后产生大量的短链脂肪酸及氢气，出现肠道内气体增多、腹部胀气和腹泻、水样便等乳糖不耐受症的症状和体征。保加利亚乳杆菌、嗜热乳酸链球菌和嗜酸乳杆菌等可以促进乳糖的消化和吸收，减轻乳糖不耐受症状。因此，乳糖不耐受或牛奶过敏者可以喝酸奶。

3. 益生菌使用是否有年龄限制和区别？

益生菌属于药食同源，并非生病了才要服用，它可以在人类一生中使用。由于成人和儿童肠道内的菌群组成不同，某些益生菌并不适合婴幼儿和儿童服用，因此目前市面上有婴幼儿益生菌和成人益生菌之分。婴幼儿益生菌主要为乳杆菌属和双歧杆菌属，而成人益生菌除前两类之外还有少数革兰氏阳性的球菌和酪酸梭菌。成人益生菌建议3岁以上的儿童使用。

4. 肠道益生菌使用的禁忌有哪些？

肠道益生菌作为有益菌群，主要作用是调理肠胃功能等，虽然益生菌上市前已经做了很多试验来保证食用安全性，但是它对一些特殊人群仍可能有副作用。主要问题集中在"感染能力上"，即益生菌进入血液是否会引起败血症或其他相关性疾病，像胃酸过多、肠道手术、心内膜炎和重症胰腺炎患者等，其免疫力低下、肠道屏障受损，如果使用益生菌有可能导致细菌易位及继发性菌血症。

5. 益生菌使用的注意事项有哪些？

（1）切忌与抗生素同时服用。抗生素能够杀灭人体内的细菌，破坏肠道菌群平衡，通过补充益生菌可以恢复肠道菌群平衡，但是两者服用的时间最好间隔两个小时以上，否则抗生素会将益生菌杀死，导致益生菌失效。

（2）切忌用热开水送服。由于益生菌在水温超过40℃时会失去生物学活性，因此益生菌粉剂、片剂和胶囊一般需要用不高于40℃的温水送服，此外液体、半固体益生菌产品对保存温度要求比较严格，需要2～8℃冷藏保存才不容易失活。

（3）切忌与吸附类药物同时服用。吸附类药物是能有效地从气体或液体中吸附某些成分，像细菌、病毒等，但是这类药物会减少其他药物的吸收。蒙脱石散是一种吸附剂，与益生菌联用会导致益生菌被吸附，不利于益生菌在肠道内的定植、繁殖；还有铋剂、鞣酸、药用炭等都有吸附活菌的能力，与益生菌同时服用也会影响益生菌的疗效。

（4）冲泡后应尽快服用。菌粉中的益生菌原本处于休眠状态，遇水则复活，冲泡之后久置会导致益生菌被氧化而失活，影响益生菌产品的使用效果。

（5）饭后半小时后服用为宜。多数益生菌对胃酸和胆汁不太耐受，饭后半小时到一小时，食物可以中和胃酸和胆汁，降低两者浓度，此后再服用益生菌能够保证效果。

（6）使用含有益生菌的护肤品时，应先在手臂内侧或者耳后测试，没有过敏反应之后再正常使用。

（7）使用阴道益生菌制剂后应避免性生活，切勿同时使用抗生素类药物，另外用药期间不可以冲洗阴道。该类药物不能用于由滴虫、霉菌、衣原体等引起的非细菌性阴道炎的治疗。

6. 益生菌使用有哪些方式？不同方式适用于哪些人群？

市面上益生菌产品大多采用口服方式，包括饮用酸奶或含有活菌的乳酸菌饮料，以及服用含活菌的微生态保健品。酸奶或乳酸菌饮料不适合某些腹泻或胃肠道疾病患者饮用，因为酸奶中的乳糖会分解为乳酸，虽然乳酸比胃酸（盐酸）的酸性要弱，正常情况下也不会对胃黏膜造成刺激，但是会对胃炎患者的胃黏膜造成刺激；此外，酸奶会促进肠胃蠕动而加重腹泻，所以对于胃肠道疾病患者而言，还是应该及时进行临床治疗，适当减少此类饮品的摄入。糖尿病患者应该选择不含蔗糖的酸奶或乳酸菌饮料。益生菌除了可口服之外，还有益生菌化妆品，儿童皮肤十分细嫩，使用成人化妆品不合适，更适合选用益生菌化妆品。此外，女性阴道微生态系统也是人体微生态系统的重要组成之一。乳杆菌是阴道内的正常菌群，可以维持阴道的弱酸性环境，防止细菌性阴道炎的发生，可通过乳杆菌活菌胶囊的阴道给药方式对阴道菌群进行补充。

7. 益生菌产品的安全性如何？有哪些副作用？

用于益生菌产品的菌株需要经过严格的选育程序，确认安全无虞后，才能成为生产菌株，因此益生菌产品的安全性非常高，但刚开始使用时可能会出现某些轻微的反应，如肠道益生菌产品会加速肠道蠕动，出现排气增多的现象，这属于正常现象。女性使用阴道用乳杆菌活菌胶囊后，阴道分泌物会有不同程度的增加，如果出现分泌物异常或其他不适症状时应立即停药并及时就医。

要注意的是，某些益生菌药物中的菌株有时候并非严格意义的益生菌，最好在医生的指导下对症服用，并且服用时间不宜过长，如含有粪肠球菌、枯草芽孢杆菌、肠球菌等益生菌的药物，这些药物中的菌株有一定的天然耐药性，世界卫生组织认为不宜过度使用，理论上它们属于条件致病菌，并非严格意义上的益生菌，长期过量使用也不利于健康，所以，应该慎重使用此类产品。另外，免疫功能低下或重病患者如需使用益生菌，必须经医生审批，以避免发生未知的副作用，如因条件感染引发菌血症、感染性心内膜炎等。

8. 使用益生菌会不会产生依赖性？

正常情况下，人们摄入的食物会给肠道带来一定的益生菌，也就是说益生菌可通过正常饮食由外界获得。当今社会，人们的生活和工作压力逐渐增大，食品中存在的防腐剂、香精、香料等人工合成添加剂均会影响体内益生菌的生存与繁殖。因此，现代人需要另外补充益生菌来维持菌群平衡。人体的肠道器官为益生菌提供了适合的繁殖环境，不管从哪个途径获得益生菌，对人来说都不会改变生存的本质，即靠食物和营养维持生存。所以，机体不会对获得益生菌的方式产生依赖性，也不会对益生菌产生依赖性。不仅如此，很多益生菌产品，比如酸奶和益生菌饮料也可以经常食用。同时，随着年龄的增长，体内益生菌的数量会慢慢较少，因此也需要经常补充益生菌。

9. 使用益生菌有无剂量或者阈值规定？

所有益生菌产品都会标明其中所含菌株的数量。用于日常保健、预防疾病时，一般每次需要摄入50亿～100亿个活菌；每次摄入100亿～200亿个活菌则适用于缓解便秘、腹泻或改善菌群失调等。如果需要大量服用益生菌，应遵循医嘱。

10. 何种情况下应立即调整益生菌的使用？

一般情况下，口服益生菌时间一般在2周～1个月之间，如果在使用期间出现胃肠不适、大便和排气增多等情况时，应及时复诊，在医生的指导下酌情调整使用剂量。

人体皮肤存在很多益生菌，它们会在人体皮肤黏膜表面特定部位黏附和繁殖，形成一层自然菌膜，这是一类非特异性的局部保护膜，可以维护皮肤的健康，帮助皮肤抵御外源病原菌的侵袭。但是过度使用抗生素，或者出于清洁的目的过度使用消毒剂和强效清洁剂，会杀灭皮肤表面的益生菌，造成皮肤菌群紊乱，导致皮肤病理损伤，这时使用益生菌护肤品对于维持皮肤菌群稳态是个不错的选择。

乳杆菌是阴道内主要的益生菌，通过分泌乳酸维持阴道内的弱酸性环境，从而抑制致病菌的生长繁殖，对于维持阴道健康和内环境稳态非常重要，所以越来越多的女性选择补充阴道内乳杆菌来预防感染。但是，补充阴道内乳杆菌最好在医生的指导下进行，根据个人身体状况进行调整。

（邱薇　伦永志　莆田学院）

第四节　哪些食物成分对肠内益生菌有利

1. 植物多酚有利于肠道益生菌吗？

植物多酚是一类多羟基化合物，现已证明多酚类物质可以抑制肠道内有害菌群，促进益生菌（如乳杆菌、双歧杆菌）的生长繁殖，优化肠道内的菌群结构。现在学术界将多酚类物质视为除益生元、益生菌之外的维护肠道健康的第三大微生态调节剂。目前，含有多酚类物质的食物如茶叶、红酒、葡萄和可可等，已被证实对肠道益生菌有益。

2. 糖类对肠道益生菌有什么作用？

糖类分为单糖、双糖、低聚糖和多糖，为人体最重要的营养素。除了膳食纤维以外，低聚果糖和多糖有利于肠道益生菌。低聚果糖中受关注较多的是菊粉和乳果糖。菊粉是一种天然果糖聚合物，属于优质益生元，主要的生产原料是菊芋和菊苣，我国大多使用菊芋。菊粉可以促进肠道益生菌的生长，具有双歧杆菌增殖因子的作用。乳果糖作为临床常用的治疗慢性便秘和肝性脑病的药物，可以选择性促进体内益生菌的代谢和增殖。对于多糖，目前关注较多的是中药多糖，例如白术多糖、大豆多糖、党参多糖、黄芪多糖等，它们对益生菌的生长有促进作用，某些药食兼用真菌的多糖，如香菇多糖、灵芝多糖、猴头菇多糖等也能够调节肠道菌群。

3. 蛋白质及其分解产物对肠道益生菌有什么作用？

蛋白质及其分解产物可以为肠道益生菌的生长提供必要的营养素，即蛋白质充当益生菌生长的氮源。α-乳清蛋白和糖巨肽能显著促进短乳杆菌、双歧杆菌、保加利亚乳杆菌和瑞士乳杆菌等的生长，代表食物为牛乳、人乳；游离天冬氨酸、谷氨酸、鸟氨酸和瓜氨酸是促进两歧双歧杆菌生长的重要因子，代表食物为酵母粉、西瓜、牛奶、鱼类、葵花子、大豆。

4. 膳食纤维是否有助于肠道益生菌的生长？

膳食纤维是一类特殊的碳水化合物，在人体内是不可或缺的物质，被称为人类的"第七大营养素"。膳食纤维进入人体消化道后，由于缺少相关消化酶，不能被吸收利用，几乎未受影响直接进入肠道，促进肠道益生菌的大量增殖。膳食纤维有水溶性和非水溶性之分。常见食物中，例如大麦、豆类、胡萝卜、柑橘、亚麻、燕麦和燕麦糠等都含有丰富的水溶性纤维；非水溶性纤维包括纤维素、木质素和一些半纤维素，主要来自食物中的小麦糠、玉米糠、芹菜、果皮和根茎蔬菜。一日三餐中如果能有充足的富含膳食纤维的食物，为肠道益生菌提供它们喜欢的益生元，就会刺激益生菌的生长和活性，继而改善肠道微生态环境，提高肠道免疫力及抗氧化能力。

5. 听说肠道益生菌喜欢有"色"食物，是吗？

花青素是一种潜在的益生元，能够被肠道益生菌利用，不仅能够促进益生菌增殖，还能够抑制致病菌。一般来说，颜色鲜艳的水果蔬菜中的花青素含量相对丰富，比如紫甘蓝、蓝莓、草莓、樱桃等，另外像紫米、黑米等有色杂粮也是获取花青素的来源。

6. 维生素对肠道益生菌有哪些作用？

维生素对人体肠道益生菌的生长也很重要。当儿童缺乏维生素A时，肠道内乳杆菌比例下降，引起菌群失调、导致腹泻，因此对于儿童要注意补充维生素A，含维生素A较多的食物有畜禽的肝脏、蛋黄、奶粉、胡萝卜等。维生素B族主要来源于全麦制品、蛋类、鱼类和贝类。维生素B_{12}可以提高微生物的代谢速率，促进乳酸菌的代谢活动，有助于其生长繁殖；维生素B_1能够提高微生物对氨的利用，促进微生物的代谢活动，提高乳酸菌等有益菌的繁殖速度，抑制有害菌的繁殖，优化菌群结构；维生素B_2作为氧化酶系统中的辅酶，也能够促进微生物的代谢活动；同时口服维生素D与益生菌不仅可以改善婴幼儿的肠道不适，还能够增加对钙的吸收，因此多做户外运动，通过皮肤的光照合成可以补充维生素D；另外，维生素C广泛存在于新鲜的水果蔬菜中，它同样具有调节肠道菌群的作用，可用于治疗肠道菌群失调引起的腹泻。

7. 高脂高盐食物对肠道菌群有哪些不良影响？

提高盐的摄入量会使肠道内形成高渗透压环境，使肠道内水分无法被吸收，进而引起肠道菌群失调。如今人们比以往更加注重健康和营养。然而，有些人在营养上存在误区，过分强调营养，忽略了饮食均衡，长期高油、高脂饮食，蔬菜、水果又吃得少，肠道中未能完全消化的蛋白质就可能被肠道有害菌发酵，产生毒素，导致肠道菌群失调、肠道蠕动缓慢、免疫功能下降等，从而引发一系列肠道疾病。但是，也不能因此过于减少脂类的摄入，因为脂类物质是生物体重要的能量提供者，发挥着重要的生理功能。脂类物质中也含有很多脂溶性维生素和激素。因此，合理控制脂类和盐的摄入对于维持肠道稳态和肠道健康至关重要。

8. 肠道益生菌喜欢大蒜吗？

大蒜为百合科葱属植物的地下鳞茎，是一种药食两用植物。大蒜素是从大蒜头中提取的一种有机硫化合物，也存在于其他葱科植物中，学名是二烯丙基硫代亚磺酸酯，农业上常用作杀虫剂、杀菌剂，也可用在饲料、食品和医药上。大蒜素具有药理活性，对革兰氏阳性菌、革兰氏阴性菌、真菌都具有较好的抑制作用，能够降低幽门螺杆菌和肠球菌等肠道有害菌的活性，扶持肠道中优杆菌属等益生菌的生长，调节肠道菌群失调。

9. 补充胡萝卜素对肠道益生菌有帮助吗？

β-胡萝卜素是类胡萝卜素中的一种橘黄色的脂溶性化合物，来源于绿叶蔬菜和黄色或橘色的水果，如胡萝卜、菠菜、生菜等。它是自然界中最普遍存在也是最稳定的天然色素，可作为营养和着色添加剂，也是一种抗氧化剂。当人体摄入β-胡萝卜素后，经消化代谢可以转化成相当于2分子的维生素A，而维生素A可以调节肠道益生菌的活性，促进肠道健康。

10. 脂肪酸对肠道益生菌有哪些影响？

脂肪酸是中性脂肪、磷脂和糖脂的主要成分。脂肪酸可分为两类：一类是饱和脂肪酸，另一类是不饱和脂肪酸，其中不饱和脂肪酸包括单不饱和脂肪酸和多不饱和脂肪酸。脂肪酸的摄入对肠道菌群的组成有一定影响。多不饱和脂肪酸能够提高肠道中唾液乳杆菌、双歧杆菌等益生菌的数量，以 $n-3$ 多不饱和脂肪酸（深海鱼类脂肪）和 $n-6$ 多不饱和脂肪酸（花生和葵花籽）为主，另外，$n-3$ 多不饱和脂肪酸也可以减少有害菌的丰度，如梭杆菌和葡萄球菌。一定比例的 $n-6$ 多不饱和脂肪酸和 $n-3$ 多不饱和脂肪酸合并摄入更有利于肠道微生态系统的稳定。

11. 抗氧化酶有利于肠道益生菌的生长吗?

肠道内的乳杆菌大多缺乏抗氧化酶防御系统,自由基容易引起氧化胁迫,使其还原自由基能力减弱,最终导致乳杆菌数量显著下降。超氧化物歧化酶(SOD)和过氧化氢酶(CAT)能够消除超氧化物和过氧化氢,是常见的抗氧化酶。SOD在蔬菜、水果中含量较高,如香蕉、山楂、刺梨、猕猴桃、大蒜等,其他如扇贝、鸡肉等中也有分布。CAT存在于几乎所有的生物体内,主要存在于绿色植物中和动物肝脏内。

黄酮类化合物是备受关注的天然活性产物之一,广泛存在于水果、蔬菜和茶叶中。黄酮类化合物是药用植物中主要活性成分之一,具有清除自由基、抗炎、抗过敏、抑菌、防癌、保护心脑血管系统、提高记忆力和思维能力等功效。黄酮类化合物中的原花青素可以提高机体内的抗氧化酶活性,故可保护肠道菌群内依赖抗氧化酶防御系统的益生菌,进而维持肠道微生态平衡。

(邱薇 伦永志 莆田学院)

第五节 益生菌的好伙伴——益生元

1. 什么是益生元?

"益生元"译于"prebiotics",是吉布森(Gibson)与罗博弗若德(Roberforid)在1995年提出的概念,益生元是一种不被宿主消化的食物成分或制剂,它能选择性地刺激一种或几种结肠内常驻菌的活性或生长繁殖,起到促进宿主健康的作用。益生元应具备以下4个条件:① 在胃肠道的上部,它既不能水解,也不能被吸收;② 只能选择性地刺激某种有益菌的生长繁殖或激活其代谢功能;③ 能够提高肠内有益健康的优势菌群的构成和数量;④ 能起到增强宿主机体健康的作用。

近年来,益生元备受人们的关注,它是肠道菌群最常见且便于利用的碳水化合物来源。这类化合物经人体摄入后，进入小肠内不被消化而以完整状态进入回肠和盲肠部位。在结肠中，益生元大部分被结肠中的常驻细菌作为碳源利用，促进结肠内的常驻菌如乳酸菌的选择性增加，通过生物拮抗抑制腐败菌繁殖。常见的低聚糖类益生元包括菊粉、低聚果糖、低聚半乳糖、大豆低聚糖、低聚木糖、低聚异麦芽糖和乳酮糖等。

低聚糖是短链碳水化合物，广泛存在于自然界，如母乳及各种动物的初乳中，也以游离状态或糖结合状态少量存在于植物中，早期在植物中被看作种子或块茎中的储备糖，供生长时利用，近年来因发现其对消化道的生理作用而受到人们重视。

2. 含有益生元的天然食品有哪些？

已经研究证实的存在益生元的天然食品见表3-1。

表3-1　存在益生元的天然食品

来源	学名	果糖单位数	新鲜材料中果糖基含量/（%）
香蕉	*Musa* spp.	2	0.3～0.7
裸麦	*Secale cereale*	2	0.5～1.0
韭菜	*Allium ampeloprasum*	n	2.0～10.0
小麦	*Triticum asetivum*	n	0.8～4.0
大蒜	*Allium sativum*	n	1.0～16.0
菊苣根（chicory root）	*Cichorum intybus*	n	15.0～24.0
芦笋	*Asparagus officinalis*	2～4	2.0～3.0
洋蓟（jerusalem artichoke）	*Helianthus tuberosus*	2	16.0～22.0
球洋蓟（globe artichoke）	*Cynara scolymus*	2	3.0～10.0
洋葱	*Allium cepa*	2～4	1.1～7.5
黑婆罗门参	*Scorzonera hispanica*	n	4.0～11.0
药用蒲公英	*Taraxacum officinale*	n	12.0～15.0
大丽花	*Dahlia pinnata*	n	13.0
牛蒡	*Arctium lappa*	2～4	3.6

作为食物成分,某些非消化性碳水化合物(抗性淀粉、植物细胞壁多糖、半纤维素、果胶和树胶)、非消化性寡糖、一些多肽或蛋白质和某些脂类可以作为益生元的候选者。基于这些化合物的结构,它们在上消化道不被吸收,也不能被消化酶水解,但在结肠部位能被细菌利用,同时提供给宿主能量、代谢物质和必需营养成分,因此这类物质被称为结肠性食品。

在结肠性食品中,某些非消化性碳水化合物完全符合益生元的标准,而某些来源于牛奶和植物中的肽类和蛋白质,虽然在上消化道不被吸收并存在某些有利作用(如促进某些阳离子的吸收及刺激免疫系统),但在结肠内细菌的发酵作用下产生有害物质(如氨和胺类),因此不能作为益生元。由于非消化性脂类经结肠的代谢作用机制还不清楚,所以它们也不能算作益生元。另外,非消化性碳水化合物包括各种改性淀粉、非直链多糖、半纤维素、果胶、非消化性低聚糖等,由于它们对结肠内细菌没有选择性促进作用,因此这类物质也不能算作益生元。表3-2从结肠食品和益生元角度对一些膳食来源碳水化合物进行分类。

表3-2 膳食来源碳水化合物作为结肠食品和益生元的分类

糖类	结肠食品	益生元
抗性淀粉	是	否
非淀粉性多糖		
植物细胞壁多糖	是	否
半纤维素	是	否
果胶	是	否
树胶	是	否
非消化性多糖		
低聚果糖	是	是
低聚木糖	是	是
低聚半乳糖	是	是
大豆低聚糖	是	是
低聚葡萄糖	是	否

3. 益生元有怎样的发展历程？

益生元在日常膳食中应用的历史及与人类的渊源很少被了解，通过现代体外和体内试验，我们逐渐了解了益生元对人类健康的益处，这同样受益于考古学家提供的上古时代的信息。人类的祖先早期从雨林地区迁移到干燥的亚热带非洲草原，当地有许多富含益生元的地下块茎、块根、球茎和多年生鳞茎，应当是常见的食物来源。这些相同来源的很多植物仍然是现代狩猎者和伐木者的主要食品。就像考古证据显示的那样，益生元在一些地区已经长时间作为人类膳食的组成部分。它们的食用时间远远超过了现代人类有记载的食用时间。

在北美，几十年的大规模考古研究已经积累了含有丰富益生元植物的资料，美国得克萨斯州西部奇瓦瓦沙漠地区深埋地下的层化洞穴中的存留物证明了龙舌兰属植物、丝兰状沙漠植物、百合科植物和野生洋葱曾被食用。一个特别的收藏品是人类的粪化石，其中保留了未被消化的大的植物成分，这提示炕焙益生元食物（龙舌兰属植物、丝兰状沙漠植物、百合科植物和野生洋葱）是这个沙漠地区的食物来源。到目前为止，在北美史前期和历史上都记载了很多含有菊粉的植物被用作食品，这些植物为我们提供了早期北美人食用益生元的证据，时间前推超过9000年。

在得克萨斯州爱德华兹高原Wilson-Leonard遗址有一个直径2m的石砌地炉，它在过去通常用来煮烧高营养的类似洋葱的野百合块茎。发掘回收的烧焦野百合块茎存在于距今约8200年，提示早期人类食用益生元的可能性。

食用益生元的进化对于人类的发展和成功的含义仍然未知，需做进一步研究。然而，可以有把握地说，由于工业革命带来的加工技术的革命，结合膳食方式的增多，并伴随医药上的弊病，已经永久地改变了精加工食品发展导致的食品和人类健康之间的平衡，从而再次调整了我们的代谢钟。

4. 食品中添加的常见益生元有哪些？

根据益生元的定义，目前只有不被宿主消化的低聚糖可以作为益生元。

低聚糖是一种不能被消化的糖类，一般由2～10个单糖通过糖苷键连接形成，生理功能主要表现为食用后不被人体胃酸、消化道酶降解，可直接进入大肠，只能被人体内少数几种有益菌（如双歧杆菌、乳杆菌等）利用并促进其增殖，进而抑制肠道内的腐败菌生长，减少有毒发酵产物的产生，起到与益生菌同样的效果。功能性低聚糖现已作为一类食品和饲料添加剂广泛应用于功能性保健食品和动物饲料中。功能性低聚糖主要包括甘露低聚糖、低聚果糖、低聚木糖、低聚半乳糖、低聚异麦芽糖等。由于人体胃肠道内没有水解这些低聚糖的酶系统，因而它们在小肠中不被消化吸收而直接进入大肠内，由肠道特定微生物分解利用。

（1）菊粉型果聚糖也称低聚果糖（FOS），是果糖基由$\beta-1$，2糖苷键连接而成的功能性低聚糖，末端带有$\alpha-D-$葡萄糖基，聚合度为3～9；或不带有$\alpha-D-$葡萄糖基，聚合度为2～9。国家标准《低聚果糖》（GB/T 23528-2009）中允许以菊苣、菊芋和蔗糖作为原料生产低聚果糖。自然界中低聚果糖以菊粉形式存在于植物和果实中，例如菊苣、菊芋、洋葱、香蕉、蜂蜜、芦笋、蒜、韭菜和小麦等。低聚果糖在pH 5～7时稳定，高温加热会引起分解，冷藏情况下可以稳定保存半年，广泛用于奶粉、酸奶、奶制品等。低聚果糖可以减轻精神压力，缓解便秘，降低血糖，降低血胆固醇和血脂，促进双歧杆菌和乳酸菌等有益菌的生长，促进钙、铁吸收，并且低聚果糖能够显著缓解婴儿发热、腹泻和呕吐等症状。

（2）低聚半乳糖（GOS）是由几个半乳糖基与一个葡萄糖基通过$\beta-1$，6糖苷键连接而成的。它在酸性和高温条件下具有极好的稳定性，在食品加工过程中结构和性质不会改变，是理想的功能性食品配料。在人体内，低聚半乳糖可作为几乎所有双歧杆菌和乳杆菌的碳源，不能被大部分肠道有害菌所利用，所以被认为是双歧杆菌的增殖因子。母乳中含有一定量的低聚半乳糖，因而母乳喂养的婴儿肠道中双歧杆菌数量较多且占据优势。低聚半乳糖的甜度是蔗糖的30%～40%。若连续一周每天摄取10g，肠道腐败细菌的数量会减少，葡萄糖醛酸酶和硝基还原酶的活性也明显下降。

（3）低聚木糖（XOS）是由2～6个木糖通过$\beta-1$，4糖苷键连接形成的直链糖。一般以玉米芯、甘蔗渣、棉籽壳、稻、麦、竹和麸皮等富含木聚糖的植物资源通过黑曲霉或球毛壳霉产生的木聚糖酶水解后分离提纯获得，甜度约为蔗糖的40%。它很难被人体消化系统消化分解，唾液、胃液、胰液和小肠液等对其无作用，热稳定性好，在酸性条件下（pH 2.5～7.0）加热也基本不分解，适用于酸奶等酸性饮料中。低聚木糖是一种高效双歧因子，除双歧杆菌外，大多数肠道细菌对其利用率较低。人体每天食用0.7g低聚木糖，17天后双歧杆菌比例由8.5%上升到17.9%，21天后双歧杆菌比例提高至26.2%，而血浆中葡萄糖水平未大幅度上升，故低聚木糖可作为糖尿病或肥胖症患者的甜味剂。此外，低聚木糖还具有防止便秘和促进钙消化吸收的作用。

（4）大豆低聚糖是存在于大豆中的可溶性糖分的总称，主要成分是水苏糖和棉子糖。水苏糖和棉子糖都是由半乳糖、葡萄糖和果糖组成的支链杂低聚糖，都难以被消化。大豆低聚糖甜味清爽，应用于豆豉、大豆发酵饮料、醋等产品中。豆腐中加入大豆低聚糖可增加原料的甜味，添加到豆豉中可消除豆豉的氨臭味。双歧杆菌发酵大豆低聚糖的效果要优于低聚果糖。成人每日摄取10g大豆低聚糖，3周后肠内双歧杆菌数量明显增加，有害菌也大大减少。

（5）低聚乳果糖是由半乳糖、葡萄糖和麦芽糖组成的。商业化生产的低聚乳果糖甜度约为蔗糖的70%。低聚乳果糖几乎不被人体消化吸收，摄入后不会引起体内血糖水平和血液胰岛素水平的波动，可供糖尿病患者食用。低聚乳果糖的双歧杆菌增殖活性高，甜味特点上也更接近于蔗糖。该糖在日本经急性毒理试验和致突变试验等证实是安全无毒的。

（6）异麦芽寡糖（IMO），又称低聚异麦芽糖，是一种含有异麦芽糖、异麦芽三糖、异麦芽四糖和潘糖以及五糖或以上分支低聚糖的混合低聚糖。低聚异麦芽糖的甜度相当于蔗糖的40%～50%，可部分代替蔗糖，不会影响食品的结构和风味。它耐热稳定性好、耐酸性极佳，50%浓度异麦芽寡糖在pH为3.0、120℃条件下长时间加热不会分解。异麦芽寡糖的水活度低，可保持食品不易老化，延长食品的保存时间。健康成年人寡糖有效剂量为每天15～20g，连续用一个月左右，肠道双歧杆菌的数量会增加。

（7）甘露低聚糖（MOS）是由D-甘露糖通过β-1，4糖苷键连接形成主链，在主链或支链上连接其他单糖而形成的聚合度2～10的寡糖，故又称为甘露寡糖。甘露低聚糖多是通过酶解魔芋精粉得到，产物为葡甘露低聚糖，通常将甘露低聚糖和葡甘露低聚糖等同起来。甘露低聚糖广泛存在于魔芋粉、瓜儿豆胶、田菁胶等中。它是一种水溶性食物纤维，能降低血清胆固醇、甘油三酯，降血糖，预防龋齿、肥胖，抗病毒及黄曲霉毒素等，能增强人体免疫系统防御功能，调节胃肠道功能，可作为高血压、糖尿病、肥胖病人的甜味剂，也可用于保健食品及饲料中（替代抗生素）。作为能结合肠道中外源性病原菌的新型功能性低聚糖，其特殊属性为其产业发展提供了广阔的市场前景。

（8）其他准益生元。

① 乳果糖也称乳酮糖、半乳糖苷果糖、异构化乳糖。与低聚半乳糖一样，乳果糖也是以乳糖为原料，经碱石灰处理后得到的。在所有低聚糖中，其产量最大，乳果糖由半乳糖和葡萄糖组成，在小肠内不被消化吸收，在大肠内被双歧杆菌利用。母乳喂养婴儿与人工喂养婴儿的一个显著差别在于前者粪便中的双歧杆菌数要比后者多得多，但若给人工喂养婴儿同时喂食适量乳果糖，则可观察到双歧杆菌的增殖速率大为提高，甚至达到母乳喂养婴儿的水平，其粪便中双歧杆菌数增加，腐败菌减少。有试验表明，摄入乳果糖后人血浆葡萄糖水平无升高现象。另外，乳果糖对牙齿没有致龋作用。对乳果糖的毒理学研究结果表明，其毒性极小，相当于蔗糖。因此，乳果糖被列为低热值甜味剂和功能性食品添加剂。乳果糖除用作食品添加剂外，还在医药上用于治疗便秘和门静脉系统的脑病。德国Slvay是世界最大的乳果糖制

造厂，每年生产约10 000吨乳果糖，90%用于药品。

② 帕拉金糖也叫作异麦芽酮糖，是麦芽酮糖合成酶作用于蔗糖产生的。帕拉金糖是二糖，甜度比蔗糖低，可被人体小肠消化吸收，因此不是双歧杆菌增殖因子。但帕拉金糖分子内脱水缩合形成帕拉金低聚糖后，则不被人的胃和小肠消化吸收而能达到大肠，进而促进双歧杆菌的增殖。帕拉金糖不会引起龋齿，可用于口香糖等食品中。

③ 水苏糖由1个葡萄糖、2个半乳糖、1个果糖聚合而成。主要从经酶发酵后的大豆中提取，也可从泽兰根块中提取。水苏糖的甜度为蔗糖的22%，它对双歧杆菌、嗜酸乳杆菌、保加利亚乳杆菌有促进作用，对大肠杆菌稍有促进作用。它不被人体利用，能选择性促进肠道生理性细菌的生长。

④ 棉子糖采用色层分离法从甜菜糖蜜中提取精制得到。甜度为蔗糖的20%以上，含98%的低聚糖，是低聚糖中唯一不会吸湿的结晶低聚糖。对热和酸都很稳定，主要用于糖果、糕点粉末或片状健康食品中。

⑤ 海藻糖是葡萄糖结合成的非还原性双糖，广泛存在于动植物和微生物细胞中，过去从酵母中提取，含量为10%～20%，现在可利用酶法从淀粉水解物中得到，收率为82%。海藻糖是一种功能性低聚糖，具有低热值、防龋齿等作用，但不是双歧因子。海藻糖是可消化的低聚糖，甜度为蔗糖的50%，在酸、热条件下稳定。它的特殊生理功能是提高动植物细胞抵抗干燥、高温和寒冷等不良环境的能力。微生物冷冻干燥保藏时，适量添加海藻糖可减少微生物死亡，因此，海藻糖作为微生物的冻干保护剂，已被广为应用。

⑥ 抗性淀粉。并不是所有由膳食摄入的淀粉都能被水解并被小肠吸收，有些淀粉对酶水解的抵抗力强，在小肠不被消化的淀粉，被称为抗性淀粉（resistant starch，RS）。RS是大肠细菌发酵性碳水化合物的主要来源。某些抗性淀粉可刺激肠道中双歧杆菌或乳酸菌的增殖，可刺激大肠产丁酸细

菌的生长，有益于上皮细胞的营养作用，同时RS刺激微生物合成丁酸并改变肠道微生态，能迅速控制溃疡性结肠炎。

⑦ 谷物膳食纤维。随着营养学和相关科学的深入发展，人们逐渐发现了膳食纤维具有相当重要的生理作用。在膳食构成越来越精细的今天，膳食纤维更为学术界和普通百姓所关注，并被营养学界补充认定为第七类营养素，和传统的六类营养素——蛋白质、脂肪、碳水化合物、维生素、矿物质、水并列。膳食纤维对肠道微生态的影响正日益受到人们的重视。目前只有对来自谷物的膳食纤维进行了探索。在谷物中，β-葡聚糖和阿拉伯木聚糖是可被人体消化道细菌发酵的最常见的膳食纤维成分。体外实验发现，长双歧杆菌和青春双歧杆菌能够发酵阿拉伯木聚糖，而大肠杆菌和荚膜梭菌不能直接发酵这些物质。

⑧ 药食同源食品中的糖基化合物。药食同源食品以及多数中草药含有的糖基化合物都难以被机体吸收，但人类肠道微生物可以编码数千种糖激酶。拟杆菌门和厚壁菌门可分别编码产生特定的糖激酶。由人类肠道微生物组编码的水解酶主要有：糖苷水解酶、多糖水解酶、碳水化合物水解酶和糖基转移酶。通过肠道菌群作用后，中草药中的多糖成分可发生多种生物转化，减毒增效，提高口服成分的生物利用度。

5. 益生元在人体内是如何代谢的？最终变成了什么？

（1）益生元在体内的消化。

益生元只有耐受胰酶及小肠内其他酶类的消化，完整地到达结肠，被有益菌利用，才可发挥其最大效应。对于候选低聚糖，除了检查它们对肠道细菌的选择性刺激作用，还应遵循如下原则：① 详细描述低聚糖的化学结构；② 检测其对胃液的抵抗能力；③ 检测其对胰酶的抵抗能力；④ 检测其对刷状缘酶的抵抗能力。

（2）益生元在体内的发酵。

多数碳水化合物抵达结肠后，都会作为肠内细菌发酵的底物被水解。将各种低聚糖和粪浆分别混合发酵，发现低聚果糖对双歧杆菌的刺激作用最强。

研究者将不同结构和分子大小的低聚糖与双歧杆菌、梭菌、拟杆菌和乳杆菌进行培养，检测不同细菌对不同低聚糖的发酵能力。发现除梭菌外，其他菌都能利用低聚果糖、低聚木糖，直链的低聚糖比支链的低聚糖更容易被利用，拟杆菌比双歧杆菌更容易利用较高聚合度的低聚糖。

乳酸菌利用低聚糖是其在肠道中定植并发挥益生活性的必要条件，对其代谢机理的认识对于探索肠道内微生物的生理活动规律，促进人体健康具有重要意义。从糖转运系统、糖基水解酶类和基因代谢调控等方面对低聚果糖、低聚半乳糖、低聚木糖、低聚异麦芽糖、棉子糖系列低聚糖及其他常见的低聚糖等进行研究发现，乳酸菌利用不同低聚糖存在一些共同点：参与乳酸菌代谢低聚糖的基因大多位于一个基因簇内，乳酸菌利用低聚糖分为先转运再水解和先水解再转运两种方式。然而不同种类的乳酸菌对不同低聚糖的代谢具有特异性。

（3）益生元代谢后的主要成分。

益生元代谢后的主要成分是短链脂肪酸、氢气、二氧化碳和细胞物质。由于益生元发酵产气，故过量的服用将会引起腹胀、腹鸣、嗳气等不舒服的症状。短链脂肪酸是指含2～4个碳的直链或支链脂肪酸，主要为乙酸、丙酸、丁酸、丁二酸、乳酸等，这些有机酸能降低肠道pH和氧化还原电位，抑制需氧菌及兼性厌氧菌等致病菌的生长，还能促进肠道蠕动，加快肠内毒素及致癌物的排出。

95%的短链脂肪酸能被结肠上皮吸收，为宿主提供部分能量，并且在调节细胞代谢及细胞分裂和分化中发挥作用。短链脂肪酸还是肠道上皮的特殊营养因子，维护肠道上皮细胞的完整性和杯状细胞的分泌功能，并对黏膜免疫细胞有维护作用。

6. 每天补充多少益生元比较合适？

除了以蔗糖、乳糖、淀粉等为底物，利用化学或酶法生产低聚糖外，某些蔬菜和水果中也含有一定量的低聚糖成分（表3-3）。不同的低聚糖被肠道消化液分解和肠道细菌利用的难易程度不同，所以各种低聚糖所起的双歧因子效果也不同。建议每日摄入低聚糖量为：低聚果糖5～10g，低聚半乳糖10g，大豆低聚糖10g，低聚木糖0.7g。具体数值见表3-4。

表3-3　蔬菜、水果中低聚糖的含量

单位：%

名称	低聚糖			水分	糖物质
	可食部分中的含量	干物质中的含量	碳合化合物中的含量		
洋葱	2.8	25.0	29.7	89.0	9.3
葱	0.2	1.9	3.6	91.5	4.4
蒜	1.0	2.2	3.9	57.1	24.3
牛蒡	3.6	16.7	22.0	78.5	16.4
黑麦	0.7	0.7	0.9	11.5	69.5
香蕉	0.3	1.3	1.6	75.5	19.2

表3-4　几种低聚糖的建议摄取量与味觉及物理性质

项目	低聚乳果糖	低聚果糖	大豆低聚糖	低聚半乳糖	低聚木糖	低聚异麦芽糖	乳酮糖	水苏糖	低聚壳糖
最小有效剂量/（g/d）	2	3	2	2	0.7	10			
日常摄取量/（g/d）	2～3	5～10	10	10	—	15	10	3	10
#最大无作用量/（g/d）	36	18	13.2	18	—	90			
对酸、热稳定性和着色性	与蔗糖相同	较蔗糖稍逊	与蔗糖相同	稳定	稳定但易着色	稳定			
甜味性质	接近蔗糖	接近蔗糖	甜爽	甜爽	甜厚味	？			
甜度（以蔗糖作100计）	40～60	70		20～40	50	40～50	50		

注：#最大无作用量以体重60kg计。

7. 益生元补充多了会有副作用吗?

益生元代谢物中的二氧化碳和氢气是引起食用者腹胀、腹鸣的原因。但对大多数低聚糖来说,只要限定在一定剂量范围内,就不会产生严重胀气等副作用。低聚糖的毒性极小,正常情况下,作为益生元是安全的。部分非消化性低聚糖可经常摄取的有效剂量为:低聚果糖3.0g/d、低聚半乳糖2.0～2.5g/d、大豆低聚糖2.0g/d、低聚木糖0.7g/d。

益生元在小肠和矿物质结合,可影响宿主对矿物质的吸收,其临床意义尚不确定。但也有试验证明低聚果糖和低聚半乳糖能促进肠道对铁、钙等矿物质的吸收,改善一些金属离子如钙、镁、铁的代谢。

8. 什么是合生元?合生元的作用是什么?

益生元可选择性地刺激一种或几种细菌的生长与活性,对细菌宿主产生有益的影响。目前已有多种制品将益生菌和益生元合并使用。例如,低聚果糖与双歧杆菌的结合,乳糖醇与乳杆菌的结合等。这种制品优点显著,既可发挥益生菌的生理性细菌的活性,又可选择性地增加这种菌的数量,使益生的作用更显著持久。国际上将此类产品定名为合生元(synbiotics)。合生元将是今后微生态调节剂的又一发展方向。

合生元又称合生原或合生素。在20世纪70年代末80年代初,胡宏教授和蓝景刚博士首先将这个名称引入中国。合生元是指含有益生菌和益生元两种成分的微生态制剂,有的还在这种混合制剂中添加维生素、微量元素。在这类制剂中,益生菌可发挥自身生理性细菌的活性作用,益生元既可促进制剂中益生菌的生长,又可选择性地促进肠道中有益菌的增殖,增加有益菌的数量。但合生元并不是简单地将益生元和益生菌搭配在一起,有时二者结合使用时的生理效果并不比单独使用时好。所以只有在益生元和益生菌一起使用时,对宿主的健康效应起相加作用,比单独使用时更好的组合才能称为合生元。若其中的益生元是不能促进生理性细菌生长、定植或增殖的制剂,则称为微生态复合制剂。

合生元制剂能纠正菌群失调，抑制过度的炎症反应；防止细菌易位，减少内毒素血症；降低血氨，改善肝功能；促进肠道酶活性，提高肌移动复合波（MMH）三相的传播速度；降低变应原活性，维持适度的免疫应答；控制胆固醇水平，调节脂质代谢；抗肿瘤作用；促进矿物质和维生素的吸收。

目前合生元产品在临床上主要用于：缓解宿便，改善胃肠道功能；治疗小儿腹泻、消化不良、厌食症，用于营养不良的防治以及提高儿童免疫力；联合肠内营养应用于烧创伤患者内源性感染以及肠道手术、肝移植、胰腺炎及ICU患者；合生元还具有延缓衰老、降血脂、降胆固醇等作用。

在临床上，并不是所有益生菌可治疗缓解的症状，使用合生元后的效果都会更好。有试验证明，使用合生元促进胃肠动力恢复的效果并不比单独使用乳杆菌好。不过，合生元在调节微生态平衡中的优势还是明显的，这决定了它有很好的应用前景。尤其现在人的寿命延长，肠道益生菌数量随着年龄的增长急剧减少，使用合生元维护老年健康将会成为研究的热点。

9. 什么是后生素？它们的作用是什么？

肠道菌群与宿主经过长期共同进化，宿主为肠道菌群提供了稳定的环境，而肠道菌群为宿主提供了巨大的功能，如消化复杂的膳食营养物质、合成营养素和维生素、防御病原体和维护适宜的免疫系统等。因此，肠道菌群是维护宿主内外环境稳态的调控平台，对宿主的健康和疾病起着重要作用。宿主–肠道菌群相互作用的原理是通过肠道菌群分泌、降解的各种代谢物的介导，驱使微生态系统在不同的生理环境中稳定或恢复。这些代谢产物被称为后生素（postbiotics），应用后生素纠正肠道菌群紊乱，是微生态疗法的重大进展。

后生素也称为"益生素"或益生菌发酵培养后代谢产物、生物源素（biogenics）、发酵后去细胞滤液，它含有活菌代谢分泌（代谢产物）或细菌死亡溶解后释放的可溶性因子，能够对宿主产生有益影响。后生素的主要成分种类如下：

（1）细菌菌体成分。目前研究较多的有脂磷壁酸（lipoteichoic acid，LTA）和胞壁黏肽多糖（PG）。大多数革兰氏阴性细菌的细胞壁上都含脂磷壁酸，它一般由1，3-二磷酸甘油链和糖脂组成，其功效与细菌黏附和定植有关，还能提高免疫监控作用，及时消除突变的细胞，降低腐败菌致突变或致癌的酶的活性。PG由中性糖、氨基糖和氨基酸组成。其功效有免疫赋活作用，能激活淋巴细胞产生多种淋巴因子，降低腐败细菌致突变、致癌酶的活性，对致癌物质（亚硝基胍等）有拮抗作用；还能抑制肿瘤生长。细菌有效成分的提取物作为一类新型的生态制剂保健品，将有助于防治高血脂、高胆固醇、冠心病以及抗肿瘤、抗衰老等。

（2）益生酶。人体内有近2000种酶（内源性酶）参与维持生命活动。其数量和活性因年龄、饮食结构、生理和病理状况而不同。有些酶在体内过多或过少都会造成亚健康状态，甚至得病。为了健康，要有意识地对酶过少者给予补充，对过多（或酶活性高）者给予抑制，使人体的内源性酶保持动态平衡。其中需要补充并能使机体恢复（或维持）健康、防治疾病的酶称为益生酶。

益生菌产生的酶及其代谢产物、菌体细胞壁成分是很好的解毒剂，例如补充干酪乳杆菌能较好地清除肠道和血液中的毒物，它有去除基因毒素（degenetoxin）的本领，能降低体内的黄曲霉毒素、玉米赤霉烯酮、亚硝酸盐。只要益生菌在体内成为优势菌群，就能抑制腐败菌及其代谢产物和酶类，从而预防毒物形成。一些益生菌产生的超氧化物歧化酶（SOD），过氧化物酶（POX）和过氧化氢酶（CAT）等是清除自由基的酶系统，其中SOD清除能力最强，是一般清除剂的上亿倍。

纳豆枯草芽孢杆菌产生的一种丝氨酸蛋白酶，具有安全性好、作用迅速且持续时间长、易吸收、价格低的优点。它不仅能溶栓而且有抗凝血的作用。

益生酶无毒副作用，是理想的食品添加剂和生化药物，具有安全、可靠、功能多、见效快的优点。它和益生菌合用有叠加效果。其缺点是易失活，对极少数人可能有轻微的过敏反应。

（3）短链脂肪酸也称为挥发性脂肪酸，是碳链中碳原子数小于6个的有机脂肪酸，主要由饮食中不消化的碳水化合物包括淀粉、纤维多糖、寡聚糖和部分氨基酸等在结肠腔内经厌氧菌酵解生成。短链脂肪酸包括甲酸、乙酸、丙酸、异丁酸、丁酸、异戊酸、戊酸等。短链脂肪酸是肠道菌群代谢产物中最主要的标志物之一，它们可降低结肠pH，控制有害酶的作用，抑制非耐酸的细菌，沉淀胆盐，降低血清胆固醇，也可抑制革兰氏阴性菌的生长，促进双歧杆菌和乳杆菌等有益菌的生长。

生物体内的短链脂肪酸主要为乙酸、丙酸和丁酸，约占总量的90%～95%。其中丁酸具有重要的生理作用，它是结肠的主要能量来源，对结肠上皮细胞的分化和生长起着非常重要的作用。丁酸的功能包括：① 细胞膜脂类合成的基质；② 影响基因表达；③ 与细胞骨架构建改变有关；④ 增加组蛋白乙酰化；⑤ 诱导细胞程序性死亡。丁酸还可增加乳酸杆菌、减少大肠杆菌数量。

有研究显示，过敏性疾病患儿肠道中丙酸、异丁酸、丁酸、异戊酸、戊酸的水平较正常儿童低，而乙酸和异己酸的水平则较高。提示短链脂肪酸水平的改变与过敏性疾病之间存在一定的关系。

（4）细菌素是细菌产生的具有抗菌能力的肽或蛋白质类物质。与抗生素不同，细菌素的抗菌谱比较窄，作用对象是与产生菌密切相关的细菌。一般都无毒无害，而且非常稳定，耐酸、耐高温，经口服后，无毒性，无抗原性，是一类新型安全的食品防腐剂。罗杰斯（Rogers）于1928年首次报道的由乳球菌产生的具有抗菌作用的乳酸链球菌肽，现已获美国食品药品监督管理局批准上市。它的抗菌谱包括保加利亚乳杆菌、链球菌、葡萄球菌等，特别是它能抑制细菌芽孢的形成。此外，细菌素还包括片球菌素、瑞士乳杆菌素J等。细菌素不仅可替代窄谱抗生素或作为防腐剂使用，同时它对皮肤外伤和口腔疾病也有很好的疗效。因为细菌素能对与其关系密切的细菌产生抑制作用，所以这种内斗的手段能够对生境内与之接近的外籍菌产生抑制作用。细菌素能够维持体内微生态平衡，但在特定条件下也会引起菌群失调。

（李明　袁杰力　大连医科大学）

第六节　人们对益生菌认识的误区

1. 益生菌没有副作用，所有人群都可服用，对吗？

截至2015年底，全世界权威期刊上已发表了超过20 000份有关益生菌临床试验的文献（包含测试对象50万～200万人次），这些文献表明：益生菌的副作用仅发生于有严重免疫缺陷和对益生菌过敏的特殊人群。有严重免疫缺陷的人在服用益生菌后有一定的低概率产生因益生菌引起的感染；过敏仅限于一些特殊的益生菌，如布拉迪酵母为主的酵母类益生菌，未发现存在乳酸菌过敏现象。这些大量的科学临床试验表明，除了以上两类特殊人群，益生菌对其他人都只会有好处，没有坏处。临床研究也发现：多数人在服用益生菌后不会有什么副反应的感觉，最多出现腹鸣现象，产气比平常稍多一点而已。

2. 新生儿不可以服用益生菌制剂，对吗？

新生儿的免疫系统未发育成熟，容易被各种致病体侵袭而生病，且易发生坏死性小肠结肠炎、新生儿黄疸等疾病，或出现喂养不耐受。益生菌用于坏死性小肠结肠炎，可以缩短病程及腹胀时间；辅助治疗新生儿黄疸，可以帮助降低胆红素浓度，缩短黄疸持续时间；对早产儿或低出生体重儿喂养不耐受有一定的效果，能促进患儿体重增加，减少早产儿喂养过程中呕吐、胃潴留、腹胀的发生。目前国家规定可使用的婴幼儿益生菌限定于特定菌种的特定菌株，目前专用婴幼儿益生菌菌株有7种，除此之外的益生菌，不建议婴幼儿食用，以防对孩子造成的可能短期或长期健康风险。尤其是嗜酸乳杆菌，除了嗜酸乳杆菌NCFM外，一定不能用于一岁以下的婴幼儿。同时，婴幼儿益生菌成分中不能添加木糖醇、香兰素以及一些营养强化剂。

3. 过量服用益生菌制剂会引起菌群失调，对吗？

人体存在着大量的正常菌群，这些微生物在正常情况下对人体是有益的。当在某些因素作用下，发生不同程度的菌群失调时，此时服用益生菌制剂可补充有益菌，使菌群失调逐步有所改善，并进一步转向菌群平衡。不过，通常补充的益生菌数量与原来机体正常菌群中的益生菌数量相比，还是占较小的比例，所以不会发生益生菌过多的现象。在特定生境中，由于环境空间、营养条件是一定的，体内微生物相互之间会进行自我调整、拮抗共生，处于相对平衡中。退一步讲，即使在服用益生菌期间，益生菌数量或其所占比例多一些，也因为它是有益菌而不会发生不良反应或新的菌群失调。

4. 益生菌制剂的活菌数越高越好，对吗？

这种方法在某种程度上说是对的，但衡量这个益生菌制剂是否有效还得看有多少活菌能安全抵达肠道，只有不被胃酸、胆汁等破坏，能顺利达到肠道定植、生存的益生菌，才能发挥建立健康的肠道环境，调节肠道微生态平衡，进而激活人体免疫系统的作用。正常情况下，和肠道内原有益生菌数量相比，服用的益生菌制剂只占很少一部分，如果服用的益生菌数量低，基本不会起到微生态调整作用。所以，同样的益生菌制剂活菌数高的，其作用更强。

5. 服用益生菌制剂可不受时间限制，对吗？

由于益生菌在酸性环境下会死亡，在服用时最好避开进餐胃酸大量分泌时，最佳服用时间为饭前1小时或饭后30～60min，饭后因为有食物中和胃酸，更有利于活菌顺利到达肠道发挥作用，所以饭后服用效果更佳。

6. 益生菌药品比益生菌保健品和食品高级，对吗？

益生菌药品经过大量临床验证，并且通过国家药品监督管理局药品评审中心审查批准，疗效单一，且使用要遵医嘱，其主要以后期治疗为目的，允许一定的毒副作用存在。OTC类产品，同样功效可靠，很多产品在临床的实际使用也是有口皆碑的。但是，菌株的潜力挖掘不深，适应证也就只有几种。

益生菌保健品以全面调理为主，不以治疗疾病为目的，具有延缓衰老、调节免疫、抗氧化等全面的调理效果，无副作用和禁忌。

益生菌食品原则上只需要满足使用的菌株在国家所颁布的《可用于食品的菌种名单》当中即可，至于功效性取决于厂家行为，很多非菌粉原料的生产厂家，在产品中不会标注菌株号。

7. 液体益生菌制品是无效的，对吗？

许多消费者购买和使用液态益生菌制品，除非刚刚发酵结束或经过特殊加工工艺、置于特定保藏环境，否则这些制品只含有益生菌发酵的培养基、一些益生菌代谢产物和菌体成分，活性状态的益生菌数量会很低，而且消费者购买到的产品的生产批号越早，其制品所含有的益生菌活菌数越低，甚至根本检测不出活菌。与粉末制剂相比，液体制剂中的益生菌只能存活很短时间。但是，液体制剂中含有许多菌体代谢产物和菌体成分，这是粉末制剂所没有的，因此液体制品与固体粉末制剂发挥作用的机制有很多不同。

8. 喝酸奶和乳酸饮料可以补充益生菌，对吗？

许多人每天喝酸奶和乳酸饮料，可是肠道内还是缺乏益生菌。这是为什么呢？首先，益生菌的生存条件非常严苛，离开培养环境24小时活菌数目和活性将大大降低。而酸奶从制作好送到消费者手中，要经过包装、物流、销售等漫长的时间，其间的温度变化也会大大破坏益生菌的活性。所以，酸奶中益生菌的活菌数量少，活性也差。其次，酸奶中的益生菌没有抵抗胃酸、胆汁及消化酶的能力，要顺利活着到达大肠，非常不容易。最后，市场中的酸奶和乳酸饮料中加入了大量的糖和甜味剂，甚至增稠剂、色素、香精等成分，这些成分也不利于健康。大部分酸奶或酸奶制品一般只含有保加利亚乳杆菌和嗜热链球菌两种菌，不含有活性益生菌，或是加入经发酵后再来灭活以便于保存。在酸奶中添加益生菌，可包括嗜酸乳杆菌、乳双歧杆菌、干酪乳杆菌、罗伊氏乳杆菌等。虽然酸奶并不是益生菌的最好补充来源，但酸奶具有乳酸菌发酵过程中产生的一系列有益于人体的代谢产物如维生素、酶，以及丰富的蛋白质和钙等，非常值得食用。不过不宜过多食用，否则会对血糖造成一定的影响。

9. 食用泡菜、味噌、豆豉等发酵食品相当于补充益生菌，对吗？

人们平时可适当吃一些用蔬菜、水和谷物等制成的发酵食品，如泡菜、味噌、豆豉等。以发酵型泡菜为例，它除了含有益生菌，还有一些有益的代谢产物，而且泡菜本身的膳食纤维和多种抗氧化剂有助于益生菌的生长繁殖。平时可以适当食用这类发酵食品，但不建议将其作为补充益生菌的主要途径。

10. 经肠溶包衣的益生菌制剂与非包衣的制剂相比，二者功效区别不大，对吗？

非包衣的益生菌制剂在加工、运输、贮存过程中容易失活，或者生物活性降低，产品质量不稳定，而包衣的益生菌制剂则有着明显的优势。包衣技术是当今世界发展最为迅速的新型细胞技术之一，用途非常广泛。它应用于益生菌生产中，很好地解决了益生菌在胃酸中死亡和储存期短等问题。它还可以提高益生菌的稳定性，从而更好地发挥其益生作用。目前能够在常温下保存益生菌最好的方法就是肠溶胶囊+冻干粉剂型，可保证益生菌不会受到胃酸、胆汁酸和消化酶的破坏，能够活着到达肠道，在胶囊崩解后起效，比非包衣的益生菌制剂发挥功效能力更强。

11. 益生菌制剂应长时间服用，对吗？

虽然益生菌对人体有很多好处，但任何东西都是过犹不及。正常的人体本来就可以自己生产益生菌，因此健康人没有必要额外补充益生菌。临床发现，益生菌服用不当也可能导致机体产生不良反应，如全身性感染、过度免疫刺激及胃肠道不良反应等。而长期使用人工培养的益生菌也未必总是有益于健康。补充益生菌还应结合个人具体情况，并非"多多益善"。

12. 益生菌制剂可以和抗生素一起使用，对吗？

抗菌药物对细菌、真菌等微生物有抑制或杀灭作用，包括抗生素和人工合成抗菌药物（如喹诺酮类、磺胺类等）。因益生菌制剂为活的微生物，与抗菌药物合用时，其中的益生菌可能会被抗菌药物杀灭，因此应避免同时使用，以免影响疗效。若需同时使用益生菌制剂与抗菌药物，应加大益生菌制剂剂量或错开服药时间，最好间隔2～3小时以上。

（袁杰力　大连医科大学）

第七节　如何合理选择益生菌产品

1. 根据个人自身状况

选用益生菌制品首先要明确使用目的，用于疾病的治疗就要选用有正式批准文号的益生菌药品，根据医生的处方，到指定销售部门购买；作为保健目的，选用益生菌制品时也要看是否具有国家批准的保健食品文号；普通食品标示中含有益生菌，该食品也只能利用其所具有的某种特定营养功能，不能以治疗或保健目的来选用。益生菌功效的发挥具有菌株和人群特异性。科学研究发现，益生菌在宿主体内的定植程度有明显的个体差异，同一株益生菌在不同个体肠道中的定植情况不同，一部分人表现为易定植，而另一部分人表现为抗定植。益生菌菌株能否在人体肠道中定植很大程度上取决于个体肠道中固有菌群的组成和结构。此外，许多临床研究已发现益生菌功能的发挥具有人群特异性，这种特异性导致了益生菌对每个人的功效不同，这对益生菌研究与实际应用提出了新的挑战，既需要在菌株水平上进行相关益生功能的确认，又要依据不同宿主的个体特点进行益生菌个性化功能的判定和应用。

2. 根据产品所采用的益生菌菌株的安全性

国外文献显示，益生菌的安全性问题主要表现在可引起菌血症、感染性心内膜炎等健康风险，但这些问题多发生在已有疾患的个别消费者身上，且对这种风险发生、发展的因果关系并不能确定，而对于正常人群，通常认为食用益生菌是安全的。目前国际上高度关注的是益生菌对抗生素的耐药性，对于益生菌抗生素耐药性的研究应基于菌株水平。现在的研究表明益生菌的耐药基因大部分位于染色体上，但至今尚无确切证据表明这些位于染色体的耐药基因可以转移给其他肠道的致病菌。

目前市场上的益生菌品类非常多，可供消费者选择的种类也很多。但是这些益生菌的菌株来源却千差万别。一个好的益生菌产品当然需要标出所用的益生菌菌种。对于普通消费者来说，一个简单、可靠的选择益生菌类产品的方法是看看食品标签上有没有列出产品里面含有的细菌菌种的名称。是不是只要产品标签上列出的菌种名称在国家卫生健康委（原卫生部）发布的《可用于食品的菌种名单》中，就可以选择使用呢？其实，这还是不够的。《可用于食品的菌种名单》中公布的是细菌的种名，要想知道益生菌产品中使用的具体菌种的信息，还必须看厂家使用的菌种是哪一个菌株，因为，同一个种的细菌中菌株之间可以有很大的差异，有些有很好的益生菌功效，有的可能无效，个别还可能有害，例如，有的菌株携带抗生素抗性基因等有害特性。从安全性考虑，在选择商品时，要选择知名品牌菌株，这些菌株通常带有菌株号且经权威临床验证。

3. 根据菌株耐受性、保藏条件

我们服用的益生菌是通过胃到达肠道发挥作用的，在途中益生菌必定会遇到它的最大的"敌人"——胃酸。作为有生命的活体，益生菌根本承受不住胃酸强酸性的伤害。市场上销售的不耐胃酸的益生菌，在经过胃时，由于胃酸的强烈刺激，能存活下来的微乎其微，能够到达肠道发挥作用的更是寥寥无几，这样是达不到想要的效果的。

活菌型的乳酸菌饮料，其贮藏、运输过程若脱离冷链会导致乳酸菌活菌数下降且影响口感。消费者购买活菌型饮料后应及时饮用或尽快放入冰箱冷藏保存。在购买酸奶时应根据标签合理保存，低温酸奶应在冷藏条件下销售，购买后尽快放入冰箱冷藏并及时饮用，以保证其中的菌株活性。常温酸奶可在室温下存放，但消费者应注意检查产品是否超过保质期，不要饮用出现涨袋现象的产品。

4. 根据产品出厂时间、保藏时间和标示中益生菌的含量

足够数量、活菌状态和有益健康功能为益生菌的核心特征。2014年，由国际益生菌与益生元科学协会（ISAPP）发布的关于益生菌的共识中也突出强调了益生菌这3个核心特征。出厂时间、保藏时间和产品中益生菌的含量是保证益生菌产品功效的前提。益生菌的功效发挥应以活菌为先决条件，虽然不排除灭菌型产品的健康功效源于死菌及代谢产物，但仍有待进一步科学研究。消费者在购买益生菌产品时应注意产品的生产日期，选购近期生产的制品，了解产品出厂时的活菌数量及有效期。对于乳酸菌饮料，消费者在购买时应注意区分产品类型，我国相关标准规定乳酸菌饮料产品标签应标明活菌（非杀菌）型或非活菌（杀菌）型，选购时可以通过标签标示进行区分。

5. 根据产品的加工工艺和剂型

要了解益生菌产品的有效性，还应对产品的生产工艺和产品剂型有所了解。如嗜酸乳杆菌制品在制造过程中采用的离心工艺条件，是否采用冷冻干燥工艺等。另外，不同剂型对益生菌的抗胃酸能力有很大影响，采用肠溶包衣的活菌制剂能大概率避免活菌被胃酸杀死。

6. 根据产品的菌种来源和组方构成

目前研究表明，不同种的益生菌的基因组差别较大，即使是同种益生菌的不同菌株之间也存在差异性，同种益生菌的不同菌株含有或表达不同的功能基因可发挥不同的益生功效，所以益生菌需要在微生物菌株水平上进行表征和描述。

7. 根据产品是否含有过敏原

有些益生菌产品中含有乳制品、麸质、酵母菌等过敏原。如果是易过敏体质，最好避开这些成分。在选择产品时，最好选择无过敏原的产品。

8. 根据产品是否含有过多的人工添加剂

为了确保产品的味道、性状等，有些益生菌产品会加入人工色素、防腐剂等成分。从减轻肠道负担的角度出发，建议选择少含或不含人工添加剂的益生菌产品。益生菌产品用CFU作为菌群数量的单位，这个数字应该突出显示在成分表里。我们要选择含有益生菌数量至少超过30亿个的产品才可能保证产品达到其所述功效。在同样菌种、组方、保藏等条件，产品性价比可通过单位活菌数的价格进行估算，比如对比都具有30亿活菌数的各产品的价格，这样可对类似产品做出性价比评价。

9. 根据影响益生菌产品稳定性的因素

在益生菌制剂保存期内，要求产品具有一定活菌存活率是最重要的。影响产品菌体存活率的因素很多，除菌种本身的遗传因素外，环境因素对菌体的存活有重要的影响。它主要包括温度、水分、氧气、pH和某些重金属离子等。温度是影响微生物生长和存活的主要环境因素之一，对菌种贮存期存活率影响颇大。温度升高，细胞内的化学反应和酶反应加快，体内蛋白质、核酸和其他细胞成分对高温都是敏感的，可能产生不可逆的失活。低温时，菌体代谢减慢，甚至处于静止状态，有利于菌种的保存。2～8℃是益生菌保存的最佳温度范围。水分是影响微生物生长和存活的另一个主要环境因素，如水分含量在5%以下细菌可以存活较长时间，在水分含量较高时菌体内的各种酶都比较活跃，菌体处于代谢活跃状态，易于死亡。益生菌应保存在干燥的环境下，水分最好控制在2%～3%之间，过分干燥条件下，菌体也容易死亡。氧也是影响微生物生长存活的关键因素，不论好氧菌还是厌氧菌在保存时都需要与氧气隔绝，以防止氧化反应的发生，影响菌体的存活。此外，pH、重金属离子也都是影响菌种存活的重要因素，在菌种保存过程中需要采用适当pH，隔绝重金属离子的干扰。

10. 根据产品是否为益生菌和益生元组合

所选益生菌最好添加益生元，这是提高益生菌活性及定植率的有效途径。研究发现，益生元可以使益生菌增殖10～100倍。益生元是益生菌的"食物"或"养料"，对人体来说，优质的益生元在通过消化道时，大部分不被人体消化，而是被肠道菌群利用。最重要的是，它只是增殖对人体有益的菌群（益生菌），而非对人体有潜在致病性或腐败活性的有害菌。足量的活菌数是益生菌产品发挥作用的必要条件，结合适当益生元的合生元产品可保证菌株的存活，还可提高益生菌产品的功能。

11. 益生菌和药食同源中药结合

益生菌具有调节肠道微生物平衡、增强免疫力等保健功能。有些药食同源植物成分也能促进益生菌增殖，植物有效成分在益生菌产生的酶的作用下被吸收，益生菌发酵特定药食同源植物可能产生新的利于成分吸收、活性增强、副作用降低等的协同作用。开发以药食同源植物提取物作为新的益生元，并结合益生菌开发新组方产品是今后微生态调节剂的发展方向。

12. 益生菌、益生元和酵素结合

人体内的酵素也称为酶，是维持机体正常消化、排泄、修复等生命活动的必需物质。我们日常食用及在网上商城、超市售卖的"酵素"还是一个商品名称，它是以动物、植物或菌类等为原料，经微生物发酵制得的含有特定生物活性成分的可食用的健康产品。通常情况下，大多酵素产品中富含酶、益生菌、益生元、维生素、矿物质及人体所需的微量元素，也就是说酶、益生菌、益生元等是酵素产品中的功能性成分。在原本含有益生菌、益生元的酵素产品中加入特定强化的益生菌和益生元可强化产品的微生态调节作用。

13. 益生菌发酵中药

我国具有丰富的中草药资源，中医药学有着几千年的悠久历史，所以积极探索用中草药成分或其发酵后的后生素成分作为微生态调节剂来调节人体微生态，增强机体的免疫力也是我国研究中药或药食同源食品的重要途径之一。例如，用乳酸菌发酵山药制成的酸乳，体外试验表明能促进细胞增殖，用其饲喂小鼠可促进血清中抗体IgG的分泌，增强免疫功能，用其饲喂大鼠，发现大鼠体重明显降低，血液中总胆固醇与甘油三酯水平也明显降低，并且可明显降低粪便pH和结肠细菌产生的可诱发结肠癌的β-葡萄糖醛酸酶与黏多糖酶的活性，提高结肠总厌氧菌和乳酸菌的数量和血清IgA的水平。乳酸菌发酵山药的水提取物可明显提高对人类慢性骨髓淋巴癌细胞K562的杀死率。

决明子经过微生物发酵后可改变决明子的组分，不同程度提高其抗氧化性，具有预防痴呆、高血压和抗凝血的作用。在培养基中添加决明子也具有促进乳酸菌生长，改变肠道菌群组成、代谢产物成分和含量等作用。

14. 后生素将成为治疗许多疾病的新策略

后生素的抗菌活性成分包括细菌素、酶类、小分子物质和有机酸等，对部分革兰氏阳性和革兰氏阴性微生物具有抑制或杀灭特性。由不同益生菌发酵来源所获得的后生素，其生物活性和对健康的作用也不同。由乳杆菌和双歧杆菌发酵所形成的后生素，具有恢复肠屏障功能，抑制内毒素血症的作用。

由于具有类似于益生菌样的作用，同时又可避免摄入活的微生物，后生素可能是一种安全、有效的选择。它可以避免益生菌相关风险，成为治疗许多疾病的重要策略。鉴于益生菌菌株特异性，理论上可以利用先进的生物工程技术，设计重组益生菌，在肠道表达具有生物活性的代谢物，从而对机体产生多种有益作用。

（段丽丽　陈杰鹏　广东双骏生物技术有限公司）

第八节　如何正确服用益生菌产品

1. 哪些人群需要服用益生菌产品？

益生菌是对人体有益的活性微生物，可以平衡人体微生态。补充肠道益生菌可以保护肠道黏膜免受伤害，排除肠道内有害菌群，改善肠道功能，刺激肠道产生免疫细胞，提高机体免疫力。

现代人在体内益生菌不足时，不能建立和保持健康的微生态平衡，进而容易引起各种胃肠道不适及其他相关疾病。每日补充一定剂量的益生菌，是一种简单可行的保健和预防疾病的方法。

从婴儿到儿童、青少年、成年人以及老年人都可以补充益生菌。补充益生菌要根据不同年龄和个体差异，选择不同的益生菌种类、活菌数量和产品形态，合理补充益生菌。

2. 常见益生菌产品的服用方法是怎样的？

益生菌是活菌，怕高温，在服用益生菌时，需用低于37℃的温水或凉水送服，避免因温度太高将活菌杀死，与热饮、热食应相隔30min服用；粉剂益生菌产品最常见的服用方法是用低于37℃的温水或凉水冲泡后在15min内服用，也可以加入低于37℃的饮料当中，比如加入酸奶或者牛奶中服用。

3. 什么时候服用益生菌最合适？

多数益生菌对胃酸不耐受，需要选择在胃酸相对较弱的时候服用，减少益生菌被胃酸损伤，以达到对人体更好的健康效果。因为饭后30～60min，食物可以中和胃酸，降低胃酸浓度，对益生菌的影响最小，所以这段时期服用益生菌是最合适的。

4. 服用抗生素期间使用益生菌要间隔多长时间？

抗生素能杀伤致病菌，也能杀伤益生菌，若服用抗生素期间需要使用益生菌，应注意使用时间。大多数抗生素半衰期是2～3小时，因此，只要避开抗生素浓度最高峰使用（即服药2小时后），可以保留较多益生菌。

5. 每天需要服用多少活性益生菌？

益生菌具有特定的应用范围，通常含活性益生菌的数量越多，服用后见效也越快。补充活性益生菌的数量因人而异，通常成年人每日需要补充较高数量的益生菌活菌制剂，如每日补充菌数达10亿个以上，才能对人体的保健和预防各类相关疾病有帮助。

6. 服用益生菌的种类越多越好吗?

市面上益生菌品种繁多, 有的益生菌产品含有多个菌株, 甚至多达5个或更多, 但多个益生菌菌株的组合不一定比单个或两三个益生菌株组合的产品更有效。相反, 若将多个未经充分临床验证的菌株混合使用, 不同的细菌之间可能会发生对抗或在人体肠道中产生不想要的效果。将未经临床证实的不同益生菌组合在一起, 以期达到"广谱性"地提高健康水平的做法, 可能只是一厢情愿。因此, 服用益生菌的种类不是越多越好, 关键要看最佳搭配。

7. 哪种形态的益生菌更稳定?

通常固态的益生菌产品比液态的益生菌产品更稳定, 液态的益生菌产品通常保质期较短, 且活性益生菌的数目较少, 处于液体培养基内的益生菌产品在保质期内更可能发生变化; 而固态的益生菌产品可以应用多种包埋技术, 确保其保质期比较长。

8. 开封后的益生菌产品应在多长时间内服用?

益生菌属于厌氧菌, 独立小包装的益生菌开封后容易因为氧的作用而使活菌变成死菌, 益生菌产品打开包装后应在一个小时之内服用, 若不及时服用, 很容易失效。

9. 服用益生菌需要同时补充益生元吗?

益生菌和益生元是一对好搭档, 益生元(如低聚寡糖和膳食纤维)是益生菌的食物, 给益生菌提供能量, 服用益生元可以促进益生菌的增殖和定植, 补充益生元能帮助益生菌增殖10～100倍, 两者一起服用可以大大提升益生菌在体内的作用。虽然益生元不能被人体利用, 但可以被结肠内菌群分解产生短链脂肪酸, 促进肠道的蠕动, 增强益生菌的效果。益生菌和益生元联合服用可以起到事半功倍的效果。

10. 新生儿怎么服用益生菌?

新生儿服用益生菌, 一般要在医生的指导下进行。给新生儿服用的益生菌、选择的菌种和用量需要特别注意，不可盲目使用，需要用低于37℃的温水冲服，也可加入低于37℃的奶中同时服用。

11. 服用益生菌初期身体的表现有哪些？

服用益生菌后，大部分人的身体都不会有什么明显表现，只是肚子会"咕噜咕噜"响，比平时排气要多些，这是肠道改善过程中表现出的症状。有些人服用益生菌后出现轻微腹泻、便秘、胀气、过敏加重等现象，这是服用益生菌后的正常反应。

12. 益生菌进入肠道后经历哪些变化？

益生菌通常按周期服用，一个周期为12周。益生菌进入体内后，在人体肠道内会经历以下4个变化周期：

（1）竞争期。在开始的1～4周内，益生菌会和肠道内已经存在的有害菌及中性菌展开竞争，包括营养、生存空间、肠道壁上附着的位置的竞争。这也是细菌们在肠道里战争的惨烈阶段，可能发生赫氏消亡反应。有害菌死亡时会释放大量毒素和其他代谢产物，抑制益生菌生长并对人体造成不适，益生菌也会释放大量细菌素和各种有机酸来消灭有害菌，双方的死亡都较大。

（2）优势期。由于坚持服用益生菌，这相当于在战争中不断补充援军，在4～8周时，益生菌会逐渐占上风，这时肠道内的有害菌数量已经低于益生菌，有害菌释放毒素和其他代谢产物的量也大大降低，同时外来的益生菌也会帮助体内原有的有益菌生长起来，和体内原有的有益菌协同作用，维护肠道健康。所以这个时候人体会开始感受到病症的改善。

（3）巩固期。继续坚持服用益生菌，益生菌和体内原有的有益菌一起协同作用，在肠道内所占比例越来越高，有害菌的比例越来越低。人体对病症改善的感觉也越来越明显，但这时决不能掉以轻心，因为有害菌的生存力也是极其顽强的。研究显示，大部分肠道有害菌都有较强的耐酸碱性、耐胆汁和耐酶解的特性。因此要坚持服用益生菌到12周，使益生菌和体内其他有益菌的优势最大化。

（4）稳定期。当益生菌和其他有益菌在体内占有足够优势后，各种益生菌带来的正面效果才会逐渐体现出来。为了巩固这一效果，防止体内的有害菌卷土重来，专家建议补充益生菌的时间可持续半年到一年。由于生活饮食习惯等原因，人们容易出现肠道菌群失调，因此需要阶段性补充益生菌，或者将益生菌作为日常补充剂每天服用。

（徐峰　沈阳药科大学；王荣华　广东双骏生物技术有限公司）

第九节　益生菌应用范例

1. 功能性便秘

有研究分析了使用双歧杆菌三联活菌胶囊治疗小儿功能性便秘的临床效果。以2011 年1月—2012年1月医院接收的62例小儿功能性便秘患儿作为研究对象，将全部患儿分为观察组（36例）和对照组（26例）。对照组患儿采取常规治疗方式，观察组采用双歧杆菌三联活菌胶囊治疗，观察两组患者治疗效果。结果显示，对照组治疗48小时后，有5例大便仍然干燥；观察组治疗48小时后，有2例大便仍然干燥，症状比治疗前有所缓解。对照组的临床治疗有效率是80.77%，观察组是94.44%。在此次研究中，两组均没有出现不良反应病例，说明小儿功能性便秘可以选择双歧杆菌三联活菌胶囊治疗，且治疗效率高。

2. 老年慢性功能性便秘

有研究人员评估了双歧杆菌四联活菌片对老年慢性功能性便秘的临床疗效。该研究选取确诊为慢性功能性便秘的老年患者175例，根据门诊号末尾数字分组，偶数者为观察组（91例），奇数者为对照组（84例）。观察组患者采用双歧杆菌四联活菌片治疗，对照组患者采用莫沙必利治疗，周期为28天，比较两组患者便秘及伴随症状的改善情况。结果显示，治疗期间，两组患者的粪便性状及大便次数逐渐改善或恢复正常，治疗7天后，观察组患者粪便性状、大便次数的治愈率明显高于对照组，差异均有统计学意义；治疗期间，两组患者腹痛、腹胀、排便困难及食欲减退等症状均明显缓解，治疗21天后，观察组患者上述症状治愈率明显高于对照组，差异均有统计学意义。由此得出结论，双歧杆菌四联活菌片可有效解决老年慢性功能性便秘患者腹痛、腹胀、排便困难及食欲减退等症状，疗效显著，安全可靠。

3. 小儿急性腹泻

目前在全球，急性腹泻，特别是婴幼儿急性腹泻的发病率、住院率和死亡率仍然较高。益生菌作为急性腹泻的补充治疗效果较好。一项2020年的研究评估了由3种益生菌：乳酸双歧杆菌、鼠李糖乳杆菌和嗜酸乳杆菌组成的复合益生菌制剂对中国小儿腹泻的干预疗效和安全性。该研究把腹泻儿童随机分为干预组（IG，n=96，腹泻常规治疗结合益生菌治疗）和对照组（CG，n=98，不含益生菌的腹泻常规治疗）。这项研究的主要评估标准是腹泻持续时间和住院时间以及腹泻症状的改善状况。治疗后24小时内，干预组比对照组的排便次数明显减少。与对照组的儿童相比，干预组儿童腹泻平均持续时间缩短22.5小时，住院时间缩短1.2天。治疗后干预组患儿便秘患病率（3.1%）明显低于对照组（13.3%），总之，将3种益生菌混合治疗1—3岁儿童的急性腹泻，可以缩短腹泻持续时间和住院时间，提高儿童的症状改善率。

4. 胃溃疡

在一项评价活性益生菌对慢性胃溃疡患者治疗效果及生活质量的影响研究中，研究者将100例慢性胃溃疡患者随机分为对照组和观察组，各50例。对照组采用奥美拉唑与铝碳酸镁常规治疗，若幽门螺杆菌（Hp）显示阳性则加服阿莫西林和克拉霉素；观察组在对照组基础上联合活性益生菌治疗。比较两组治疗效果、生活质量及幽门螺杆菌根除效果。结果显示，观察组治疗显效29例，有效19例，无效2例，总有效率为96.00%；对照组治疗显效20

例，有效19例，无效11例，总有效率为78.00%。观察组总有效率高于对照组，差异具有统计学意义。观察组生活质量评分为（82.35±7.60）分，明显高于对照组的（69.75±7.21）分；观察组幽门螺杆菌根除率为91.18%，高于对照组的68.57%，以上差异均具有统计学意义。因此得出结论，在常规治疗基础上联合应用活性益生菌能显著提高临床疗效，幽门螺杆菌根除效果良好，可有效改善患者生活质量，有较高的临床应用价值。

5. 糜烂性胃炎

研究人员选取了2018年2月—2019年10月于我国某人民医院接受治疗的糜烂性胃炎幽门螺杆菌阳性患者91例，依据盲抽法分为对照组45例和观察组46例。对照组予以四联疗法治疗（口服克拉霉素，500mg/次，2次/天；口服枸橼酸铋钾，600mg/次，2次/天，于饭前1小时服用；口服阿莫西林，1000mg/次，2次/天，于饭后30min后服用；口服雷贝拉，20mg/次，2次/天，于饭前1小时服用。连续服药14天），在此基础上，观察组加用益生菌（双歧杆菌三联活菌片）治疗。比较两组临床疗效、胃肠道微生态及不良反应发生率。结果显示，观察组治疗总有效率为97.83%，高于对照组的82.22%，差异有统计学意义。由此得出结论，糜烂性胃炎幽门螺杆菌阳性患者采用益生菌联合四联疗法治疗效果显著，可有效改善患者胃肠道微生态，且安全性高。

6. 肠易激综合征

有临床观察研究探讨了地衣芽孢杆菌活菌胶囊对治疗肠易激综合征的疗效。选取2017年1月—2018年5月某医院收治的腹泻型肠易激综合征患者86例作为研究对象，将其随机分为A组与B组，各43例。A组给予匹维溴铵片治疗，B组给予匹维溴铵片联合地衣芽孢杆菌活菌胶囊治疗；另选取同期收治的便秘型肠易激综合征患者75例作为研究对象，将其随机分为C组（37例）与D组（38例），C组给予乳果糖口服液治疗，D组给予乳果糖口服液联合地衣芽孢杆菌活菌胶囊治疗。两两对比疗效。结果显示，联合使用微生态制剂组治疗总有效率显著高于单用药物组，差异有统计学意义。由此得出结论，联合使用地衣芽孢杆菌活菌胶囊对肠易激综合征患者症状改善有效，值得推广。

另一项研究评价了酪酸梭菌活菌胶囊治疗腹泻型肠易激综合征的临床疗效。研究选择2015年8月—2017年5月某医院收治的腹泻型肠易激综合征患者60例，按照随机数字表法分为两组。其中对照组30例口服匹维溴铵，观察组30例口服酪酸梭菌活菌胶囊联合匹维溴铵治疗。结果显示，治疗后观察组腹痛/腹部不适、大便次数异常、形状异常、排便异常及黏液便评分均较治疗前下降，观察组各项评分均低于对照组，差异有统计学意义。观察组（痊愈13例、显效14例、有效3例）临床效果优于对照组（痊愈4例、显效15例、有效11例），差异有统计学意义。由此得出结论，酪酸梭菌活菌胶囊可改善腹泻型肠易激综合征患者的肠道功能，提供临床效果。

7. 儿童过敏性哮喘

在一项2018年的研究中，以蒿花粉季节曾出现雷暴哮喘发作的31例蒿花粉过敏性鼻结膜炎伴哮喘儿童患者为研究对象，并分为观察组和对照组。对照组给予标准鼻结膜炎及哮喘治疗，观察组在此基础上给予益生菌（一种副干酪乳杆菌）辅助治疗，比较两组儿童哮喘控制测试量表评分（childhood asthma control，c-ACT）。观察组每日记录鼻结膜及哮喘症状、峰流速值，比较雷雨天气与其他天气以上指标的变化。结果在蒿花粉季节，观察组患者c-ACT评分中位数为23分，对照组为21分，观察组高于对照组，差异具有统计学意义。观察组患者在雷雨天气时鼻结膜及哮喘症状、峰流速值较花粉季节内其他天气无明显变化。由此得出结论，益生菌辅助治疗可能有益于儿童花粉过敏性哮喘的控制，且花粉季节内给予标准治疗联合益生菌辅助治疗，有益于降低雷暴哮喘的发生风险。

8. 幼儿湿疹

在一项国内研究中，研究者分析了双歧杆菌三联活菌片联合西替利嗪治疗小儿湿疹的临床效果。选取2016年5月—2018年1月期间某医院儿科收治的急性发作期108例小儿湿疹患者为研究对象，根据患者入院编号进行随机分组，两组患儿均给予常规支持治疗，其中对照组54例单纯用西替利嗪治疗，观察组54例则实施双歧杆菌三联活菌片联合西替利嗪治疗，连续治疗2周后，对两组患儿治疗效果、治疗前后的免疫功能进行评定比较。结果显示，观察组患儿治疗有效率及CDS$^+$/CD4$^+$评分均显著高于对照组；治疗后两组患儿IL-6、IL-17、IL-33炎症因子水平均显著降低，且观察组均显著低于对照组；治疗后两组患儿IgA、IgM、IgG水平显著升高，IgE水平显著降低，其中观察组患儿IgA、IgM、IgG水平显著高于对照组，IgE水平显著低于对照组。以上结果说明，在小儿急性湿疹的临床治疗中，在西替利嗪治疗的基础上，联合实施双歧杆菌三联活菌片治疗，能够显著提高治疗效果及质量，同时对改善机体炎症因子水平及免疫功能方面均具有显著的促进意义。

9. 结肠癌患者术后化疗并发症

一项研究评估了益生菌干预对结肠癌患者术后化疗并发症、预后及肠道菌群的影响。该研究选取了2016年3月—2017年3月于我国某中医药大学附属医院行结肠癌根治术后化疗的结肠癌患者94例，以随机数表法分为观察组与对照组，每组47例。两组患者入院后均行结肠癌根治术，术后对照组常规化疗，观察组在对照组基础上加用双歧杆菌三联活菌片。对比两组患者治疗期间并发症发生情况及无进展期生存时间（PFS），同时对比两组治疗前后双歧杆菌、乳酸杆菌、肠球菌、大肠杆菌含量及IgG、IgM、TNF-α、IL-6水平差异。结果显示观察组化疗后恶心呕吐、食欲下降、腹胀、腹泻发生率均显著少于对照组；对照组治疗后IgG、IgM水平均显著低于治疗前。由此得出结论，结肠癌患者术后化疗时加用双歧杆菌三联活菌片能够降低化疗并发症发生率，纠正肠道菌群失调，调节免疫，抑制炎症，值得临床推广应用。

10. 牙周炎伴口臭

一项国内研究探讨了益生菌含片联合牙周基础治疗对慢性牙周炎伴口臭患者口腔微生态的影响。选取2016年2月—2019年2月某医院收治的74例慢性牙周炎伴口臭患者作为研究对象，按照随机数字表法分为观察组（37例）和对照组（37例），对照组采用牙周基础治疗，观察组采用益生菌含片联合牙周基础治疗，比较两组的唾液IL-6、IL-10、口腔致病菌群、基质金属蛋白酶-9水平以及治疗效果。结果显示，观察组的唾液IL-6和基质金属蛋白酶-9水平低于对照组；观察组IL-10水平高于对照组；口腔致病菌群各项均低于对照组；临床治疗总有效率高于对照组，以上各指标差异均具有统计学意义。由此得出结论，慢性牙周炎伴口臭患者采用益生菌含片联合牙周基础治疗，可以有效降低IL-6和基质金属蛋白质酶-9水平，提升IL-10水平，改善口腔致病菌群，有较好的临床治疗效果，具有一定的临床运用价值，应该广泛运用于临床。

11. 细菌性阴道病

有研究者选取2016年2月—2017年2月医院接诊的100例细菌性阴道炎患者为研究对象，按照随机数字表法将患者分为观察组和对照组，各50例。对照组给予甲硝唑栓治疗，观察组在此基础上加用复合乳酸菌（含4种不同的乳酸杆菌），比较两组的治疗效果。结果显示，观察组患者治疗总有效率显著高于对照组，第二次复查时复发率显著低于对照组；临床症状消失时间均显著短于对照组；观察组治疗后IL-6、IL-8水平均显著低于对照组；两组患者第一次复查和第二次复查时阴道pH、Nugent评分均显著低于治疗前；观察组第一次复查和第二次复查时阴道pH、Nugent评分均显著低于对照组；以上结果差异均有统计学意义。结论：复合益生菌治疗细菌性阴道炎效果显著，复发率低，可有效改善患者炎症状态、阴道pH和Nugent评分，值得临床推荐。

（王荣华　广东双骏生物技术有限公司）

参 考 文 献

1. AL–GHAZZEWI F H, TESTER R F. Impact of prebiotics and probiotics on skin health［J］. Benef Microbes, 2014, 5(2): 99–107.

2. BARRATT M J, LEBRILLA C, SHAPIRO H Y, et al. The gut microbiota, food science, and human nutrition: A timely marriage［J］. Cell Host Microbe, 2017, 22(2): 134–141.

3. B.UMLER A J, SPERANDIO V. Interactions between the microbiota and pathogenic bacteria in the gut［J］. Nature, 2016, 535(7610): 85–93.

4. BLANTON L V, CHARBONNEAU M R, SALIH T, et al. Gut bacteria that prevent growth impairments transmitted by microbiota from malnourished children［J］. Science, 2016, 351(6275): 854.

5. BRUNO G, ROCCO G, ZACCARI P, et al.Helicobacter pylori infection and gastric dysbiosis: Can probiotics administration be useful to treat this condition?［J］Can

J Infect Dis Med Microbiol, 2018, 2018: 6237239.

6. CARLSON P E. Regulatory considerations for fecal microbiota transplantation products［J］. Cell Host Microbe, 2020, 27(2): 173–175.

7. CHEE W, SHU Y C, THAN L. Vaginal microbiota and the potential of Lactobacillus derivatives in maintaining vaginal health［J］. Microbial Cell Factories, 2020, 19: 203.

8. CHEE W J Y, CHEW S Y, THAN L T L. Vaginal microbiota and the potential of Lactobacillus derivatives in maintaining vaginal health［J］. Microb Cell Fact, 2020, 19(1): 203.

9. CHEN Y E, FISCHBACH M A, BELKAID Y. Skin microbiota–host interactions ［J］. Nature, 2018, 553(7689): 427–436.

10. CHENG F S, PAN D, CHANG B, et al. Probiotic mixture VSL#3: An overview of basic and clinical studies in chronic diseases［J］. World J Clin Cases, 2020, 8(8): 1361–1384.

11. FUJIMURA K E, LYNCH S V. Microbiota in allergy and asthma and the emerging relationship with the gut microbiome［J］.Cell Host Microbe, 2015, 17(5): 592–602.

12. FUKUDA S, TOH H, HASE K, et al. *Bifidobacteria* can protect from enteropathogenic infection through production of acetate［J］. Nature, 2011, 469(7331): 543–547.

13. GEHRIG J L, VENKATESH S, CHANG H W, et al. Effects of microbiota–directed foods in gnotobiotic animals and undernourished children［J］. Science, 2019, 365(6449): 139.

14. GHARAIBEH R Z, JOBIN C. Microbiota and cancer immunotherapy: in search of microbial signals［J］. Gut, 2019, 68(3): 385–388.

15. GURUNG M, LI Z, YOU H, et al. Role of gut microbiota in type 2 diabetes pathophysiology ［ J ］. EBioMedicine, 2020, 51: 102590.

16. LEWIS Z T, TOTTEN S M, SMILOWITZ J T, et al. Maternal fucosyltransferase 2 status affects the gut bifidobacterial communities of breastfed infants ［ J ］. Microbiome, 2015, 3(1): 13.

17. LI M, DAI B, TANG Y, et al. Altered bacterial–fungal interkingdom networks in the guts of ankylosing spondylitis patients ［ J ］. mSystems, 2019, 4(2): e00176–18.

18. LI Y, LIU M, LIU H, et al. Oral supplements of combined bacillus licheniformis Zhengchangsheng® and xylooligosaccharides improve high–fat diet–induced obesity and modulate the gut microbiota in rats ［ J ］. Biomed Res Int, 2020, 2020:1–17.

19. MALDONADO GALDEANO C, CAZORLA S I, LEMME DUMIT J M, et al. Beneficial effects of probiotic consumption on the immune system ［ J ］. Ann Nutr Metab, 2019, 74: 115–124.

20. MENTELLA M C, SCALDAFERRI F, PIZZOFERRATO M, et al. Nutrition, IBD and gut microbiota: A review ［ J ］. Nutrients, 2020, 29; 12(4): 944.

21. NAIDOO K, GORDON M, FAGBEMI A O, et al. Probiotics for maintenance of remission in ulcerative colitis ［ J ］.Cochrane Database Syst Rev, 2011(12) ［ 2020–11–05 ］. https://www.cochranelibrary.com/cdsr/doi/10.1002/14651858. CD007443.pub2/abstract.

22. NUZUM N D, LOUGHMAN A, SZYMLEK–GAY E A, et al. Gut microbiota differences between healthy older adults and individuals with Parkinson's disease: A systematic review ［ J ］. Neurosci Biobehav Rev, 2020, 112: 227–241.

23. NYANGAHU D D, LENNARD K S, BROWN B P, et al. Disruption of maternal

gut microbiota during gestation alters offspring microbiota and immunity［J］. Microbiome, 2018, 6(1): 124.

24. PATNODE M L, BELLER Z W, HAN N D, et al. Interspecies competition impacts targeted manipulation of human gut bacteria by fiber-derived glycans ［J］. Cell, 2019, 179(1): 59-73.

25. ROBERFROID M, GIBSON G R, HOYLES L, et al. Prebiotic effects: Metabolic and health benefits［J］. Br J Nutr, 2010, 104 Suppl 2: S1-63.

26. RUFF W E, GREILING T M, KRIEGEL M A. Host-microbiota interactions in immune-mediated diseases［J］. Nat Rev Microbiol, 2020, 8(9): 521-538.

27. SAIGA H, SHIMADA Y, TAKEDA K. Innate immune effectors in mycobacterial infection［J］. Clinical & Developmental Immunology, 2011, 2011(2011): 347594.

28. SGAMBATO D, MIRANDA A , ROMANO L, et al. Gut microbiota and gastric disease［J］. Minerva Gastroenterologica e Dietologica, 2017, 63(4): 345-354.

29. SUEZ J, ZMORA N, SEGAL E, et al. The pros, cons, and many unknowns of probiotics［J］. Nat Med, 2019, 25(5): 716-729.

30. TORRES-FUENTES C, SCHELLEKENS H, DINAN T G, et al. The microbiota-gut-brain axis in obesity［J］. Lancet Gastroenterol Hepatol, 2017, 2(10): 747-756.

31. WANG H X, WANG Y P. Gut microbiota-brain axis［J］. Chin Med J (Engl), 2016, 129(19): 2373-2380.

32. 陈润泽，李鹏飞，胡雨奇，等. 肠道菌群在中药代谢中的作用［J］. 中国微生态学杂志，2018，30（08）：990-993.

33. 高薇娜，黄薇，阚仕雯. 地衣芽孢杆菌活菌胶囊治疗肠易激综合征的疗效观察［J］. 临床医药文献电子杂志，2019，6（84）：5-7.

34. 黄志华，郑跃杰，武庆斌. 实用儿童微生态学［M］. 北京：人民卫生出版社，2014.

35. 黄志华. 微生态调节剂对新型冠状病毒肺炎靶点干预的研究［J］. 中国微生态学杂志，2020，32（05）：580-582.

36. 姜良铎，赵长琦. 中医药与微生态学［M］. 北京：化学工业出版社，2008.

37. 康白. 微生态学［M］. 大连：大连出版社，1988.

38. 李华军，康白. 微生态与健康［M］. 北京：人民卫生出版社，2015.

39. 李兰娟. 感染微生态学［M］. 2版. 北京：人民卫生出版社，2012.

40. 李兰娟. 医学微生态学［M］. 北京：人民卫生出版社，2014.

41. 李兰娟. 中国近30年微生态学发展现状及未来［J］. 中国微生态学杂志，2019，31（10）：1151-1154，1157.

42. 李黎. 肠道微生态与婴幼儿免疫［J］. 中国临床医生，2014，42（8）：17-19.

43. 李亦德. 走进微生态世界：益生菌、益生元领你健康长寿［M］. 2版. 上海：上海科学技术出版社，2010.

44. 孙慧妍. 双歧三联活菌胶囊治疗小儿功能性便秘临床效果观察［J］. 中国卫生标准管理，2017,8（19）：98-100

45. 吴英韬，解傲，李兵，等.《中国微生态学杂志》创刊30周年回顾［J］. 中国微生态学杂志，2019，31（10）：1167-1169.

46. 熊德鑫. 肠道微生态制剂与消化道疾病的防治［M］. 北京：科学出版社，2008.

47. 袁杰利. 肠道菌群与微生态调节剂［M］. 大连：大连海事大学出版社. 1996.

48. 袁杰利. 肠道微生态与健康［M］. 沈阳：辽宁科学技术出版社，2012.

49. 赵丹丹，张玫. 朱鸿明，等. 双歧杆菌四联活菌治疗老年慢性功能性便秘的疗效观察［J］. 中国医院用药评价与分析，2018,18（01）：40-42，45.

50. 中国预防医学会微生态学分会.中国微生态调节剂临床应用专家共识（2020版）［J］.中华临床感染病杂志，2020，13（04）：241-256.

51. 周澄蓓，房静远.胃微生态组成及其影响因素的研究进展［J］.中华内科杂志，2018，57（09）：693-696.